英語論文
ライティング教本
―正確・明確・簡潔に書く技法―

著 中山 裕木子　*Yukiko Nakayama*

講談社

はじめに

「覚える英語」から「考える英語」へ
―世界の非ネイティブに伝わる英語―

英語は難しい？ ―No! それは学びかたのせいかもしれません

　理工系の研究者の方々には，「英語が好きではない」，「できれば英語を使うことを避けたい」，また「英語は難しい」と考えている人が多いようです。理工系の研究者の方々にとって「英語が難しい」というのは，本当でしょうか。科学・工学の新しい問題解決に日々取り組まれ，難しい実験や計算を仕事とされる理工系研究者の方々にとって，英語は本当に「難しい」のでしょうか。筆者は，そのようには考えていません。

　英語が「難しく」見えているのであれば，それは，学び方のためではないかと考えています。科学者や研究者の方々にとって，英語が「ぼんやりとして，つかめない」ものであるから，難しく見えるのではないでしょうか。つまり英語を勉強するとき，英語表現の「理由」や「根拠」を考えたり，それを教わったりする機会がなかったため，またそのような機会が少なかったことが原因ではないかと考えています。

　学校での英語教育では，文法的に「正しくする」ためのルールを勉強したり，暗記したりします。各文法事項について，「なぜそのように表現すべきなのか」と理由を考えることを通常しません。また，学校の英語教育では，複数表現のうちのどの表現が「コミュニケーションを円滑に進める」「誤解が生じにくいか」という点には焦点を当てません。

　また，「なんとなくこの冠詞は不自然である」「ネイティブ感覚ではこうである」「英語の経験上，この表現のほうがよい」というように英文をとらえてきた，またはそのように教える先生から英語を学んだ方にとって，英語はまるで「雲」のようにふんわりと浮いた存在となります。「つかめない」英語という教科が，「わからない」→「苦手」→「難しい」→「嫌い」→「避けて通りたい」となってしまったのではないかと考えています。

　理工系研究者が研究対象とされる自然科学の現象やその応用とは異なり，「言葉」である英語は，「人間が便利なように作り出したもの」です。コミュニケーションを図るために，便利なように作り進化させてきたものです。各英語表現の「背景」や「理由」を考えることで，多くの英語に関する悩みが解決するでしょう。そして，より自信をもって英語を使うことができるようになっていただけると思います。

iii

「覚える英語」から「考える英語」へ

　文法書や辞書に載っているのは，作られた「言葉」に決まりを見出し，学習者が覚えておくのに便利なようにまとめあげたものです。

　例えば名詞mercury（水銀）は，辞書には「不可算名詞」とあります。別の名詞metal（金属）は，辞書には「可算名詞」と「不可算名詞」の両方の用法がある，と載っています。これを「覚えておきましょう」，または「その都度辞書を参照して，決まりに従いましょう」というのが日本の学校での主な英語の教え方なのでしょう。しかし「覚える」のは大変ですし，また辞書に従おうとしても，可算と不可算の両方がある場合などには，どちらを選べばよいのか判断ができません。

　本書では，これらの名詞が，「可算」や「不可算」名詞である理由を考えてみることから，学習を始めます（P56参照）。例えばmercury（水銀）は，元素の種類を指し，そのものの名称を示しています。数える必要がありませんから，不可算名詞です。一方metal（金属）はどうでしょう。先のmercury（水銀）と同様に「物質」ととらえた場合には不可算名詞となります。一方，金，銀，銅，水銀，というように個々の金属の種類としてとらえた場合には，複数種類が存在するので可算名詞として扱います。つまり，「複数種類の金属」と言いたければ，kinds of metalではなく，metalsとします。metalに複数形のsをつけてよい，と決めたのは，「複数種類の金属」と言いたい場面が多かったためでしょう。

　本書では，できる限り丁寧に，英語表現の理由づけと根拠を考えながら各項目を学べるように構成しています。読者の方々が納得して英語表現を習得し，そして英語を自分で使えるように，英語論文執筆に必要な技術英語の基礎から応用までを扱います。

いつも心に「読み手」のための「3つのC」

　本書では，3つのC：Correct, Clear, Concise（正確，明確，簡潔）を満たす英語の書き方を説明します。執筆の前提として，「読み手のために書いている」ということをいつも心に留めておきましょう。

　3つのCとは，「伝える」ことを目的とした文書の基本要件です。

正しく書く（Correct）
明確に書く（Clear）
簡潔に書く（Concise）

　この中で最も大切なことは，「**正しく書く**」ことです。特に論文は「伝える」ことが目的ですので，誤って書かれていては意味がありません。または誤った伝わり方をすれば，目的を果たすことができないばかりか，大きな損害につながりかねません。

iv

そして，**すべての読者に同じ内容を伝える**ために，「明確性」が大切です。読者に解釈をゆだねる文を書くことは許されません。

最後に，**忙しい読み手に伝えるためには，「簡潔であること」が重要**です。論文の読者は，できれば論文を読みたくないと思っていることが大半です。最短の時間で，読者が必要な情報を得られるように書くことが重要です。

また，簡潔に書くことができれば，伝わりやすくなり，明確になります。平易に書くことになるので，誤る可能性が減り，正確になります。

本書の読者の方々が，本書を読み終え，随所に並べた練習問題を使って英文の作成やブラッシュアップ練習（リライト）を終えられたとき，英語に関する頭の中の霧が晴れていることを願います。本書では，自信をもって，ご自分の技術を伝える英文を書く力をつけていただけることを目指しています。

本書の成り立ち

第1章から第6章を通じて，どのような論文英語を目指すべきか（What）を示し，目指す英語をどのようにして書くことができるか（How）について，効果的に学べるように構成しています。「読み手」のための「3つのC」の要件を満たす論文英語を書く方法，そのような英文へとブラッシュアップ（リライト）する方法を学べるように構成しています。

第1章では，3つのC－Correct, Clear, Concise（正確に，明確に，簡潔に）を紹介します。「伝わる」英語論文のためにCorrect, Clear, Conciseに書く（正確に，明確に，簡潔に書く）とはどういうことかについて，詳しく説明します。具体的には，現状の英語論文のどこを改善すべきかを，「文ごと」および「複数文どうしの関係」について説明します。その後，英語論文を改善するにあたってのCorrect, Clear, Conciseの心得，さらには具体的な英語表現の工夫について学んでいただきます。

第2章と第3章では，英文法の基礎を説明します。「正確に（Correct）」書くために必須の英文法，また「明確で簡潔に（Clear & Concise）」書くために役に立つ英文法のコツを伝えます。

英語論文を書く上で習得すべき項目のみに焦点を当て，学校で習った英語とは異なる観点から解説します。特に第2章では，英文の必須要素の「名詞」と「動詞」，そして「文意を調整する」項目を学んでいただきます。第3章では，説明を加えたり，表現の幅を広げたりするために便利な英文法を扱います。また，正しく英語論文を書くために知っておきたい表記について学んでいただきます。

第4章では，各文を「簡潔」で「明確」に書くための具体的な英語表現の工夫を伝えます。無生物主語・能動態・SVOをはじめとした「簡潔・明確」な英文のポイントを，短文の英作練習とブラッシュアップ練習（リライト）を通じて学んでいただきます。

第5章では，「文と文の並べ方」と「つなぎかた」に焦点を当てて説明します。長い文や複数文を書くにあたっての情報の提示方法，英語表現の工夫を解説し，英文どうしをどのように関連づけ，どのように接続すればよいかを学んでいただきます。

第6章は，英語論文の各部分（Title, Abstract, Introduction, Methods, Results, Discussion, Conclusions, References, Acknowledgments）を解説します。各部分の特徴と英語表現の工夫を紹介します。第1章から第5章で学んだ「3つのCの技法」を英語論文の執筆に活用する方法を学んでいただきます。

各章の随所に「ブレイク＆スキルアップ」という読み物の項目を設けています。英語論文執筆のための英語力の向上に役に立つ工夫や，各種スタイルガイド*，テクニカルライティング書籍からの記載を紹介します。英文の作成者自身が，自分で表現を決め，自信をもって書くこと，つまり「自立した英語論文執筆者」になるための情報，またそのような「自立した学習者」を育成する立場にある方に向けても，各種の話題をとりあげます。興味に応じて，ご自由に目を通してください。

本書の読み方

第1章から順に，①第1章⇒②第2章・第3章⇒③第4章〜第6章，と読み進めてください。第2章〜第5章では，練習問題にも実際に取り組み，英作とリライトを通じて，真のライティング力の習得を目指してください。最終の第6章では，第1章から5章で学んだ手法を使い，ご自身の研究について実際に書く練習をしてください。その際に書くことへの不安や抵抗を感じた方は，第2章〜第5章に戻って，再度短文から長文ライティングまでを練習してください。

英語論文執筆または技術英語の学習がはじめてという方は，先に第1章と第6章に簡単に目を通してください。技術英語の基礎と英語論文の概要を知っていただくことが，その後に第1章から6章までをじっくりと読み進める中で役に立つでしょう。

＊スタイルガイドとは，出版物などにおいて統一した言葉使いを規定する手引きです。一般向けのThe Chicago Manual of Style や科学技術系のThe ACS Style Guide（米化学会のスタイルガイド），AMA Manual of Style（アメリカ医師会のスタイルガイド）などがあります（P34に代表的なスタイルガイドを紹介しています）。

本書の読み方①【英語論文執筆・技術英語の経験がある方】

第1章：「3C（正確・明確・簡潔）英語論文の心得」を習得
  ↓
第2章・第3章：英文法を復習
  ↓
第4章：短文を書くポイントを習得
第5章：長文・複数文を書くポイントを習得
第6章：論文の各部分を学習し，論文を書く練習をする
＊第6章で自信がもてなかった人は，第2章〜5章に戻り，再度基礎力をつける練習をする。

本書の読み方②【英語論文執筆・技術英語の初学の方】

第1章：「3C（正確・明確・簡潔）英語論文の心得」に簡単に目を通す
第6章：目的である「英語論文執筆」の概要を学ぶ
  ↓
第1章：「3C（正確・明確・簡潔）英語論文の心得」をじっくり読む
  ↓
第2章・第3章：英文法を習得・復習
第4章：短文を書くポイントを習得
第5章：長文・複数文を書くポイントを習得
  ↓
第6章：論文の各部分を再度学習し，論文を書く練習をする

　正しく伝わる英語論文を書くことを希望する理系研究者の方々，理系学生の方々，そしてそのような理系研究者に代わって英語を書こうとする日英技術翻訳者，校閲者，そしてそのような理系研究者を指導する方々の一助となれば，この上ない喜びです。日本の技術を世界に正しく伝える英語論文の作成に，本書が役に立つことを願っています。

2018年1月

中山　裕木子

目次

はじめに 「覚える英語」から「考える英語」へ..iii
Prologue　やさしい英語表現は論文を読みやすくする
　　世界の非ネイティブに伝わるシンプル論文英語のすすめ 1

第1章　論文英語にも３つのＣ
　　　　Correct, Clear, Concise 7

1. 論文英語のここを改善 8
（1）各センテンスの３Ｃ 8
（2）センテンスどうしのつながり 17
　　ブレイク＆スキルアップ：学校英語からの転換
　　―ぶれない軸【読み手】のための【3つのＣ】を定める 24

2. Correctに書くために 28
（1）英文法・用語の誤りを防ぐ 28
（2）直訳・ケアレスミス・表記の誤りに注意する 32
　　ブレイク＆スキルアップ：英英辞書は「単複」にLongman,
　　「意味の理解」にCollins COBUILD 36

3. Clear & Conciseに書くために 38
（1）動詞主義・能動態主義 39
　　お役立ちメモ：performとcarry out 40
　　お役立ちメモ：名詞を使うときは名詞を「活かす」とき 40
　　お役立ちメモ：能動態と受動態 45
（2）肯定主義・明快主義 46
（3）簡単主義・節約主義・ワンパターン主義 50
　　ブレイク＆スキルアップ：WeやIを主語にするべきか?
　　利点と欠点を考えて決める 52

第2章　Correctのための基礎文法I 55

1.「名詞」の理解 56

viii

（1）数と冠詞の判断手順 57

　　ブレイク&スキルアップ：冠詞も読み手志向
　　　—「本研究の手法」は定冠詞の the technique か不定冠詞の a technique か 67

（2）単複の選択—総称表現「〜というもの」 70

（3）自然科学誌Natureから学ぶ「数」と「冠詞」 76

　　ブレイク&スキルアップ：可算・不可算を著者が決める
　　　—「動詞の名詞形」を数えるかどうかは「動詞に近いか」で決める 82

2.「動詞」の理解 85

（1）自動詞と他動詞を予測する 85

（2）3つの時制の理解 88

　　ブレイク&スキルアップ：論文完成前に「英⇒英リライト」の時間を残しましょう 95

3.「文意を調整する」項目 100

（1）助動詞で「考え」を伝える 100

　　お役立ちメモ：確信と義務を表す助動詞 103

　　お役立ちメモ：助動詞の過去形はなぜ「丁寧」を表す？ 107

（2）副詞の活用 108

　　ブレイク&スキルアップ：「誠実」な論文執筆を目指し、
　　　Hedging expressions（ぼやかし表現）を理解すること 115

第3章　Correctのための基礎文法 II 119

1.「説明を加える」項目 120

（1）分詞 122

（2）関係代名詞 127

　　お役立ちメモ：ACS スタイルガイドで「限定・非限定」の意味を理解する 130

　　ブレイク&スキルアップ：関係代名詞 whose と of which が気になる方へ
　　　—関係代名詞はパズルの組み立て 132

（3）前置詞 136

　　お役立ちメモ：with time（時間が経つにつれて）は with が OK な理由 140

　　お役立ちメモ：前置詞のように働く分詞の存在 143

　　ブレイク&スキルアップ：「AのB」はB of AかA BかA's Bか？ 152

ix

2.「表現の幅を広げる」項目 157

（1）to不定詞と動名詞 157

（2）比較表現 161

お役立ちメモ：compared to, with の理想
「類似」に compared to,「違い」に compared with 166

ブレイク＆スキルアップ：「比較表現」を練習しよう―ACSスタイルガイドより 167

3.「表記」の決まり 169

（1）数 170

（2）句読点1：コンマ・コロン・セミコロン・ダッシュ 173

（3）句読点2：ハイフン・丸括弧・角括弧・省略符 179

（4）略語・スペース・フォント 183

ブレイク＆スキルアップ：表記にまつわるありがちな誤りと迷いをなくす 186

第4章　Clear & Conciseのための表現の工夫 189

1. 無生物主語―日本語にはない英語の発想 190

（1）単純に「モノ」を主語にする 190

（2）動名詞で「動作」を主語にする 192

（3）抽象的「概念」や「手法」を主語にする 194

ブレイク＆スキルアップ：指針をもとう
―テクニカルライティングの原則に従い，スタイルガイドのルールに従う 196

2. 能動態主義―主語の工夫で能動態を使う 199

（1）無生物主語による能動態（SVO・SVC） 199

（2）自動詞の活用による能動態（SV） 201

（3）We（著者ら）を主語にする 202

（4）具体的な「人」を主語にする 204

ブレイク＆スキルアップ：It is … to 構文を避けよう 205

3. SVOのすすめ―「何か／誰かが何かをする」を作る便利な動詞 207

（1）力強く明快な重要動詞 208

（2）平易で万能な重要動詞 212

ブレイク＆スキルアップ：There is/are構文を避けよう 217

（3）平易で便利な具体的動詞 219

（4）「～によると，～がわかった」を組み立てる重要動詞 224

ブレイク＆スキルアップ：ネットの活用―「画像検索」のすすめ 228

4. 肯定主義・単文主義 **230**

（1）否定の内容を肯定表現する技法 230

お役立ちメモ：データは可算か複数形扱いか 231

（2）ifやwhenを使わないで単文で表す技法 235

ブレイク＆スキルアップ：ネットの活用―「画像」の次は「動画検索」のすすめ 238

第5章　文と文のつなぎかた 240

1. 複数文を論理的に並べる技法 **241**

（1）パラグラフライティング術 241

お役立ちメモ：アブストラクトは2文だっていい？！ 248

（2）既出情報を前におく 251

（3）接続の言葉を減らす 260

ブレイク＆スキルアップ：「一方」のwhileと「理由」のsinceは使わない 274

2. 文と文を「内容」でつなぐ技法 **275**

（1）「視点」を定めてつなぐ 276

（2）文と文の意味をつなぐ 278

ブレイク＆スキルアップ：Nature アブストラクトから表現を吸収する 282

3. 文と文を実際につなぐ技法 **285**

（1）接続詞でつなぐ 285

お役立ちメモ：等位接続詞と従属接続詞 285

（2）文をつなぐコンマ表現
（関係代名詞非限定と文末分詞） 289

ブレイク＆スキルアップ：和英辞書を引いたら, 知っている単語を選びましょう 291

第6章　技術論文の執筆 296

1. 構成I―Title, Abstract **297**

（1）Title（タイトル） 297

お役立ちメモ：動名詞で開始するタイトル例 303

xi

お役立ちメモ：タイトルのお悩みの声―of, of, of の連続......306
（2）Abstract（アブストラクト）......307
ブレイク＆スキルアップ：論文執筆の順序......325

2. 構成II―Introduction, Methods......327

（1）Introduction（イントロダクション）......327
お役立ちメモ：単数？ 複数？ を「総称表現 複数形」ではなく「具体的な数」で選ぶ場合......331
（2）Methods（方法）......336
ブレイク＆スキルアップ：冠詞の習得段階
―【無冠詞⇒theが多い段階⇒習得完了】......343

3. 構成III―Results, Discussion......348

（1）Results（結果）......348
ブレイク＆スキルアップ：respectively（それぞれ）について......355
（2）Discussion（考察）......359
お役立ちメモ：Hedging（ぼやかし）に使う動詞の意味を知ろう......364
お役立ちメモ：科学技術英語におけるHedging（ぼやかし）表現とは......365
ブレイク＆スキルアップ：英文の組み立てができるようになったら，
スピーチを準備しよう......370

4. 構成IV―Conclusions, References, Acknowledgments......373

（1）Conclusions（結論）......373
（2）References（参考文献）......374
（3）Acknowledgments（謝辞）......377
お役立ちメモ：謝辞も簡潔に―Natureの投稿規定より......380
ブレイク＆スキルアップ：テクニカルライティングのすすめ―工業英検2級～
1級問題で練習する......384

おわりに 「伝わる」論文の英語技法を広めたい......393

索引......397

xii

····· **Prologue** ·····

やさしい英語表現は論文を読みやすくする
世界の非ネイティブに伝わるシンプル論文英語のすすめ

英語論文は格調高く書くべきか

技術論文と聞けば，「学術的で難しい」「英語は難解で，複雑に書かれているだろう」という印象をもっている人も多いでしょう。また，そのように「難しく」書かなくてはいけない，または「格調高く」見えるように書かなくてはいけない，と考える技術者や研究者の方々も多いようです。

さて，一見「格調高く」そして「難解に」書かれている技術論文の英語を，読んでみましょう。著者は日本式の受験勉強を経験した「英語は得意」という日本人研究者の方です。論文アブストラクトの冒頭からの一文を抜粋します。

日本人研究者の英語論文より

Developments of geophysical research with international cooperation is important with regard to the preservation of global environment and the prevention of natural disasters.

（参考和訳：地球物理研究を国際協力により発展させることが，地球環境を保護し，自然災害を防ぐために，重要である。）

単語：geophysical research ＝地球物理研究，preservation ＝保存，prevention ＝防止

いかがでしょう。スラスラと読めましたか。内容を理解できましたか。
いかにも「論文らしい」という印象をもたれた方もいらっしゃるかもしれません。

この英文は，「正しく」書けているでしょうか。
誰が読んでも同じ意味が伝わるよう，「明確に」書けているでしょうか。
忙しい読み手にも素早く読んでもらえるように，「簡潔に」書けているでしょうか。

「正しく（Correct）」そして「明確に（Clear）」また「簡潔に（Concise）」という観点から，英文の修正案を考えてみましょう。次のポイントを参考にしてください。

［修正ポイント］

●主語が長い「頭でっかち」な文では，動詞の誤記が生じやすい

●名詞形の使用が多くなると，それに伴い冠詞の不具合が生じやすい

●情報を減らさずに，1語でも単語を減らすことはできないか

●be動詞（静的動詞）による「SVC（主語・be動詞・補語）」を，動きのある動詞を使った「SVO（主語・動詞・目的語）」に変更できないか

Let's rewrite!

Developments of geophysical research with international cooperation is important with regard to the preservation of global environment and the prevention of natural disasters.

*文中の赤字は「正しく」修正できる箇所，青字は「明確・簡潔に」修正できる箇所を示します。

　原文を，次の3つの過程を経て，修正（リライト）*します。それぞれの過程の「文の書き出し」を決めておきますので，そこに続ける英語表現を考えてください。

　*本書では英文の「修正」を「リライト」と呼びます。

考えてみよう

▶▶▶**リライト過程1**：形を変えずにリライト（Developmentを単数形に変更）

Development of geophysical research ＿＿＿＿＿＿＿＿＿＿＿＿＿＿＿＿＿

▶▶▶**リライト過程2**：主語を変更

Geophysical research ＿＿＿＿＿＿＿＿＿＿＿＿＿＿＿＿＿＿＿＿＿＿＿

▶▶▶**リライト過程3（完成）**：最後の調整

To ＿＿＿＿＿＿＿, geophysical research ＿＿＿＿＿＿＿＿＿＿＿＿＿＿＿

　それでは，実際にリライトしてみましょう。

▶▶▶**リライト過程1**

Development of geophysical research with international cooperation is important for preserving the global environment and preventing natural disasters.

（18ワード）

*リライトした箇所に下線を引いています。

誤りを修正

・主語 Developments（複数）と動詞 is（単数）の不一致を正すため，主語を単数形に変更しました。不一致をなくすためにも，主語と動詞が近くに並ぶよう，シンプルな英文を組み立てることが大切です。

・global environment（地球環境）は，読み手にも書き手にもわかる，つまり特定できる情報として，the を入れました。

名詞 development は数える？

名詞 development は，可算・不可算のいずれも可能です（下記の英英辞書 Longman の定義と使用例参考。また P83 参照）。今回の文脈でも可算・不可算の両方が可能です。主語を単数形に変更します（development を複数形のままにして動詞を is ⇒ are に変更することも可能です）。

参考 development の可算・不可算の定義と使用例：

不 可 算 の 定 義：the process of gradually becoming bigger, better, stronger, or more advanced

使用例：child development, a course on the development of Greek thought, opportunities for professional development

可算の定義：a new event or piece of news that changes a situation

使用例：recent political developments in the former Soviet Union, We will keep you informed of developments.

（出典：英英辞書 Longman：http://www.ldoceonline.com/dictionary/development）

明確，簡潔に

・with regard to（～に関して）⇒ for（～について）に変更しました。

・the preservation of global environment and the prevention of natural disasters ⇒ preserving the global environment and preventing natural disasters に変更しました。動詞の名詞形 preservation, prevention ⇒ 動名詞 preserving, preventing に変更することで，単語の働きが「動詞」に近づき，直後に目的語を置くことができるようになります。これにより，冠詞（the）や前置詞（of）といった，名詞に伴う単語が不要になります。

▶▶▶リライト過程 2

Geophysical research needs to be advanced through international cooperation to preserve the global environment and prevent natural disasters. （18 ワード）

主題を主語にする

　先の文では，冒頭から Development of geophysical research with international cooperation までの数多くの単語を読んでも「動詞」が出てきませんでした。その結果，「主題」が不明でした。Geophysical research を主語に使うことで，文中で動詞を早期に登場させ，伝えたい「主題」を早期に読み手に知らせるように変更しました。

静的表現⇒動的表現に

・動詞の名詞形 development を動詞で使うように変更し，is important（be 動詞）⇒ needs to be … に変更しました。また，動詞の名詞形 development を動詞に変更する際，より理解しやすい advance（〜を前進させる）に develop から変更しました。

・前置詞を with international cooperation ⇒ through international cooperation に変更しました。「前置詞」とは，名詞と他の語との関係を視覚的に「見せて」伝えます（P136 参照）。前置詞 through（〜を通じて）を使うことで，with（〜と一緒に，〜と共に，〜を使って）よりも，表現に「動き」が生まれます（P148 参照）。動詞部分を needs to be advanced という「動的」な表現に変更したことに合わせ，前置詞も through に変更しました。

to 不定詞で英文を引き締める

　for preserving, preventing ⇒ to preserve, prevent に変更しました。目的を明快に表す「to 不定詞」を使うことで，英文が引き締まります。

▶▶▶**リライト過程 3（完成）**

<u>To preserve</u> the global environment and prevent natural disasters, geophysical research <u>needs advances</u> through international cooperation.　　　　（16 ワード）

最後の調整でより読みやすく

・to 不定詞の句を文頭に出しました。

・needs to be developed ⇒ needs advances に変更しました。はじめの文（リライト前）で使われていた名詞形（developments）に近い形に整えました（単語は developments のままも可能ですが，「進歩・前進」の意味がより理解しやすいよう，advances を使いました）。

　完成したリライト後の英文を，はじめの英文（リライト前）と読み比べてみましょう。

リライト前

Developments of geophysical research with international cooperation is impor-
tant with regard to the preservation of global environment and the prevention
of natural disasters. (23 ワード)

▶▶▶リライト後

To preserve the global environment and prevent natural disasters, geophysical
research needs advances through international cooperation. (16 ワード)

いかがでしょう。英文が引き締まり，読みやすくなったと感じていただけるで
しょうか。リライト前と比べ，単語数は，23 ワード ⇒ 16 ワードに減りました。
　今回のリライトには，主に次の技法を使いました。

・SVO を使う
・動詞を活かす
・文頭の to 不定詞を使う
・前置詞を活かす

　一見「技術論文」らしい難解な英語は，英語論文を読みづらくすることがありま
す。読み手の気力を失わせ，その論文が読まれる可能性が低くなってしまう可能性
があります。「誰でも読める」「最短の時間で読める」英語へと組み立て直すことで，
多くの人に読まれる英語論文へと仕上げられる可能性が高まり，英語論文の中身が
活用される可能性が高まるでしょう。

　本書では，英語論文を「正確，明確，簡潔に書く」技法をお伝えします。また，
書き上げた論文の英語を自分でブラッシュアップ（リライト）する力も，同時につ
けていただきます。
　本書の目標は，次の通りです。

世界の非ネイティブにも伝わる論文を目指す― Correct, Clear, Concise
●必要なのは，かっこよく，複雑な表現ではありません。誰にとってもわかりやす
　いシンプルな表現，1 つの意味だけを伝える表現，そして正しい表現を目指しま
　す。
●英語ネイティブのみならず，世界の非ネイティブにも通じる，読みやすく適切な

英語を目指します。非ネイティブ著者であることを強みにして，ネイティブが書くよりもさらに読みやすく，正しく，また品位のある論文英語を目指します。

本書を読み終えるとき，これまでとは異なる英語の世界が目の前には広がっていることでしょう。

「自分で自信をもって，伝わる技術論文を英語で書く」ことは，一夜にしてできる魔法があるわけではありません。しかし，練習さえすれば，誰でも必ず，できるようになります。あなたの英語が最短で，確実に変わっていく，本書ではそのような技法をお伝えし，そして練習していただく場を提供します。

それでは，はじめましょう。

本書では，英文のブラッシュアップ，つまり「リライト」の過程を示しながら演習問題を解説します。リライト対象の英文中，赤字は，Correctのリライトポイント，つまり「文法的に間違っている箇所，必ず直すべき箇所」を表します。青字は，Clear & Conciseのリライトポイント，つまり「明確性，簡潔性の観点から，修正することを推奨するところ」を表します。赤字と青字の部分を中心に検討して「リライト案」を考えてください。リライト案を考えることで，自分で書いたものも，他人が書いたものも，「理由」と「根拠」を大切にしながら自分でリライトできるように練習しましょう。Let's practice!

第1章
論文英語にも3つのC
Correct, Clear, Concise

　技術論文は，研究の成果を「正しく」「明確に」伝える必要があります。また，論文の主な読者である忙しい研究者のために，最短の時間で中身を伝えることができるよう，「簡潔に」表現することが大切です。

「読み手」

　英語論文を書くとき，いつも「読み手」を意識しましょう。自分の研究成果を発表する，論じる，という目的を全面に打ち出して書くのではなく，読み手のために書いているということを心に留めておくことが大切です。

「3つのC」

　「伝わる論文」を書くために，次の「3つのC」の要件を満たす必要があります。

論文英語の3つのC

Correct	正確に書く
Clear	明確に書く
Concise	簡潔に書く

　本章では，「読み手」のための「3つのC」を満たす英文とはどのようなものかを紹介します。「伝わる論文」を書くために，現状の論文英語のどこを改善すればよいか，「3つのC」を満たすためにどのような工夫をすればよいかを説明します。

第1章のねらい
- ●目指すべき「3つのC（正確・明確・簡潔）」を満たす英語について知る
- ●「3つのC」を満たすための表現の工夫について知る

1. 論文英語のここを改善

　「読み手」のための「3つのC」を満たすように論文英語を改善します。まずは，文（センテンス）ごとの「3つのC（正確・明確・簡潔）」について検討します。つまり，1つの文が正しく書けているか，1つの文が複数の解釈にならずに1つの意味だけを伝えているか，最短の時間で内容を伝えることができているかを検討します。読み手の視点から検討することが大切です。

　その次に，複数文（センテンス）どうしの関係に着目します。つまり，センテンスどうしがうまくつながっているかどうか，そしてセンテンスが複数集まる「パラグラフ」について，パラグラフ内の論理の流れが正しく明快になっているか，パラグラフ内のセンテンスどうしがうまくつながっているかについて，内容・英語表現の両面から検討します。

（1）各センテンスの3C

原文の意図を変えずにブラッシュアップする

　日本人研究者による論文のアブストラクトから抜粋した英文を読んでみましょう。査読を通過し，ジャーナルに掲載された論文とのことですが，「正しく伝わっているかどうか不安」という著者により，ご提供いただきました。「防災シミュレーション」に関する次のタイトルの論文です。

> タイトル：Multiagent-based flood evacuation simulation model considering the effect of congestion and obstructions on the pathway
> 　路上の混雑及び障害物を考慮した水害避難行動モデル

　アブストラクトから抜粋した3つの英文をそれぞれ Correct, Clear, Concise の観点から検討してリライトしましょう。冒頭より第1文，第2文，そして1つ飛ばして第4文の英文を抜粋します。

> 例1：On simulating evacuation in urban area, we should mention the effect of congestion on evacuee's speed.（アブストラクト冒頭の文）
> 例2：Moreover, it should be noted that evacuees use cars instead of walking to shelters in some cases.（第2文）
> 例3：But once a car comes into the flooded area it might get stuck and become an obstruction.（第4文）

> *Let's rewrite!*

タイトル　Correct, Clear, Concise にリライト

Multiagent-based flood evacuation simulation model considering **the effect of** congestion and obstructions on **the** pathway
　路上の混雑及び障害物を考慮した水害避難行動モデル

まずはタイトルを検討します。Correct（正確）でない箇所，Clear & Concise（明確・簡潔）の観点から修正（リライト）してみましょう。

➡ Multiagent-based flood evacuation simulation model considering congestion and obstructions on pathways

単語 the effect of（〜の影響）を削除しました。「〜の〜に対する影響」の「〜に対する」は書かれていませんので，the effect of は不要と判断しました（the effect of … on the pathway とあり，… の pathway への影響，という読み違いの可能性もあると考えられました）。また，the pathway（路上）は「どの路上」か読み手には特定しづらいですので，the を削除しました。一般論として，複数形で pathways を表しました（P300 参照）。

例1　Correct にリライト

On simulating evacuation in urban **area**, we **should mention** the effect of congestion **on evacuee's** speed.
　都市部での災害シミュレーションにおいては，混雑が避難者の速度に与える影響を考慮すべきである。

> 単語：evacuation ＝避難，congestion ＝混雑，evacuee ＝避難者
> 赤字＝ Correct にリライト，青字＝ Clear, Concise にリライト

［修正ポイント］
- 数える名詞の無冠詞単数形は誤りになる（P70 参照）
- On …（動作）は「〜するとすぐに」を表すのでここでは不適切
- 's（アポストロフィ＋ s）の使い方
- 英文の構造（組み立て）を見直すことができるか

まずは名詞を正しく
　文を「正しく」するにあたって，「名詞」をはじめにチェックします。area（地域）

9

は，英英辞書 Longman（P36 ブレイク＆スキルアップ参照）によると count-able（可算）です（area：<u>noun [countable]</u> 1. a particular part of a country, town etc）。「無冠詞単数形」で使うと文法誤りになります。単数 an area または複数 areas が正しくなります。

　evacuee's speed の「アポストロフィ＋s」についても冠詞の誤りを正す必要があります。evacuee（避難者）は可算です。「アポストロフィ＋s」の表現は，evacuee speed といった名詞の羅列とは異なり，名詞 evacuee の「数」と「冠詞」を判断する必要があります。evacuee's speed の冠詞は，speed ではなく evacuee に対して使います。なお，evacuee speed のように名詞を羅列した場合には，evacuee ではなく speed に「数」と「冠詞」の判断が必要となります。

　「数」と「冠詞」は，次のように判断します。evacuee は可算です。したがって，正しくは an evacuee's speed（「避難者」が単数の場合）または evacuees' speed（「避難者」が複数の場合）正しくなります。

　また，an evacuee's か evacuee speed かと迷う場合（P152 ブレイク＆スキルアップ参照），「アポストロフィ＋s」は基本的に「所有」に対して使うと考えましょう。今回の文脈では，evacuee が speed を「所有」しているわけではありません。したがって，「アポストロフィ＋s（an evacuee's speed や evacuees' speed）」を使って表すよりも，the speed of evacuees または the speed of an evacuee が正しくなります。

前置詞を正しく

　前置詞 on は，「接触」を表します（P136 参照）。今回のように，When simulating … の代わりに On simulating … として使うと，「～するとすぐに」という意味になり不適切です。

　In simulating（シミュレーションにおいては）または When simulating（シミュレーションの際には）と修正することができます。

動詞を正しく

　動詞 mention は「言及する」，つまり「そのことに少し触れる」というニュアンスです。ここでは不適切です。動詞 mention ⇒ discuss に変更するか，または「考慮に入れる」「反映させる」という意味の別の動詞に変更します。

10

▶▶▶リライト過程 1：正確・明確に

In simulating evacuation in urban areas, we should discuss the effect of congestion on the speed of evacuees.

　正しい英文になりました。また，より明確に意味を伝える英文になりました。次は，簡潔にすることを検討します。文頭に存在する句（In simulating evacuation …）の使用をやめ，主語から始まる平易な構造の文へと変更します。主語には，Simulating evacuation in urban areas（都市部において災害をシミュレーションすること）を使います。主語に応じて動詞も変更します。

▶▶▶リライト過程 2：簡潔に

Simulating evacuation in urban areas should consider the effect of congestion on the speed of evacuees.

　文が短くなりました。動詞には，タイトルに使われている「〜を考慮する」を表す consider を使いました。文の組み立ては，文頭から，主語⇒動詞⇒目的語が並ぶように変更しました。また，動詞「〜を考慮する」は reflect（〜を反映する）を使うことも可能です。
　なお，主語に動名詞 simulating ではなく動詞の名詞形 simulation（可算・不可算）を使い，Simulation(s) of evacuation in urban areas … も可能です。

　最後に，動詞部分（should consider）がやや弱い印象で，伝わりにくい可能性があります。助動詞 should を使わずに，アブストラクトの第 1 文に使いやすい明快な動詞「〜を必要とする（require）」（P208 参照）を使って，さらにリライトします。次で最終リライトとします。

▶▶▶リライト過程 3：完成

Simulating evacuation in urban areas requires models considering the effect of congestion on the speed of evacuees.

　動詞には，「〜を必要とする」を意味する require を使いました。また，タイトル「路上の混雑及び障害物を考慮した水害避難行動モデル」に基づき，models という情報を追加しました。ここで model(s) は単数も複数も可能ですが，総称的な

表現として複数形にしました（P70 参照）。

　リライト後の英文を読み比べておきましょう。少しの変更で，英文が正しくなり，また意図が伝わりやすくなったでしょうか。

リライト前

On simulating evacuation in urban area, we should mention the effect of congestion on evacuee's speed.

▶▶▶リライト後

Simulating evacuation in urban areas requires models considering the effect of congestion on the speed of evacuees.

例2　Clear & Concise にリライト

Moreover, **it should be noted that** evacuees **use cars instead of walking to shelters in some cases**.
　また，避難者が徒歩ではなく車で避難所へ向かうことがあるという点にも，留意すべきである。

単語：shelters ＝避難所
青字＝ Clear, Concise にリライト

［修正ポイント］
- ●不要な単語は 1 語もないか
- ●文頭から情報が伝わっているか
- ●誰が読んでも 1 つの意味が伝わっているか（use cars ＝「車を使う」は「車で避難所へ行く」と「車を避難場所に使う」の 2 つの意味に理解できないか）
- ●表現をそろえたい

Let's rewrite!

冗長を省く

　it should be noted that … という表現が使われていますが，論文の著者は，that 節の内容を「特記すべきこと」つまり「大切なこと」と意図していました。ところがこの表現では，「大切なこと」として読み手の注意を引けるかどうかが不明です。「～したほうがよい」を表す should と受動態 be noted の組み合わせに

より弱い印象（it should be noted that … ＝「なお，～である」）となっています。

形容詞 notable（＝注目に値する）を使い，it is notable that …（「注目すべきことは～」）と書くことができます。さらに，it is … that の構文を避け，副詞 Notably を文頭において，文全体を修飾すればよいでしょう（P205 ブレイク＆スキルアップ参照）。

文末の in some cases（～という場合がある）は，助動詞 may で代用します。語数を減らします。

▶▶▶リライト過程 1

Notably, evacuees may **use** cars instead of walking **to shelters**.

青字＝ Clear, Concise にリライト

重要情報を前に移動する

不要な表現を削除することで，簡潔になりました。最後に明確性について，ひと工夫が必要です。英語は前から前から順に文が読まれます。読み手に後戻りさせることのないよう，前から順に情報を出していくことが大切です。ところが，evacuees may use cars までを読んでも，「evacuees が車を使ってどこへ行くのか」という情報が読み手に与えられていません。その結果，「避難者が車を（避難所として）使う」と読み違えてしまう可能性もあります。情報を早期に読み手に与えるために，to shelters を前に移動します。また例えば動詞 drive を使い，動詞 drive と walk をそろえて書くことが可能です。

▶▶▶リライト過程 2：完成

Notably, evacuees may drive to shelters instead of walking.

＊ instead of walking の後には instead of walking (to the shelters) が省略されています。

リライト前，リライト後の英文を読み比べましょう。明快に意味を伝える英文になりました。また同時に語数が減り，簡潔になりました。

リライト前

Moreover, it should be noted that evacuees use cars instead of walking to shelters in some cases. (17 ワード)

▶▶▶リライト後

Notably, evacuees may drive to shelters instead of walking. （9 ワード）

例3　Concise にリライト

But once a car **comes into** the flooded area **it might get stuck and become** an obstruction.

　しかし車が洪水領域に入ると，動けなくなってしまい，障害物になることがある。

flooded area ＝洪水が起こった領域，stuck ＝動けない，obstruction ＝障害
赤字＝ Correct にリライト，青字＝ Clear, Concise にリライト

［修正ポイント］
●書き言葉として適切に表現しているか
●不要に長くないか
●複文構造⇒単文構造に変更できないか

正しくする―文頭の But や And は×
　等位接続詞 but は，文法的には「等位なものどうし」を接続します。つまり，名詞と名詞，文と文といった等位なものを接続します（P285 参照）。したがって，But を文頭で使用することは，文法的に誤っています。なお，話し言葉では，「ピリオド」がどこにあるかは明示されませんので，前の文と次の文を自由に等位接続詞でつなぐことができます。つまり But や And を文頭で使うことは，「話すように書いている」ことの現れでもあります。正式な書き言葉である論文では，好ましくありません。英語ネイティブが文頭で But や And を使用することがあるかもしれません。しかし，正式な書き言葉の表現ではありません。非ネイティブは真似をしないようにしましょう。

最小限の変更を
　第1段階では最小限の変更をします。接続詞 But を副詞 However に変更します。また，動詞 comes into では動詞部分に2つの単語を使っています。1語だけで表現できる別の動詞に変更します。
　また，助動詞の過去形の使用を控えます。助動詞の過去形は，「仮定法」のニュアンスを伴い，より「低い」可能性を表しています。

▶▶▶リライト過程 1

However, **when** a car enters the flooded area, **it may be stuck and become an obstruction**.

複文を単文に

接続詞 when による複文構造を解消し，単文の構造に変更します（P235 参照）。シンプルかつ英語らしく読める表現に変更します。また，may be stuck and ob-struct … のように動詞を羅列する表現に変更します。obstruct を動詞で使う場合，対象（目的語）の追加が必要です。一例として，other cars（他の車）を目的語に追加します。

▶▶▶リライト過程 2

However, a car entering the flooded area may be stuck and obstruct other cars.

*動詞 obstruct を使っています。

より簡潔に書く

「～すれば～する」をより短く表すために，stuck を前に移動します。この場合，car は複数台が理解しやすいでしょう。「車が⇒洪水領域に入って動けなくなったら⇒他の車を妨害する」というように，前から前から情報を得ることができる文になります。

▶▶▶リライト過程 3：完成 1

However, cars stuck in the flooded area may obstruct other cars.

リライト過程 3 で完成でもよいのですが，最後に単複や名詞の選択を，元々の英文に近づけます。a <u>stuck</u> car を主語に置くことで，不定冠詞を活用して if や when のニュアンス（もし～したら）を表すように変更します。動詞 obstruct は名詞に戻し，元の英文の内容を保持して仕上げます。また，「洪水領域」は，読み手にとって新しい情報となるため，冠詞を不定冠詞（in a flooded area）に変更します。また先に読み手に伝えておけるように文頭に出します。

▶▶▶リライト過程 4：完成 2

In a flooded area, however, a stuck car can be an obstruction.

*stuck cars can be obstructions というように複数形で書くことも可能です。ここでは原文の単数形（a car comes into …）を保持しています。

　リライト前，リライト後の英文を読み比べましょう。原文から単語を変えずに，構造を変えることで，簡潔にリライトできました。リライト過程 3 の英文かリライト過程 4 の英文のうち，いずれを選択するかは，著者が自由に決めることができます。

*obstruct を動詞で使うか，または an obstruction として名詞で使うかについては，目的語（other cars）を明示したいかどうかなどにより，決めることができます。ここでは原文に近い an obstruction を残します。

リライト前

But once a car comes into the flooded area it might get stuck and become an obstruction. (17 ワード)

▶▶▶リライト後

However, cars stuck in the flooded area may obstruct other cars. (11 ワード)
または
In a flooded area, however, a stuck car can be an obstruction. (12 ワード)

　3 つの英文（例 1 〜例 3）のリライト過程を通じて，各センテンスを正確，明確，簡潔に書く例を説明しました。

　なお，研究内容が優れていれば，正確，明確，簡潔に書くことは二の次ではないか，という研究者の方々の声を聞くことがあります。つまり，研究のデータ結果が重要であり，英語自体は問題ではないのではという声，査読を通過すればよいのだから「英語はほどほどでよい」という考えです。しかし，発表された論文が多くの読者に読まれるように，技術内容が活用されるように，英文の正確さ，明確さ，簡潔さを高めておくことが重要です。

　先に例示したように，原文にほんの少し手を加えるだけで，英文の読みやすさが大きく改善されます。語数が減り，より簡単に読めて，しかも元々著者が意図していたニュアンスがより明確に伝わるような「3 つの C」のライティング・リライトの技法を本書では練習していただきます。

Correct（正確）に書こう！

文法誤記は，論文の品質と品位を損なう。誤記によって読み違いが生じれば，大きな損失につながることもある。Correct を第一にしよう。

Clear（明確）に書こう！

伝わりにくい論文は読んでもらえず，その技術が活用される機会を逃す。文頭からどんどん情報が読み手に届くよう，明快に書くことが大切。明確に書くことで，同時に簡潔になる。さらには誤りの可能性も減る。

Concise（簡潔）に書こう！

無駄な語数があると読みやすさが損なわれ，論文が読まれる可能性が減る。その技術は，活用される機会を逃す。必要な語数をしっかりと使いながら，不要な単語は1語でも減らす。簡潔に書けば，誤りも減り，また明確になる。

(2) センテンスどうしのつながり

　各文の「正確性，明確性，簡潔性」の次に着目するのは，文どうしの「つながり」です。日本語を元にして書いた英文は，文どうしがつながりにくいことがあります。例えば，連続する2つの文の関連性が低く，論理が飛んでいることがあります。論理の飛びを補うために，日本語の接続詞である「ゆえに」「したがって」などが多用される傾向があります（P112 参照）。

　先の「(1) 各センテンスの 3C」で取り上げた英文を含む論文アブストラクトを，次は「センテンスどうしのつながり」に着目して読んでみましょう。

Abstract:

^{第1文}On simulating evacuation in urban area, we should mention the effect of congestion on evacuee's speed. ^{第2文}**Moreover**, it should be noted that evacuees use cars instead of walking to shelters in some cases. ^{第3文}Cars are rather indispensable to help vulnerable people to evacuate. ^{第4文}**But** once a car comes into the flooded area it might get stuck and become an obstruction. ^{第5文}**So** we should also express actions of avoiding obstacles on the road. ^{第6文}**Therefore**

in this study, new versions of evacuation simulation model are developed and have been tested. ^{第7文} One can describe the effect of congestion and obstructions on the pathway on moving evacuees. ^{第8文} The other one can describe rule-based collision-avoiding actions of evacuees. ^{第9文} The performances of those two models have been compared in the several simulation results.

タイトル：Multiagent-based flood evacuation simulation model considering the effect of congestion and obstructions on the pathway（路上の混雑及び障害物を考慮した水害避難行動モデル）

(参考和訳：都市部における避難行動のシミュレーションにおいては，混雑が避難者の速度にあたえる影響を考慮する必要がある。また，避難者が徒歩ではなく車で避難所へ向かうことがあるという点にも，留意すべきである。車は，災害弱者の避難を助ける重要な手段である。しかし車が洪水領域に入ると，動けなくなってしまい，障害物になることがある。そこで，路上で障害物を避けるための動きも，シミュレーションで表現する必要がある。したがって，本研究では，新しい避難シミュレーションモデルを開発し，試験を行った。うち1つは，路上の混雑と障害物が移動中の避難者に与える影響を表現するものであり，もう1つは，避難者の規則的な衝突回避行動について表現するものである。シミュレーション結果により，両モデルの性能を比較した。)

センテンスどうしのつながり
第2文：Moreover で接続しています。「そして」や「また」といった日本語に対応しています。第1文に対して詳細情報を加える文ですが，Moreover, it should be noted that までを読んでも，伝えたい主要な情報が見つかりません。

第3文：接続はありません。第2文に説明を加える文です。

第4文：文頭の But で接続しています。第3文とのつながりを表していますが，But は「等位接続詞（P285参照）」なので，「等価なものどうし」つまり「単語どうし」や「文どうし」を接続する必要があります。文頭での使用は控えるべきでしょう。

第5文：So で接続しています。文法的に正しいですが，「したがって」という意味の So の使用は略式です。正式な書き言葉が必要な論文では好ましくありません（接続の言葉については P260参照）。

第6文：Therefore で接続しています。「本研究」の重要記載として，強い論理を表す Therefore が使用されています。しかし，Therefore は logical result（論理的結果）や conclusion（結論）を示唆します（参考：英英辞書 COBUILD English Dictionary の定義：You use therefore to introduce a logical result or conclusion.）。この文が表す「本研究でシミュレーションモデルを開発・試験した」という内容は，事実についての記載であり，「論理的結果（logical result）」や「結論（conclusion）」とはとらえにくい内容です。また，Therefore, in this study, と句が2つ並び，少し読みづらくなっています。

第7文，第8文：接続はありません。それぞれ One と the other one が主語に使われていますが，それらが何を指すのかが明確ではありません。One model, the other model と具体的に書けば「開発したモデル」であること，つまり前文とのつながりがわかりやすくなります。

第9文：These two models というすでに出てきた単語を使い，前文とのつながりを表しています。

　　ここで，本アブストラクトの「つながり」を改善するリライトに入る前に，自然科学誌 Nature のアブストラクト（第1文～第6文）を読んでみましょう。「文と文とのつながり」に着目します。日本語を元にしていないと思われる英文では，「前に出した情報を引き継ぐ」ことで，文どうしがつなげられます。この例では，【主語をそろえて，第2文から These … で受ける】【This（このこと）を主語に使う】【such を使って内容をつなぐ】という3つの手法が使われています（これらの手法については，P278 で詳しく解説）。「ゆえに」「したがって」にあたる例えば Therefore, Accordingly などの接続の言葉は見当たりません。

【自然科学誌 Nature より】

第1文 **Many of Earth's great earthquakes** occur on thrust faults. 第2文 **These earthquakes** predominantly occur within subduction zones, such as the 2011 moment magnitude 9.0 earthquake in Tohoku-Oki, Japan, or along large collision zones, such as the 1999 moment magnitude 7.7 earthquake in Chi-Chi, Taiwan. 第3文 Notably, **these two earthquakes** had a maximum slip that was very close to the surface. 第4文 **This** contributed to the destructive tsunami that

19

occurred during the Tohoku-Oki event and to the large amount of structural damage caused by the Chi-Chi event. ^{第5文}The mechanism that results in **such large slip near the surface** is poorly understood as shallow parts of thrust faults are considered to be frictionally stable. ^{第6文}Here we use earthquake rupture experiments to reveal the existence of a torquing mechanism of thrust fault ruptures near the free surface that causes them to unclamp and slip large distances.（続きは割愛）

タイトル：Experimental evidence that thrust earthquake ruptures might open faults

（逆断層地震破壊が断層を開く可能性を示す実験的証拠）

Nature 545, 336–339 (18 May 2017)

（参考和訳：地球の大地震の多くは，逆断層で起こる。こうした地震は，2011 年のモーメントマグニチュード 9.0 の東北沖地震のように主に沈み込み帯内部で起こるか，1999 年のモーメントマグニチュード 7.7 の台湾・集集地震のように大規模な衝突帯に沿って起こっている。 注目すべきなのは，この 2 つの地震が地表に極めて近い所で最大のすべりを示していたことである。 これは，東北沖地震で発生した破壊的な津波と，集集地震によって生じた構造物への大きな被害の一因となった。 逆断層の浅い部分は摩擦的には安定と考えられているので，地表近くでそうした大きなすべりが生じた機構はよくわかっていない。 本論文では，地震破壊実験を用いて，自由表面の近くで逆断層破壊面を回転させ，固着を緩めて大きな距離をすべらせる機構が存在することを明らかにする。）

センテンスどうしのつながり

第 1 文～第 3 文【主語をそろえて，第 2 文から These … で受ける】

　第 1 文で，Earth's great earthquakes として一般的な地震の話題を導入し，次の文では These earthquakes，第 3 文では，第 2 文で登場した 2 つの地震の具体例を受けて these two earthquakes が主語に使われています。接続の言葉（例えば Accordingly や Therefore）の使用はなく，その代わりに，文に情報を足す Notably,（＝注目すべきなのは）という副詞が使われています。

第 4 文【This（このこと）を主語に使う】

　前文の内容を This で表し，This contributed to …（このことが～の一因となった）というように，文をつなげています。ありがちな As a result, XX … といった文頭に句が出る構造ではなく，This（このこと）を主語にすることで簡潔に書き，前文との「つながり」を明快に表しています。

第 5 文【such を使って内容をつなぐ】

The mechanism という新しい情報が主語に出ていますが，先の文で触れた内容を such large slip near the surface と表すことで，mechanism を特定しています。

解説：第 1 文から第 5 文を「つなぐ」ために，①主語をそろえて，These … で受ける，② This（このこと）を主語にする，③ such を使って内容をつなぐ，という 3 つの手法を使っています（これらの手法については，P278 で詳しく解説）。「ゆえに」「したがって」にあたる Therefore, Accordingly といった接続の言葉は使われていません。

Let`s rewrite!

先に示した論文アブストラクトの各センテンスを「明確・簡潔」にリライトするとともに，センテンスどうしのつながりを修正します。P8「(1) 各センテンスの3C」で検討済みの英文については，そのリライト結果を採用します。その他については，原文の表現を残しながら，明確・簡潔にする最小限のリライトを同時に行います。

各文を正確・明確にリライト。文どうしの「つながり」をリライト
＊主な変更（着目ポイント）を太字にします

第 1 文 **Simulating evacuation in urban areas requires models** considering the effect of congestion on the speed of evacuees.　第 2 文 **Notably**, evacuees may drive to shelters instead of walking.　第 3 文 Cars help evacuation of vulnerable people.　第 4 文 **In a flooded area**, however, a stuck car can be an obstruction. 第 5 文 **The simulation** should thus also express evacuees' actions for avoiding obstacles on roads. 第 6 文 (リライト前の第 6 ～ 8 文) In this study, we have developed **two** new evacuation simulation models: **one model** describing the effect of congestion and obstructions on pathways on the movement of evacuees, and **the other model** describing rule-based collision-avoiding actions of evacuees. 第 7 文 (リライト前の第 9 文) **These models** have been tested by comparing the results of several simulations.

文と文のつながりの改善

第 1 文〜第 4 文：研究の概要についての説明です。概要から徐々に詳細へと話題が展開します。文どうしの接続の言葉を特に入れなくても，論理を追って自然に読むことができます。各文を明確で簡潔になるようにリライトする過程で，接続の言葉を変更しました。つまり文頭の Moreover を削除し，But を however に変更しました。

第 5 文：元の文で使われていた So を削除しました。主語を we ⇒ The simulation に変更することで，「今回の simulation」という意味により，先行する文とのつながりを出しました。また，接続の言葉 So（略式）に対応する書き言葉である thus を文中に入れました。

第 6 文（リライト前の第 6 〜 8 文）：文頭の Therefore を削除しました。Therefore, in this study,「＝したがって，本研究においては」という表現は，話の流れを論理的に組み立てることができれば，Therefore は不要になります。Therefore を削除することで，「本研究で何をしたか」を逆に目立たせることができます。また元の文では new versions of the evacuation simulation model（新型の避難シミュレーションモデル）と，one と the other one との関係が明示されていませんでした。リライト後は，two new evacuation simulation models として具体化し，その直後に one model …, the other model …と明示することで，new evacuation simulation models と one, the other との関係を明示しました。また，詳細を説明する句読点であるコロン（P175 参照）を使いました。

第 7 文（リライト前の第 9 文）：最終文では，主語を These models とすることで，文頭で前文との内容のつながりを明示しました。

　リライト前とリライト後のアブストラクトを読み比べ，語数やつながりを確認しましょう。接続の言葉を多く使わなくても，表現の工夫により文と文が「つながる」ことを確認しましょう。
　単語数が減ったことで，最終文の後には，論文の著者により，結果の一部を伝える文を加えることも可能にもなるでしょう。

リライト前

On simulating evacuation in urban area, we should mention the effect of congestion on evacuee's speed. Moreover, it should be noted that evacuees use cars instead of walking to shelters in some cases. Cars are rather indispensable to help vulnerable people to evacuate. But once a car comes into the flooded area it might get stuck and become an obstruction. So we should also express actions for avoiding obstacles on the road. Therefore, in this study, new versions of the evacuation simulation model have been developed and tested. One can describe the effect of congestion and obstructions on the pathway on the movement of evacuees. The other one can describe rule-based collision-avoiding actions of evacuees. Those two models have been compared using the several simulation results.
(126 ワード)

▶▶▶リライト後

Simulating evacuation in urban areas requires models considering the effect of congestion on the speed of evacuees. Notably, evacuees may drive to shelters instead of walking. Cars help evacuation of vulnerable people. In a flooded area, however, a stuck car can be an obstruction. The simulation should thus also express evacuees' actions for avoiding obstacles on roads. In this study, we have developed two evacuation simulation models: one model describing the effect of congestion and obstructions on pathways on the movement of evacuees, and the other model describing rule-based collision avoiding actions of evacuees. These two models have been tested by comparing the results of several simulations.
(107 ワード)

　本書では，伝わる英語論文を書く力の習得のために，各センテンスを正確，明確，簡潔に書く手法と，センテンスどうしをつなげる技法を伝えます。また，その技法を習得して使っていただけるように，リライトつまり英文をブラッシュアップする練習をします。次のようにリライトします。

●元の文が伝えたい内容を失わず，できる限り表現も残しながらリライトする。
●3つの C の工夫を使い，短時間でブラッシュアップする。

元の英語からの変更を必要最小限におさえ，短時間で，英語表現の工夫により読みやすさを改善します。変更を最小限にすることで，自分が書いた文章も，他人が書いた文章も，元の英文の著者が意図していた意味を失わずに，伝わる英文へと仕上げることが可能になります。

　このような練習を通じて，学校で習った英語を，実務で使える英語へと変えていきましょう。

:::
【論文英語のここを改善】のポイント
- ●各センテンスを，正確・明確・簡潔にブラッシュアップする。
- ●センテンスどうしのつながりを，接続の言葉を使わなくても内容がつながるように見直す。
:::

ブレイク ＆ スキルアップ

学校英語からの転換
―ぶれない軸【読み手】のための【3 つの C】を定める

学校で習った英語を「伝わる英語」に変える

　日本の英語教育では，中学・高校の 6 年間英語を学びます。最近では小学校から英語の科目が導入されています。さらに大学で英語の授業を受ける機会がある人にとっては，10 年以上も英語を学びます。それにも関わらず，仕事の現場で英語に自信をもてない，英語を使うことが難しいと感じる人が多い現実があります。

　日本の学校教育では，「英文法」に焦点を当てて英語を学びます。また，「1 つの正解」を目指して英語を学びます。複数の英語表現の利点と欠点を考えたり，複数の英語表現を「正解」とし，状況に応じて選んだりすることを通常しません。結果，英文法の基礎力があるのに，どのように使ってよいのかわからなくなってしまう傾向があります。また，「誤っていないか」という不安ばかりがつのります。そして，英語を組み立てることが苦手になってしまいます。

　英語コミュニケーションにおいて何を大切にすればよいかという「軸」，つまり「指針」がないために，複数の英語表現のうちどれが好ましいのかと迷ったときにも判断が難しくなります。

　本書では，学校で習った基礎力を，「ぶれない軸」に沿って，伝わる英語へと「方向転換」することを提案します。「軸」は，「読み手」と「3 つの C（正

確・明確・簡潔）」です。

「読み手」のための「3つのC」

　「読み手」のための「3つのC」を指針にします。どの表現が「読み手により伝わりやすいか」，どの表現が「3つのCの要件を満たしているか」を考えて表現を決めることが重要です。

　例えば，本書のプロローグ（P1）では，「読み手」のことを考え，「3つのC（正確・明確・簡潔）」を満たすように，次のようにリライトしました。

リライト前

Developments of geophysical research with international cooperation is important with regard to the preservation of global environment and the prevention of natural disasters.

▶▶▶リライト後

To preserve the global environment and prevent natural disasters, geophysical research needs advances through international cooperation.
（地球物理研究を国際協力により発展させることが，地球環境を保護し，自然災害を防ぐために，重要である。）
＊日本人研究者である著者に原文をご提供いただき，一緒にブラッシュアップしました。

　このリライトについて，①文の組み立て，②単語の選び方について，どのように読み手を意識したか，再度，見ていきましょう。

①文の組み立て

　リライト前の英文では，Developments ofまでの2語を読んでも，この文が何を伝えたいのかかわかりません。そのまま読み進め，Developments of geophysical research with international cooperation isまで8語を読んでも，geophysical research（地球物理研究）と international cooperation（国際協力）しか単語が出てきません。何を主題とする文かは，読み手が勝手に予測をするしかありません。

　さらに読み進めると，is important（重要），として，この文が伝えたかった動詞部分が出てきます（動詞部分の誤りについては，リライトP3を参照）。最後に the preservation of global environment and the prevention of natural disasters（地球環境を保護し，自然災害を防ぐ），つまり「環境保護と防災」がこの文の主題であったことがわかります。

　日本語では，このような「終わりまで読まないと伝えたい内容がわからない」文が多くあります。したがって日本人は「終わりまで読む」ことに慣れています。つまり，内容がわからないのは，読み手自身の低い理解度のためかもしれないという謙虚な気持ちをもって，終わりまで我慢して読む傾向があります。

　一方，英語は常に主語の直後に動詞を置く文構造となります。主語のあとすぐに「何を伝えたい文か」がわかります。何を伝えたい文かが伝わらない場合，読み手は，途中で読むことを放棄してしまうでしょう。忍耐強く読み続ける，ということは少ないでしょう。

　リライト後の文章では，To preserve the global environment and prevent natural disasters,（地球環境を保護し，自然災害を防ぐために）という主題が，文頭に明示されます。単語の固まりごとに読み進めるうちに，どんどん情報が出てきます。
読み手は次のように，部分ごとに読み進めることができます。

読み進め方	読み手の頭の中
To preserve	保護するために
the global environment	地球環境を
and prevent natural disasters,	そして自然災害を防ぐために
geophysical research needs	地球物理研究が必要としているのは
advances	発展である
through international cooperation.	国際協力を通じた

　どこか途中で読むのを中断したとしても，読んだところまでで「意味のある情報」が伝わるよう，組み立てています。英文を読み進めれば次々に情報が出てくるように組み立てています。

②単語の選択
　単語の使用について検討してみましょう。例えば「保護する」という意味のpreserve をとりあげます。preserve は単語が難しくてわかりにくいのではないか，という意見を聞くことがありました。

To <u>preserve</u> the global environment and prevent natural disasters, geophysical research needs advances through international cooperation. （preserve は単語が難しく，わかりにくいのでは？）

　このように迷う場合にも「読み手」のことを考えます。preserve は「環境保護」の文脈で多く使用される単語です。想定する読み手にとって preserve が理解できると判断する場合，また preserve を使うことで厳密な意味を定義できると考える場合には，多少難しくても preserve を使います。一方，想定する読み手にとって preserve（保護する）が難しいと判断すれば，より平易な，例えば protect（守る）への変更を検討します。
　preserve と protect のそれぞれの英英辞書の定義は，次の通りです。

preserve：If you <u>preserve</u> a situation or condition, you make sure that it remains as it is, and does not change or end. （状況や状態を preserve するとは，そのままに保つこと。変化したり終了したりしないようにすること）

protect：To protect someone or something means to prevent them from being harmed or damaged. （誰かや何かを protect するとは，誰かや何かが傷つけられたり損傷したりするのを防ぐこと）

(出典：英英辞書 Collins COBUILD)

　preserve と protect のいずれも使用が可能ですが，「環境を保つ」というより厳密な preserve を論文の著者は選択しました。環境を「何かから守る」ことではなく，環境を「そのままの形に保持する」ことが本論文の主題ということになります。

　「3 つの C」の技法では，「読み手にとって平易」である単語を選択します。専門的な内容に関しては的確な専門用語を選択し，それ以外の一般的な記述については，平易で読み手に負担にならない単語を選択することが大切です。

　このように，【読み手】にとっての【3 つの C】（正確・明確・簡潔）という「軸」をいつも心に留めて，表現を選択し，英文を作成しましょう。そのことにより，学校で習った英語を実務の「伝わる」英語へと転換することが可能になります。そして「伝わる英語論文」が書けるようになります。

2. Correct に書くために

論文を「正しく」書くために留意すること

　日本人をはじめとする非ネイティブが英語論文を正確に書くために，次の「5つ
の誤り」を防ぐことが大切です。それぞれの誤りの対処法を説明します。

- ●英文法誤り
- ●用語の誤り
- ●直訳による誤り
- ●スペルミスや数値誤り（ケアレスミス）
- ●句読点，略語，数の表記の誤り

（1）英文法・用語の誤りを防ぐ

●**英文法誤り**
必須項目は「名詞」と「動詞」です。さらには表現の幅を広げる各項目（関
係代名詞・分詞・前置詞など）を目的意識をもって，集中して習得すること
が大切です。

まずは「名詞」と「動詞」を理解する

　英語を正しく書くにあたり，まず「名詞」と「動詞」を理解することが大切です。
「名詞」の習得とは，名詞の「数」と「冠詞」を理解することです（P57参照）。
「名詞」について，例えばengine（エンジン）のような数える名詞が単数形の
場合に，冠詞をつけないで書くと，誤りになります（P70参照）。また，例えば
temperature（温度）のような，数えたり数えなかったりする名詞については，
可算で扱うのか，不可算で扱うのかを，表したい内容に応じて，書き手が決める必
要があります。例えばtemperature（温度）は，個々の値（例：100℃）を意識し
た場合には可算です。値を想定せずに抽象的に扱った場合には不可算です。また
nuclear power generation（原子力発電）のように不可算の扱いしかできない名
詞があります（P62参照）。

　また，定冠詞theは，必要な箇所に欠けると「つながり」を明示できない文となっ
たり，文法誤りになったりします。逆に不要な箇所にtheがつくと，文が読みづ
らくなります。

英文は主語の直後に「動詞」をおきます。「動詞」が英文の構造を決めます。どのような動詞を選択するかによって，正しく英文を組み立てられるかどうかが決まり，また英文が与える印象が変わります。したがって，「動詞」の習得は必須です。

　「動詞」について，「自動詞」と「他動詞」の理解に加え，関連する項目である「時制」「態」や「助動詞」の理解が必須です。

　まずは「名詞」と「動詞」を理解することにより，英文を正しく書ける可能性が高まります。

各文法項目の深い理解を目指す

　他に習得すべき文法項目には，関係代名詞・分詞・前置詞・to 不定詞と動名詞・比較表現，があります。これらの文法事項は，複雑な内容を記載する論文での表現の幅を広げる項目として重要です。

　英文法は，効率的に習得することが大切です。また同時に，深く理解することが大切です。文法事項を丸暗記するのではなく，なぜそのような文法規則があるのかに着目しながら文法事項を理解します。そうすれば記憶に残りやすくなり，また習得した後は，応用例に対しても誤りが起こりにくくなります。

中学校の文法基礎を全体復習する

　また「英文法に自信がもてない」と感じる場合には，中学校で習った英文法を総復習することが役に立ちます。ライティングに必要な英文法の基礎が安定した，と感じる自信をつけるために復習します。高校生や大学生向けの文法書や参考書ではなく，中学生向けの基礎的な練習問題集を選んでください。中学 1 年生から 3 年生まで，「書き込む」タイプの文法問題集を使って，ひと通り解いてください。

●用語の誤り
複数の辞書とネット検索で，用語を確認しましょう。

専門用語は学術用語集や技術用語辞書で調べる

　英語論文で使用する用語は分野が限られ，それほど多い単語数ではありません。使用する用語ははじめに調べ，裏をとってから正しく使いましょう。

　技術用語が掲載されている専門的な辞書をはじめとして，関連文献を調べ，また学術用語集で確認しておきましょう。

　学術用語集には，機械工学編，電気工学編，化学編，医学編，などと各分野のものがあります。「オンライン学術用語集」として，一部がネット上に公開されています。2018 年 1 月現在，J-GLOBAL（科学技術総合リンクセンター：https://

jglobal.jst.go.jp/）にて検索できます。以下に検索の方法を示します。

　上記 J-GLOBAL サイトの検索箇所に，用語を入れます。例えば「遠心分離機」と入れます。そして，「科学技術用語」を指定し検索します。ヒット結果を，出典「学術用語集」に絞り込めば，例えば次のように，検索語とそれに近い言葉を検索することができます。

学術用語集の検索例：検索単語「遠心分離機」
物理学編（増訂版）／ 遠心分離機 ／ centrifuge
船舶工学編 ／ 遠心分離機 ／ centrifuge
採鉱ヤ金学編 ／ 遠心分離機 ／ centrifuge
化学編（増訂 2 版）／ 遠心機 ／ centrifugal machine
化学編（増訂 2 版）／ 遠心分離機 ／ centrifugal separator
（出典：https://jglobal.jst.go.jp/detail?JGLOBAL_ID=200906047928110047&q=%E9%81
%A0%E5%BF%83%E5%88%86%E9%9B%A2%E6%A9%9F&t=6（検索：2017 年 10 月））

　執筆中の論文で使用する専門用語については，すべての単語をひと通り，学術用語集を使って調べておくとよいでしょう。必要単語はいつも決まっていて，それほど多いわけではありません。自分の分野に必要な単語を確実に蓄積しましょう。
　また専門的な辞書も活用するとよいでしょう。CD-ROM で提供される辞書をパソコンに入れておくことで，素早く辞書を引けるようになり，便利です。

専門用語の辞書の例
・ビジネス技術実用英語大辞典 V5 英和編＆和英編 CD-ROM 版：技術用語に強い。
　用例が多く載っていて，実用的。
・マグローヒル科学技術用語大辞典 CD-ROM 版：技術用語とその説明が載っていて便利。対訳のみならず，用語説明で技術を理解できる。
・日外アソシエーツ CD 専門用語対訳集 機械・工学 17 万語，CD 専門用語対訳集
　電気・電子・情報 17 万語：17 万語の英和・和英の用語対訳が載っている。用語が使用される分野も記載。専門用語を調べるのに便利。
・日外アソシエーツ CD 専門用語対訳集 化学・農学 11 万語：化学・農学分野の
　用語対訳。

一般語は英和大辞典，英英辞書で調べる
　専門用語ではない一般語については，平易な一般辞書で調べましょう。辞書を引

くときには，調べた複数の単語のうち，見たことがある，知っている，という単語を選ぶようにしましょう。まったく知らない単語を使うと，大きく誤ってしまう危険性があります（P291 ブレイク＆スキルアップ参照）。また，特に動詞を使用する際には，用例までを辞書で確認し，正しく使うようにしましょう。

一般語の和英・英和辞書の例
・研究社 新英和大辞典 第6版
・研究社 新和英大辞典 第5版
・リーダーズ英和辞典

オンライン英英辞書の例
・English Cobuild Dictionary（http://dictionary.reverso.net/english-cobuild/）：用語の定義が明快でわかりやすい。
・Longman Dictionary of Contemporary English（http://www.ldoceonline.com/）：名詞の可算・不可算の記載がわかりやすいため便利。
・Merriam-Webster's dictionary（http://www.merriam-webster.com/）：広く一般に使われている辞書で信頼性が高い。
・Oxford Advanced American Dictionary（http://oaadonline.oxfordlearnersdictionaries.com/）：有名で信頼性が高い。

インターネット検索も活用する
　辞書で調べて使用すると決めた用語は，インターネット検索でも調べます。類似の文脈や同じ技術分野の文書で使用できるかどうか，必ず裏をとります。

　平易な方法として，まずはウィキペディア（Wikipedia）の日本語・英語の両方を調べ，用語を確認することが役に立ちます。ウィキペディアの英語版では，明快で簡潔な技術説明が見られます。

　次に，ウィキペディア以外の文書での出現頻度や類似文書での用法を確認することが大切です。その際には，インターネット検索での検索結果を，次のように，適宜絞るとよいでしょう。

ネット検索結果を絞る―ファイルタイプを PDF に限定
　例えば Google（グーグル）検索において，検索語の前に filetype:pdf（「ファイルタイプが PDF」の意味）を入力して検索すれば，PDF ファイルのみが検索結果として現れます。PDF ファイルとしてネット上に置かれている文書は，他の情報に比べて信頼性が高いとみなすことができます。そのような検索方法を駆使することで，信頼性の高い用語を選択できるように工夫しましょう。

Google	filetype:pdf centrifugal separation

⇒ centrifugal separation（遠心分離）に関する PDF の文書のみが検索結果に現れる。

単語の意味を模索する―画像検索・動画検索のすすめ

　また，単語の意味を深く知りたい場合には，インターネットの「画像検索」を使うことが役に立ちます。各単語の意味を「画像」でとらえることで，単語が正しいかどうかわかったり，単語のニュアンスを理解したりすることができます（P228 ブレイク＆スキルアップ参照）。

Google	centrifugal separation

　　　すべて　画像　ショッピング　動画　地図　もっと見る　設定　ツール
　　　　　　　↑これをクリック

⇒ centrifugal separation（遠心分離）に関する画像が現れ，単語が正しいことを確認できる。

　さらに「動画」もクリックしておけば，その単語を含む技術を英語で説明してくれる画像が出てきます。YouTube 画像などをいくつか見ておけば，単語が正しいことを確認できるだけでなく，技術概要をも学ぶことができます（P238 ブレイク＆スキルアップ参照）。「その分野の現象を英語で説明する」ことへの抵抗が下がり，英語論文の執筆に役立ちます。

Google	centrifugal separation

　　　すべて　画像　ショッピング　動画　地図　もっと見る　設定　ツール
　　　　　　　　　　　　　　↑これをクリック

⇒ centrifugal separation（遠心分離）を説明する動画が現れ，説明を見ることができる。執筆しながら動画を見る，といった並行した勉強でも効率的に学ぶことができる。

（2）直訳・ケアレスミス・表記の誤りに注意する

●直訳による誤り
日英は対応しないことを心に留め，伝わる英語で表しましょう。

　日本語をそのまま英語に置き換えると，誤ってしまうことや，不自然な英語になってしまうことがあります。英語論文の背後に透けて見える「日本語」が残らないよう，英語として自然に伝わる表現にすることが大切です。
　そのためには，日本語と英語の違いを知り，日本語の特徴に引きずられず，英語

として自然に伝わるように表現することが大切です。

　直訳の誤りが起こる原因の１つに，日本語の「漢字表現」もあげられます。例えば「不純物が混在するダイヤモンド」を a diamond mixed with impurities と書いてしまったとしましょう。「混在」という日本語に対応させて mix を使っています。実際は「ダイヤモンド」に「不純物を混ぜ入れる」ことは不可能です。正しくは，a diamond containing impurities（不純物が存在するダイヤモンド）です。このように，「混」という漢字に引きずられて誤ってしまう，といったことがあります。

　英文を書くとき，内容の組み立てに注力する中で，英単語，英語表現を選択する必要があります。そのような作業の中で「自然に伝わる英文」になっているかどうかを考える余裕はもちにくいことがあります。したがって，執筆がひと通り終わってから，完成した英文だけを眺めてブラッシュアップすることが大切です。不自然な箇所や誤りはないかを調べます。この英文の推敲（ブラッシュアップ，つまりリライト）の時間をどれだけ多く使えるかによって，英語論文の最終品質が決まります（P95 ブレイク＆スキルアップ参照）。

　ブラッシュアップ時には，自然に読める平易な英文へと組み立て直しましょう。例えば「SVO を使い，能動態を使い，単文で書く」ようにリライトすれば，直訳により意味がずれるという誤りを避けられることがあります。

●スペルミスや数値誤り（ケアレスミス）
チェックを徹底します。使えるツールは駆使しましょう。他の人に読んでもらうことも，誤り抽出に役立ちます。

　スペルミスは信頼性を損ないます。また，数値のケアレスミスがあれば，誤った情報の伝達により重大な事故につながったり，大きな損失につながったりする危険性があります。

　論文原稿が完成したら，一夜以上の期間を空けて再度チェックをしましょう。期間を空けて「新しい目」で見れば，誤りが見つかることがあります。また，知人に読んでもらうなどして，著者以外の少なくとも一人が目を通すことで，思わぬ誤りに気づくことができたり，読みづらい箇所を特定することができたりします。

　ソフトウェアによるスペルチェック機能や各種支援機能も利用しましょう。さらには，ソフトが見逃すような誤りにも注意をしましょう。例えば「コンベア」には conveyer と conveyor の両方のスペルがあり，混在していても検出ができないこ

とがあります。いずれを使うかを決めておき，混在させないように使いましょう。また，例えば staff（職員）と stuff（材料）といった，似通ったスペルの異なる単語もスペルチェック機能では誤りや混在を抽出できません。また，米国と英国で異なるようなスペルにも注意が必要です。例えば cancel（キャンセルする）の過去分詞形 canceled（米国）と cancelled（英国）などです。米国式または英国式のいずれを使うかの基準を決めて，一貫性をもって使うようにしましょう。なお，投稿予定のジャーナルが欧州のものであるといった特定の場合を除くと，米国スタイルに統一するのが一般的と考えるとよいでしょう。

●句読点，略語，数の表記の誤り
「スタイルガイド」と「テクニカルライティング書籍」を手元におきましょう（P196 ブレイク＆スキルアップ参照）。

句読点や略語，数の表記は，学校では習わない場合が多い項目です。実務でどのように扱えばよいかがわからず，苦戦することがあります。一連の項目は，使い方が確立されています。ひと通り勉強しておきましょう（P169 参照）。基本的な決まりを知ったあとは，想定する読み手の要望に合わせて調整するとよいでしょう。

また表記の決まりごとは，暗記する必要はなく，出てくるたびに調べるとよいでしょう。大切なことは，細かい表記の疑問には「答え」があることを知ることです。その答えは，各種スタイルガイドにあります。

各分野のスタイルガイドを，以下に紹介します。自分の分野のスタイルガイドに従うことが好ましいですが，他の分野のものを使っても問題ありません。各分野のスタイルガイドが伝える内容は共通しています。主な違いは，例文の分野が異なる点，各分野に特有の内容が記載されている点です。例えば化学分野のスタイルガイドである The ACS Style Guide は，化学分野の例文が使用され，化学分野に特有の内容（例：化合物名に関する記載）が含まれます。

どのスタイルガイドを選んでよいかわからないという方には，科学技術系のスタイルガイドでは，① The ACS Style Guide（ACS スタイルガイド）や② AMA Manual of Style（AMA）が詳細でおすすめです。一般的なスタイルガイド⑧ The Chicago Manual of Style（シカゴマニュアル）も有名でおすすめです。

科学技術系のスタイルガイド
① The ACS Style Guide：Effective Communication of Scientific Informa-

tion, Oxford University Press：アメリカ化学会（American Chemical So-
ciety：ACS）による化学分野のスタイルガイド。他の分野にも共通の重要な情
報が多く含まれる。科学技術系のガイドを手元におきたい人におすすめ。

② AMA Manual of Style：A Guide for Authors and Editors, Oxford Uni-
versity Press：アメリカ医師会（American Medical Association：AMA）
によるメディカル分野のスタイルガイド。こちらも記載が詳細で，一読の価値
あり。

③ Physical Review Style and Notation Guide：American Physical Society
（APS）による物理学分野のスタイルガイド。オンライン提供（http://forms.
aps.org/author/styleguide.pdf）。

④ NASA SP-7084：Grammar, Punctuation, and Capitalization, A Hand-
book for Technical Writers and Editors, NASA：NASA によるスタイルガ
イド。テクニカルライター向けに，英文法から句読点などの表記の詳細を記載。
オンライン提供（http://ntrs.nasa.gov/archive/nasa/casi.ntrs.nasa.gov/
19900017394.pdf）。

⑤ IEEE Editorial Style Manual, The Institute of Electrical and Electronics
Engineers：The Institute of Electrical and Electronics Engineers（IEEE）
による工学分野のスタイルガイド。オンライン提供（http://www.ieee.org/
documents/style_manual.pdf）。文法・語法は掲載されておらず，それにつ
いては The Chicago Manual of Style（⑧）を参考にする旨が記載。

⑥ Microsoft Manual of Style for Technical Publications, Microsoft Press：
Microsoft Cooperation によるスタイルガイド。

⑦ The IBM Style Guide：Conventions for Writers and Editors, IBM
Press：IBM によるスタイルガイド。

一般的なスタイルガイド

⑧ The Chicago Manual of Style, The University of Chicago Press：一般的
なスタイルガイドの代表例。「シカゴマニュアル」や CMS と呼ばれる。アメリ
カスタイル。

⑨ The Oxford Style Manual, Oxford University Press：イギリスのスタイル
を確認したい場合に使用。

ブレイク & スキルアップ

英英辞書は「単複」に Longman, 「意味の理解」に Collins COBUILD

　理系研究者の方に英英辞書の使用をすすめると，次のような応答があります。

　「英英辞書は，面倒」「英語で定義を読んでも，定義の単語がわからない。再度英和辞書を引かなければならない」

　筆者も，過去には英英辞書を使うことが苦手でした。「英英辞書を引きましょう」と英語の先生に言われるたびに，同じことを思っていました。

　ところがあるとき，そんな悩みを払拭してくれる英英辞書に出合いました。それ以来，英英辞書を気軽に使えるようになり，そして手放すことができなくなりました。非ネイティブにとって，英英辞書は，「いつでも聞ける，頼りになるネイティブ相談役」です。手元に置くことで，いつでも的確な答えをくれるネイティブがそばにいるような安心感がもたらされます。

　英英辞書を2つ，ここに紹介します。1つ目は，Collins COBUILD（コリンズコウビルド），もう1つは Longman（ロングマン）です。

明快で厳密な定義の Collins COBUILD
　Collins COBUILD を使って，「3つの C」の定義を，調べてみましょう。

correct：
If something is correct, it is in accordance with the facts and has no mistakes.
（正しいということは，事実に従っていて，誤りがないこと）

clear：
Something that is clear is easy to understand, see, or hear.
（明確とは，頭で理解しやすいこと，見やすいこと，聞きやすいこと）

concise：
Something that is concise says everything that is necessary without

using any unnecessary words.
（簡潔とは，不要な語を 1 つも使わずに，必要なことすべてを表すこと）

　いかがでしょう。英英辞書の定義を，平易に読むことができましたか。
　この 3 つの定義は，いずれも的確で明快です。特に concise（簡潔に）はわかりやすく定義されています。「簡潔」とは，単に「短い」というわけではありません。「必要な単語をすべて使い，不要な単語を 1 語でも減らす」と書かれています。

　また，技術的な単語も，調べておきましょう。一例として，corrode（腐食する）を調べます。

corrode：
If metal or stone corrodes, or is corroded, it is gradually destroyed by a chemical or by rust.
（金属や石が<u>腐食する</u>，または金属や石を<u>腐食させる</u>とは，化学物質や錆により，徐々に破壊されることである。）

　ここでは，metal や stone が <u>corrodes, or is corroded</u> とありますので，この動詞が「（自ら）腐食する）」を表す<u>自動詞</u>と，「〜を腐食させる」を表す<u>他動詞</u>の両方として機能することが理解できます。明快で厳密な定義です。

名詞の単複がわかりやすい Longman
　もう 1 つの辞書は，Longman Dictionary of Contemporary English です。名詞の数を判断するときに，便利に使うことができます。

　例えば cell（細胞）と tissue（組織）を Longman で調べてみましょう。「可算」か「不可算」かを迷ったとき，Longman を参照して決めることができて便利です。

cell
noun [countable]（名詞，可算）
1. the smallest part of a living thing that can exist independently
2. a small room in a prison or police station where prisoners are kept
3. a cellular phone

Longman では，即座に単語に続く ［　］ の中を，確認します。ネット上には緑色で [countable]（可算）または [uncountable]（不可算）の別が記載されています。今回は countable（可算）です。確かに cell（細胞）には壁があって，区切りがあります。単語に対するそのような予測と辞書による「答え」を結びつけておくとよいでしょう。

tissue
noun
1. [countable] a piece of soft thin paper, used especially for blowing your nose on
2. [uncountable] (also tissue paper) light thin paper used for wrapping, packing etc
3. [uncountable] the material forming animal or plant cells

　次に，tissue（組織）のほうは，1 つ目と 2 つ目には，「ティッシュペーパー」の定義があり，可算扱いとなっています。3 つ目に生体の「組織」の定義が記載されます。記載は uncountable（不可算）です。確かに組織（tissue）は「はじまりと終わり」の区切りがつきにくく，輪郭がぼやけた印象である，というように，辞書を引くたびに，単語の意味と辞書の定義を結びつけておきましょう。

　このように，「英語の意味，微妙なニュアンスには Collins COBUILD」，そして「名詞の可算・不可算の扱いには Longman」，というように使い分けることで，いつでもネイティブの英語相談役をそばに置くような感覚で，ライティング中に辞書に相談することができるようになります。

3. Clear & Concise に書くために

「明確で簡潔に」書くための工夫
　「正確」に書けるようになれば，次は「明確」で「簡潔」に書くことが重要です。明確で簡潔に書くことで，読み手の負担を減らすことに加え，書き手の負担も減ります。そして英文の正確性を高めることができます。
　明確で簡潔に書くためには，次の「7 つの主義」が重要です。それぞれの「考え方」をここでは伝えます。具体的な英語表現の技法については第 4 章に示します。

```
・動詞主義      ・能動態主義
・肯定主義      ・明快主義
・簡単主義      ・節約主義      ・ワンパターン主義
```

（1）動詞主義・能動態主義

```
●動詞主義  名詞形を減らす・具体的な動詞・他動詞を使う
```

名詞形として隠れた動詞を探す

　日本語では，動作を表す場合であっても「名詞＋する」や「名詞＋行う」と表すことがあります。「する」や「行う」という日本語に引きずられて perform や carry out ＋「動詞の名詞形」を使ってしまわないよう，動詞 1 語で表す工夫が必要です。動詞の名詞形が増えると，名詞の増加にともない「前置詞」や「冠詞」の使用が増えます。単語数が増えて読み手の負担が増えるというだけでなく，書き手の負担が増え，誤りも増えます。

【例 1】　This unit performs transformation of the coordinates of the color coordinate system.
本ユニットは，色座標系の座標を変換する。
▶▶▶ This unit transforms the coordinates of the color coordinate system.

【例 2】　Our simulator carries out mapping of the circuitry of the brain.
我々のシミュレーション装置により，脳の回路のマッピングができる。
▶▶▶ Our simulator maps the circuitry of the brain.

*例 1 と例 2 のポイント：動詞 1 語で表すと，文が短くなる。名詞形の使用が減ると，前置詞 of … of … が続くことも避けられる。

perform と carry out

本来の動詞を隠してしまうことがある perform と carry out ですが，目的語が「動作」でない特定の場合には，使用が可能です。例えば perform tasks（仕事を行う）や carry out experiments（実験を行う）という文脈では使用が可能です。なお，carry out は，代わりに conduct を使えば語数が減ります。つまり carry out experiments ⇒ conduct experiments（実験を行う）と変更すれば簡潔になります。

【例3】 Cracks can occur in concrete pavements due to mechanical or environmental loading.
コンクリート舗装は，機械的負荷や環境負荷によりひび割れを起こすことがある。
▶▶▶ Concrete pavements can crack under mechanical or environmental loading.
＊例3のポイント：英語は動詞主義。一見名詞のもの（例：crack）が動詞で使えることが多くある。

be 動詞「～である」に隠れた動作を探す

また日本語は，「～である」というように，「名詞＋である」を使って「状態」を表すことが多くあります。一方，英語は「動きのある」動詞1語を使って，「動作」を表すことが多い言葉です。動詞を使うことができれば，名詞の単複を正しく扱わなければならないという書き手の負担も減ります。

【例1】 Metal **is a heat conductor**.
　　　　金属は熱伝導体である。
▶▶▶ Metal **conducts** heat.

【例2】 Fallen trees on the road **are obstructions**.
　　　　倒れた木があると道路の障害となる。
▶▶▶ Fallen trees **obstruct** the road.
＊例1と例2のポイント：be 動詞を避けると英文にダイナミックな動きが出る。また主部と述部の名詞の単複の一致を合わせる，といった問題にも悩まなくてよくなる。

名詞を使うときは名詞を「活かす」とき

日本語に対応させて英語を書くと「名詞形」が必要以上に増えるという日本語の特

徴を知った上で，書き手が自分で表現を決めることが大切です。名詞形がすべて不可というわけではありません。名詞形を使う利点があると判断する場合には，名詞形を使うことが可能です。利点の一例に，名詞に「修飾」を加えたい場合があります。上の例の場合，Metal is a good conductor of heat.（金属は熱をよく通す）が Metal conducts heat well. よりもわかりやすいと判断する場合には，名詞形を選択します。

また，「1つ」や「1回」という名詞の特徴を活かして書きたいような場合にも，名詞の使用が許容されます。例えば別の文脈で，This material can be a cause of the disease.（この物質が病気の一因かもしれない）と This material can cause the disease. を比較すると，前者は「複数ある原因のうちの1つ（＝ one of the causes」という意味を強調できます。その利点を活かしたい場合には，can be a cause of the disease を使い，その利点を活かす必要がない場合には，動詞主義の can cause the disease を選択して簡潔に表現します。

大切なことは，考えずに日本語を置換すると英語に不要な名詞形が増えることを理解した上で，しっかり考え，表現を選択することです。

句動詞（イディオムの類）を避けて動詞1語で表す

学校で多く学んだ句動詞（イディオム）の使用を避けます。例えば take advantage of（〜を利用する）や account for（〜を占める）といった句動詞の代わりに，動詞1語で表せないかを検討します。

【例1】 This reaction **takes advantage of** catalysis.
本反応は，触媒反応を利用している。

▶▶▶ This reaction **uses** catalysis.

【例2】 Nuclear power **accounts for** about 20% of the total energy supply.
原子力は全エネルギー供給の約20%を占める。

▶▶▶ Nuclear power **constitutes** about 20% of the total energy supply.

*例1と例2のポイント：動詞1語で表すと読みやすくなる。

最も力強い印象を与える SVO（誰か・何かが何かをする）を使う

これまでの【名詞形として隠れた動詞を探す】【be 動詞「〜である」に隠れた動作を探す】【句動詞（イディオムの類）を避けて動詞1語で表す】は，同時にSVO を使うことでもあります。

「誰かが何かをする」または「何かが何かをする」を表す SVO は，学校で習う5つの構文の中で，最もシンプルで明快な印象を与えます。SVO と他の構文を比

41

較してみましょう。

【例1】 This technology **leads to the cost reduction** of products.（SV）
本技術が製品のコスト低減の一助となる。
▶▶▶ This technology **reduces the cost** of products.（SVO）

【例2】 With automated lubrication, machine maintenance **will become unneces-sary**.（SVC）
自動注油により，装置のメインテナンスが不要になる。
▶▶▶ Automated lubrication **will eliminate the need for** machine maintenance.
▶▶▶ Automated lubrication **will eliminate** machine maintenance.
*例1と例2のポイント：シンプルなSVOは文が組み立てやすく，読みやすい。

●能動態主義　モノが主語の能動態を増やす

　英語は基本的に「能動態」を好みます。日本語は主語の使用を控えたり受動態で表現したりすることが多い言葉です。

　英語論文では，主観を入れずに客観的に書くために，受動態で書くべきだという声を聞くことがあります。しかし，受動態で書くと，どうしても文全体が長くなったり，または主語の部分が長くなったり，誰が行ったかという動作の主体がわかりにくくなったりします。

　主語に「人」ではなく「モノ」を使った上で，能動態を使うことを検討しましょう。つまり，「能動態を使い」ながら「客観的に書く」工夫をします。

　また，強く言い切りたい場面や「自分」を明示したいときには，戦略的に「人」を主語にすることも，昨今は許容度が増しています（P52 ブレイク＆スキルアップ参照）。

　能動態主義を念頭においた上で，適切な箇所に受動態を残します（P45 お役立ちメモ参照）。例えば「実験方法」について記載する箇所などでは，受動態が多く残ることになります。

　能動態を使用する例をあげます（詳しくはP199参照）。

「人」が主語の能動態 ⇒ 「モノ」が主語の能動態に変える
人を主語にしたありがちな表現例1

　In this study, we aim to develop a simple method for displaying dynamic images on Web-based files.

本研究では，ウェブ上のファイルにダイナミック画像を表示する平易な方法の<u>開発を目指している</u>。

「人を主語にしない」「能動態」にリライト
▶▶▶リライト案 1

This study aims to develop a simple method for displaying dynamic images on Web-based files.

*主語を This study にして平易に変更。

▶▶▶リライト案 2

The aim of this study is to develop a simple method for displaying dynamic images on Web-based files.

* The aim を主語にする。

▶▶▶リライト案 3

This study focuses on developing a simple method for displaying dynamic images on Web-based files.

* This study を主語に使い，focuses on … を使う。

人を主語にしたありがちな表現例 2

In this study, we have developed a simple method for displaying dynamic images on Web-based files.

　本研究では，ダイナミック画像をウェブ上のファイルにて表示する平易な方法を<u>開発した</u>。

　この場合に，「人」を主語にせずに，書くことは可能かどうか悩む場合があるでしょう。上の例 1 と同じ要領で This study を主語にしてしまうと，次のように，主語と動詞の関係に不具合が生じます。

　×　This study developed a simple method for displaying dynamic images on Web-based files.

　*不具合：methodをdevelopするのは研究者であって，studyではないため不適切

　「モノ」を主語にすると，次のように受動態になってしまいます。主語が長くなり，主部と述部のバランスが悪くなります。

× In this study, a simple method for displaying dynamic images on Web-based files **has been developed**.

「人を主語にしない」「能動態」にリライト
▶▶▶**Our simple method allows** display of dynamic images on Web-based files.

　ポイント：主語を Our … にすることで，「開発した」という動作を出さずに書く。人を主語にせずに能動態で書くことが可能になる。また，主語，目的語を選ばない便利な動詞 allow を使う（P215 参照）。

「モノ」が主語の受動態 ⇒ 「モノ」が主語の能動態に変える
【例1】 When coal **is burned**, the sulfur content **is combined** with oxygen to produce sulfur dioxide.
石炭を燃やすと，その硫黄分が酸素と結びつき，二酸化硫黄が生じる。

主語は変えずに，「能動態」にリライト
▶▶▶リライト案1

> When coal **is burned**, the sulfur content **combines with** oxygen to produce sulfur dioxide.

＊2ヶ所の受動態のうち，一方を能動態に変更。combine は，自動詞と他動詞の両方の使い方が可能（自動詞と他動詞については P85 参照）。自動詞として使うことで，適切に変更。

　英文の構造を変えて「能動態」にリライトすることも可能です。
▶▶▶リライト案2

> **Burning coal causes** the sulfur content to combine with oxygen to produce sulfur dioxide.

＊複文構造を単文に変えることで，2ヶ所の受動態をなくすことも可能。
＊リライト案1と案2のうち，読みやすさに応じて自由に選択する。

【例2】 When the operator stands in front of the camera, the image **is displayed on** the screen.
カメラの前に立てば，画像が画面に表示される。
▶▶▶ When the operator stands in front of the camera, the image **appears** on the screen.
＊他の自動詞を使うことで，能動態で書くことも可能。

【例3】 These components **should be replaced** after years of use.
数年使用したら，部品を取り替えなければいけない。

▶▶▶ These components **need replacement** after years of use.
＊発想を変えて能動態に変換することも可能。

「人」が主語の能動態をあえて使う

　最後に，「人」を主語にして能動態を使うことで，強く内容を明示する方法があ
ります。「自分が行った」ことを強調したい場合，また「モノ」を主語にした場合
にどうしても明快に書きづらいといった場合には，「人」を主語にした「能動態」
を残すことが可能です（P52 ブレイク＆スキルアップ参照）。ここで残す「人」は
We（単著論文の場合には I）に限らず，代名詞を避けた The authors（単数 The
author）といった具体的な人，また Our research group といった組織も含みます。

【例】 Early symptoms indicative of Alzheimer's disease **have been identified**.
アルツハイマー病の兆候となる早期の症状を突き止めることができた。
＊問題：主部が長くなる。また，「突き止めた」を受動態で書くと，「誰が突き止めた」かがわからない。
先行研究の内容を表しているのか，または本研究のことを表しているのかがわからない

▶▶▶**リライト案1**

We have identified early symptoms indicative of Alzheimer's disease.

▶▶▶**リライト案2**

Our research team has identified early symptoms indicative of Alzheimer's
disease.

　ポイント：あえて人を主語にすることで，誰が何をしたかを読みとりやすくする。

お役立ちメモ

能動態と受動態

　アメリカ化学会によるスタイルガイド "The ACS Style Guide, 3rd Edition" に,
次のように「態」に関する記載があります（下線と和訳は筆者）。

Voice（態）
Use the active voice when it is less wordy and more direct than the pas-

sive.

受動態よりも語数が減り，より直接的に書ける場合には能動態を使う。

悪い例：The fact that such processes are under strict stereoelectronic control is demonstrated by our work in this area.

良い例：Our work in this area demonstrates that such processes are under strict stereoelectronic control.

Use the passive voice when the doer of the action is unknown or not important or when you would prefer not to specify the doer of the action.

動作主がわからない場合や重要でない場合，また隠したい場合には受動態を使う。

例：The solution is shaken until the precipitate forms.

Melting points and boiling points have been approximated.

Identity specifications and tests are not included in the monographs for reagent chemicals.

この例からもわかるように，実験手順の説明やモノや事象を主語にした描写には，受動態が適切な表現となります。

一方で，モノを主語にした描写文であっても，例えば「自動詞」の活用（P201 参照）などにより，能動態で書ける場合があります。例えば，1 つ目の例文「The solution is shaken until the precipitate forms.」の後半部分では，他動詞と自動詞の両方の意味で使える動詞 form（＝「～を形成する」「形成する」）について，「the precipitate forms.（沈殿物ができる）」として自動詞で使っています。自動詞の活用により，例えば「The solution is shaken until the precipitate is formed.」と書いて受動態が増えてしまうことを，自然に防いでいます。

（2）肯定主義・明快主義

> ● 肯定主義　not をやめて肯定表現する

英語論文は，「～である」「～する」といった「肯定表現」を基本として，技術を論じるべきです。「～ではない」「～できない」という「否定」の表現を使って技術を論じるべきではありません。

また，英語という言葉は，内容が「否定」であっても，「肯定表現」で表す表現が多くあります（P230 参照）。そのような特徴をもつ英語で「否定形」を使うと，否定的な文脈の印象を与えたり，語数が不要に増えたりします。否定の内容も肯定

形で表すことにより，明快で力強い印象を与えることが可能になります。

【例1】 Carbon dioxide **does not have any color and any odor**.
二酸化炭素には，色も臭いもない。

▶▶▶リライト案1

Carbon dioxide **has no color or no odor**.

▶▶▶リライト案2

Carbon dioxide **is colorless and odorless**.

【例2】 The mechanism for this reaction **has not been clarified yet**.
この反応のメカニズムは明らかになっていない。

▶▶▶リライト案1

The mechanism for this reaction **has yet to be clarified**.

▶▶▶リライト案2

The mechanism for this reaction **remains unclear**.

【例3】 Electromagnetic waves can pass through **materials that are not transparent**.
電磁波は，透明でない物質も通り抜ける。

▶▶▶リライト案

Electromagnetic waves can pass through **opaque materials**.

* opaque ＝不透明
*例1〜3のポイント：no を使う，反対語を使うといった技法（P231 に詳しく説明）により，否定の内容を肯定形で表す。

┌───┐
● 明快主義　具体的に書く，「等」も消す，1 つの意味を伝える
└───┘

読み手に疑問が生じない明快な表現を使うことが大切です。2 つ以上の意味がある単語は使用せず，具体的な意味を表す単語を選ぶことが大切です。また，日本語に頻出しがちな「等」を etc. や and so on とせず，「等」の意味を英文に残す工

47

夫をします。

【例1】 具体的な意味を表す単語を選ぶ

A prototype photovoltaic module was **made**.

太陽光発電機の試作品を<u>作った</u>。

*動詞 make（作る）の使用は間違いではないが，意味が広い。より具体的に，どのような「作る」を表したいかを検討し，次のように単語を具体化する。

▶▶▶ A prototype photovoltaic module was **prepared**. （準備した）

A prototype photovoltaic module was **designed**. （設計した）

A prototype photovoltaic module was **developed**. （開発した）

A prototype photovoltaic module was **fabricated**. （作成した）

*「試験のため作った」のであれば prepared，「設計や開発」の意味なら designed や developed，文字通り「製作」なら fabricated を使う。 make よりも具体的な意味を伝える動詞を選ぶ。

【例2】 一意に定まる単語を選ぶ

Thermal plants use fossil fuels, **while** nuclear power plants use nuclear fuel.

火力発電所は化石燃料を使い，一方原子力発電所は核燃料を使う。

▶▶▶ Thermal plants use fossil fuels, **whereas** nuclear power plants use nuclear fuel.

* while には「～している間」という時間的意味と，「一方」という対比の2つの意味があります。 このような単語は，「一方」の意味で while を使わず，一意に定まる whereas を代わりに使うことで，読みやすくなります。 同様に, because の意味での as や since の使用もやめるようにしましょう（P274 ブレイク＆スキルアップ参照）。

【例3】 etc. や and so on を使わずに「等」を表す

このスキャナーで，本や雑誌等の製本された書類を読み取ることができる。

× This scanner can scan bound documents like books, magazines, **and so on**.

× This scanner can scan bound documents like books, magazines, **etc**.

▶▶▶

This scanner can scan bound documents **like** books and magazines.

* like の使用により例示しているため，etc. や and so on を削除する。

This scanner can scan bound documents **including** books and magazines.

* including を使って例示する。

This scanner can scan bound documents **such as** books and magazines.

*such asを使って例示する。such asとlikeは似ている。such asのほうがより正式。likeはsuch asに比べて略式。

This scanner can scan bound documents (**e.g.,** books and magazines).

* e.g., を使って例示する。なお，e.g., は丸括弧の中のみで使うとよい（P174参照）。

This scanner can scan bound documents, **for example,** books and magazines.
* for example を使って例示する。for example の前後にはコンマを入れる（P174 参照）。

This scanner can scan books, magazines, **and any other bound documents**.
* and any other … で具体化して記載する。

【例 4】「大きい」「小さい」「十分」などの基準を書く
締め付け板の厚みを十分に確保してある。

×　The clamping plates have sufficient thickness.

▶▶▶リライト案 1

> The clamping plates are **sufficiently thick to withstand external loads without fractures**.
> 締め付け板は，破断せずに外的負荷に耐えうる厚みである。

*具体的に目的を書くことで読者に基準を示す。

▶▶▶リライト案 2

> The clamping plates are **at least 6 mm thick**.
> 締め付け板は，6 mm 以上の厚みとしている。

*具体的な数値を書くことで，1 つだけの意味を伝える。

【例 5】代名詞の使用を避ける
The rotary engine is an early internal combustion engine. It was first used in aviation. It was widely used as an alternative to conventional inline engines during World War I.

　ロータリーエンジンは初期の内燃機関の一種である。はじめは航空分野において使用された。第 1 次世界大戦の時代には，従来の直列型エンジンの代わりに使用された。

▶▶▶リライト案

> The rotary engine, **which is an early internal combustion engine**, was first used in aviation. **This engine** was widely used as an alternative to conventional inline engines during World War I.

ポイント：主語がそろった 3 文のうち，2 文を 1 文にまとめることで，代名詞 It の使用を消す。またもう 1 つの代名詞 It については，具体的に書く。The rotary engine ⇒ This engine のように短縮して書くことで，代名詞の使用を避ける。

（3）簡単主義・節約主義・ワンパターン主義

●簡単主義　平易な単語を使う

　世界の非ネイティブにも伝わる平易な単語や平易な表現を使うことが大切です。分野の専門的な内容に関しては，的確な専門用語を選択し，それ以外の一般的な記述部分については，平易で読み手の負担にならない単語を選択しましょう（P24 ブレイク＆スキルアップ参照）。

一般語は極力平易な万能語を使う
　例えば次のように，平易な単語を選択しましょう。

難しい漢字表現	難解な英単語×		平易な英単語を使う○
解明する	elucidate	▶▶▶	clarify, determine
終了する	terminate	▶▶▶	end
開始する	commence	▶▶▶	start
容易にする	facilitate	▶▶▶	ease
適用する	apply	▶▶▶	use
採用する（手法や材料を）	employ	▶▶▶	use
利用する	utilize	▶▶▶	use

　「適用する」＝ apply は，正しく使える場合には，使用が可能です。しかし，正しく使いこなすことが難しい単語の１つです。誤ってしまうようであれば，平易な use に置き換えましょう（P95 ブレイク＆スキルアップ参照）。また，「採用する」や「利用する」を表す employ, utilize も平易で万能な動詞 use に置き換えましょう。

業界用語も避ける
　さらには，いわゆる「業界用語（jargon と呼ばれる）」の使用も避けましょう。業界用語とは，「平易」な単語から「難解な」単語まで，業界の人どうしのみで使うような単語を指します。

避ける業界用語（jargon）×		一般的な単語を使う○
lab（研究室）	▶▶▶	laboratory
lub（潤滑剤）	▶▶▶	lubricant
exam（検査）	▶▶▶	examination
prepped（準備された）	▶▶▶	prepared
preemie（未熟児）	▶▶▶	premature infant
FYI（= For Your Information）	▶▶▶	－（書かない）

● 節約主義　1語でも無駄な単語を減らす

　1語でも不要な単語は減らしましょう。読み手の負担が減り，より明確に伝えることができるようになります。

　また，無駄な語数を減らすことで，他の重要情報を含める余裕が生まれます。例えばアブストラクトで語数を減らすことで，限られた単語数に収めることができます。また，無駄な語数を減らしたことで制限語数に余裕ができれば，より詳細な情報を書き加えることができます。

　例えば次のような単語は，短い表現に変えましょう。

不要語を含んだ長い表現×		短くて明快な表現○
read out（読み出す）	▶▶▶	read
carry out（～を実行する）	▶▶▶	conduct
in order to（～のために）	▶▶▶	to
by means of（～により）	▶▶▶	by
in terms of（～に関して）	▶▶▶	in や of や for など
in regard to, with regard to（～に関して）	▶▶▶	about や for
an increased number of（数が増えた）	▶▶▶	more
a decreased number of（数が減った）	▶▶▶	fewer
in the vicinity of（～の近傍で）	▶▶▶	near
have an effect [impact] on（～に影響を及ぼす）	▶▶▶	affect
It is apparent that（明らかなことに）	▶▶▶	apparently
in a case where（～の場合に）	▶▶▶	when や for

●ワンパターン主義

| ○ | Never be afraid of repeating the same expression. | v.s. | ✕ | Vary your style. |

　1つの単語や表現を決めたら，同じ文書の中で，同じ単語や表現をくり返して使いましょう。同じことを表すのに単語や表現を変えると，読み手が迷ってしまいます。過去に学校で「表現にバリエーションをもたせましょう（Vary your style.）」と学んだことがある場合，その考え方は捨てましょう。これからは，恐れずにワンパターンで同じ表現をくり返す（Never be afraid of repeating the same expression.）ことで，明確性を増しましょう。

　また，同じ文書内だけでなく，異なる論文でも，同じ表現をくり返し使うことで自分の表現パターンを確立しましょう。英語論文の執筆にかかる時間が短縮され，より自信をもって書くことができるようになります。

例： **The laser-beam printer** has two parts: the print engine and the controller. **This device** enables high-speed printing.

<u>本レーザープリンタ</u>は，印刷エンジン部と制御部という2つの部分から構成される。<u>この機器</u>では高速印刷ができる。

*プリンタ（printer）を機器（device）に言い換えています。この場合，device が「プリンタ」を指すのが，他の要素である「印刷エンジン部」や「制御部」を指すのか，わかりにくくなっています。

▶▶▶The laser-beam printer has two parts: the print engine and the controller. **This printer** enables high-speed printing.

*くり返し，同じ単語を使うようにしましょう。単語を言い換えたり，または代名詞を積極的に使ったりする必要はありません。

ブレイク ＆スキルアップ

We や I を主語にするべきか？　利点と欠点を考えて決める

　技術論文で一人称，つまり We や I を主語にすべきかどうかということの議論には，終わりがありません。人を主語にしてはいけない，すべて「モノ」を主語にして，受動態で書くべきだ，という意見を聞くことがある一方で，We を主語にすることが許容できるという主張や，また，主語に I を使うのは「適切」または「不適切」などと色々な意見が飛び交います。

　筆者は次のように考えています。

・不要な一人称（We や I）を出すことは避ける。つまり，論文は「技術」について記載するため，基本的には「人」を積極的に主語にする必要はない。

・しかし，モノ（技術）を主語にすることにより，英文が極度に複雑化してわかりにくくなったり，「誰が何を行ったか」がわからなくなったりするくらいなら，著者を表す We や I（または the author(s)）を主語にしたほうがよい場合もある。「人」を主語にすることの許容度は最近増している。

・著者を表す一人称を使う場合の We と I の別については，共著論文の場合には We，単著論文の場合には I を使う。

　結果として，次のことが大切です。

・基本的には「モノ」を主語にした上で，受動態が多くなりすぎないように英語の表現力を磨く。

・「人」を主語にすることで明快に主張できる場合には，人（We, I, the author(s)）を主語に出してもよい。

　なお，論文の項目によっては，人の主語を控えるべき箇所もあります。Methods（実験方法）の項目では，著者が行った実験であることは明白であるため，We や I という「人」を主語に出す必要はありません。したがって，受動態が増えても，人を主語にせずに，モノを主語にして書きます（P199 参照）。

　さて，上記の裏づけになるような記載を，ACS スタイルガイドに見つけました。スタイルガイドでの一人称についての記載は，珍しくて貴重です。以下は ACS スタイルガイドからの引用です（和訳とポイントは筆者）。

Subjects and Subject-Verb Agreement（「主語について，また主語と動詞の一致について」の項目より）

Use first person when it helps to keep your meaning clear and to express a purpose or a decision.

（一人称を使うことで，意味が明確になる場合，また「目的」や「決断」を表現する場合には，一人称を使う）

例： Jones reported xyz, but I (or we) found ….

　　　I (or we) present here a detailed study ….

　　　My (or our) recent work demonstrated ….

　　　To determine the effects of structure on photophysics, I (or we) ….

However, avoid clauses such as "we believe", "we feel", and "we can see", as well as personal opinions.

（しかし，we believe, we feel, we can see といった節や，個人的意見は避ける）

ACS スタイルガイドから理解できる「一人称主語」のポイント

「意味が明確になる場合に一人称を使う」と記載されています。つまり，一人称を使わないことで表現がぼやけたり，誰が何をしたかがわからなくなったりする場合には一人称を使うとよいと理解できます。

またACS スタイルガイドの例文から，I と we の両方について，一人称の使用が許容されることもわかります。また，I や we といった主語だけでなく，My recent work や Our recent work といった表現も，一人称の一例としてあげられています。Our work demonstrates … などはネイティブ執筆者も常用する便利な表現です。

さらには，「we believe, we feel, we can see の使用を控えること」と「個人的意見を避けること」からも，一人称（We, I など）を許容しながらも，「客観的に書く」という点を重視していることが理解できます。

第2章

Correct のための基礎文法 I

本章では，Correct（正確に書く）のために必須となる基礎英文法を解説します。英文法の深い理解は，自信をもって英語を書くために重要です。学校で学んだ英文法のうち，英語で論文を書くために必要な項目の理解を深め，早期の習得を目指しましょう。

英文の必須要素である「名詞（数と冠詞）」と「動詞」について，次の項目を説明します。また，文に加えるだけで「文意を調整する」ことができる「助動詞」と「副詞」も説明します。

1.「名詞」の理解
　（1）数と冠詞の判断手順
　（2）単複の選択─総称表現「～というもの」
　（3）自然科学誌 Nature から学ぶ「数」と「冠詞」

2.「動詞」の理解
　（1）自動詞と他動詞を予測する
　（2）3つの時制の理解

3.「文意を調整する」項目
　（1）助動詞で「考え」を伝える
　（2）副詞の活用

第2章のねらい
- 必須要素である「名詞」と「動詞」をマスターする
- 「文意を調整する」助動詞と副詞を理解する

1.「名詞」の理解

　正しい英文を書くために，まずは「名詞（数と冠詞）」を深く理解し，使いこなすことが大切です。「数」と「冠詞」を適切に選択できるようになれば，英文ライティングへの抵抗が大幅に減り，自信をもって書けるようになります。

　各名詞の用法を覚えるよりも，各名詞を理解して使うことに重きをおきます。例えば，名詞 mercury（水銀）が「不可算名詞」であり，名詞 metal（金属）は「可算名詞」と「不可算名詞」の両方の用法があることについて，考えてみましょう（P iiiはじめに 参照）。

metal（金属：可算・不可算）と mercury（水銀：不可算）

　「金属」を表す metal は物質の名称です。「不可算」の扱いが可能です。「水銀」を表す mercury はどうでしょう。こちらも物質の名称ですから，「不可算」で扱います。これらの「不可算」扱いの名詞の場合，物質そのものを指す場合には，無冠詞単数形の metal, mercury が適切です（なお，「その金属」や「その水銀」と表す場合には，the metal, the mercury とすることが可能です）。

　周期表を頭に浮かべてみます。周期表には，1つひとつ，異なる「元素」の種類が示されています。ここで，先の「水銀」という名称は，物質に固有の名称であり，水銀という種類を指しています（右ページの周期表の丸囲み）。先と同様に「数える」必要性は生じません。

　一方，metal（金属）はどうでしょう。リチウム，ベリリウム，ナトリウム，マンガン…そして水銀，などと色々な種類が存在します（右の周期表の青色が金属）。先に不可算で扱った場合とは異なり，metals というように数えて複数形の s をつけて，複数種類の「金属」を表したくなるでしょう。

　このように，metal は可算・不可算のいずれも可能です。物質そのものを表すときには不可算，種類を表すときには可算として扱います。

Periodic Table of the Elements

1 H																	2 He
3 Li	4 Be											5 B	6 C	7 N	8 O	9 F	10 Ne
11 Na	12 Mg											13 Al	14 Si	15 P	16 S	17 Cl	18 Ar
19 K	20 Ca	21 Sc	22 Ti	23 V	24 Cr	25 Mn	26 Fe	27 Co	28 Ni	29 Cu	30 Zn	31 Ga	32 Ge	33 As	34 Se	35 Br	36 Kr
37 Rb	38 Sr	39 Y	40 Zr	41 Nb	42 Mo	43 Tc	44 Ru	45 Rh	46 Pd	47 Ag	48 Cd	49 In	50 Sn	51 Sb	52 Te	53 I	54 Xe
55 Cs	56 Ba	57-71 La-Lu	72 Hf	73 Ta	74 W	75 Re	76 Os	77 Ir	78 Pt	79 Au	80 Hg	81 Tl	82 Pb	83 Bi	84 Po	85 At	86 Rn
87 Fr	88 Ra	89-103 Ac-Lr	104 Rf	105 Db	106 Sg	107 Bh	108 Hs	109 Mt	110 Ds	111 Rg	112 Cn	113 Nh	114 Fl	115 Mc	116 Lv	117 Ts	118 Og

mercury（水銀）

metals（金属）

　各単語は用法を暗記していなくても，意味を考えることで，用法を推測することができます。辞書の記載を単に「覚える」のではなく，考え，理解しながら使うことが大切です。そのことにより，正しく名詞を扱うことが可能になります。

　それでは，名詞の学習を開始しましょう。

（1）数と冠詞の判断手順

「数」と「冠詞」を習得する

　「名詞」とは「モノや事象」を表します。例えば automobile（自動車）や temperature（温度），nuclear power generation（原子力発電）などです。

　英語の名詞は，いつも「数」を判断する必要があります。「数えるのか数えないのか」，また「単数か複数か」という判断です。そして，「冠詞」の判断も必要です。冠詞（a, an／the／無冠詞）は，名詞の前で，「名詞の形状」と「定まるものかどうか」を予告する大切な役割を果たします。冠詞を使う必要があるか，またどの冠詞を使うかについて正しく判断することで，英文が正しく，また読みやすくなります。

　名詞を「数える」かどうかは，「区切りをもっていると感じられるかどうか」で判断をします。名詞に「冠詞 the」を使うかどうかの判断は，「読み手と書き手の両方が共通して特定できるか」にて判断します。

　名詞の「数」と「冠詞」の判断を，次ページに別々にフローチャート化します。

実際には「数」と「冠詞」は密接に関連し，この2つの判断を組み合わせ，並行して判断を行います。

　平易な方法は，次の通りです。
　まず「冠詞」の the を判断します。続いて「数」の判断と不特定表現の判断，つまり不定冠詞 a/an と無冠詞の判断を行います。
　つまり，次の手順で「数」と「冠詞」を判断します。

「冠詞」と「数」の判断手順
　<u>the かどうか（特定できるかどうか）を判断する</u>　　　冠詞の判断フローチャート
　特定できる場合→ the をつける（同類の他のものと区別。数にかかわらず the
　　　　　　　　　　を置く）
　特定できない場合→<u>不特定表現の判断へ</u>
　　「数えるかどうか」
　　　→数える場合には複数か単数か→単数には a/an，複数には無冠詞
　　　→数えない場合には無冠詞

　　　　　　数の判断フローチャート

●「冠詞」の判断
① the の判断：読み手と書き手の間で「これ」と共通認識がもてる，同類の別のものと区別できる。
　　Yes ⇒ the に決定（可算・不可算・単複にかかわらず the を使う）（the を
　　　　使うと，「同類の別のものと区別」）
*不可算の場合，一般的なものを表す際には無冠詞となることに注意
　　No ⇒不特定の形を「数」に応じて選択⇒数の判断フローチャートへ

① -1　特定できる場合，the を置く
① -2　特定できない場合であって，可算で単数の場合
　　Yes ⇒母音からはじまるなら an，子音からはじまるなら a
*「発音」で選ぶ：an LED（発音：エルイーディー），
　　　　a Au electrode（発音：ゴールド エレクトロード）
　　No ⇒不可算で無冠詞，または可算複数形で無冠詞

58

● 「数」の判断

①名詞の「数」を判断する

「名詞」が「区切り」をもっているように感じられるか

　Yes ⇒可算

　No ⇒不可算　*予測した上で，英英辞書 Longman（P36 ブレイク＆スキルアップ参照）
で確認する

① -1「可算」の場合，「単数か複数か」

① -1-1　単数か複数かがその状況で決まっているか，または「一般的なもの」
として表したいか

　Yes ⇒単数なら a/an，複数なら複数形の s

　No ⇒「一般的なもの」として表す場合，次から選ぶ

　　　　1. 無冠詞複数形（一般論として表す）

　　　　2. a/an ＋ 単数形（1 つで代表する）

　　　　3. the ＋ 単数形（種類を定義する）

① -2「不可算」の場合

① -2-1「不可算」でも数えたいか：例：金属片 2 つ，2 つの情報

　Yes ⇒適切な「入れ物」に入れる

＊「入れ物」は，単語の前または後ろに置く（a glass of water：「1 杯の水」が基本形）

　（例：two pieces of metal または two metal pieces,

　　　　two sets of data または two data sets）

　No ⇒判断終了

第2章

59

「冠詞」のフローチャート

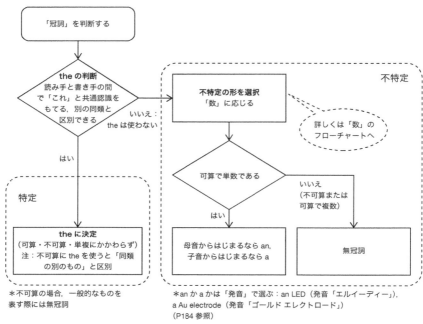

「数」のフローチャート

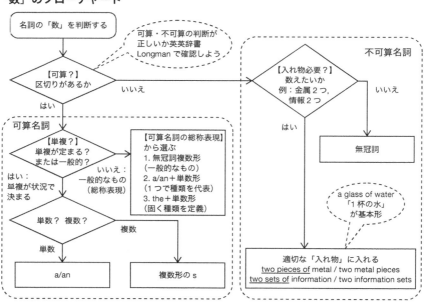

名詞（数と冠詞）の習得は日本人には難しいと思われがちです。しかし，基本に忠実に，手順を踏んで「冠詞」「名詞の可算・不可算」「単複」を選択すれば，自信をもって，英語の名詞（数と冠詞）を扱うことができるようになります（P343 ブレイク＆スキルアップ参照）。

　なお，基本に忠実に選択することが大切ですので，ネイティブが行う「冠詞の省略」は，非ネイティブは真似をしないでおきましょう。非ネイティブとして，正式で精密に，正しい表現を選択することが大切です。

Let's practice!
【数と冠詞の選択】
　次の名詞の「数」と「冠詞」を決めてみましょう。
- (1) 自動車　　　　automobile
- (2) 原子力発電　　nuclear power generation
- (3) 改善　　　　　improvement
- (4) 高温　　　　　high temperature
- (5) 情報　　　　　information
- (6) 金属　　　　　metal

　P60 の判断フローチャートを参考にして，下の各文脈の中で「冠詞（特定するかどうか）」と「数（単複・不可算）」を選択しましょう。文法的な正しさに加えて，選択の理由とニュアンスの違いを考えましょう。

---

(1) 自動車　automobile

<u>自動車</u>は，排出ガスを減らすことが求められている。

(　　　　　　　　　　) is/are required to reduce emissions.

【まず冠詞 the を判断しよう】
判断：「自動車」は読み手と書き手が「これ」と共通認識がもてるか
　→「自動車」はどれでもよいため，特定はできない。 判断：不特定

＊なお，「自動車」という種類を考えた場合，自動車の種類は読み手と書き手の頭の中に特定できる。しかし，種類を表す the（P59 参照）をここで使うと，「その自動車」という特定の自動車と混同するため，この文脈での使用は控える。

【「数」を判断しよう】

判断：「自動車」は数えるか

→ 1台ごとに「区切り」があるため数える

判断：単数か複数か

→ ここでは特に決まっていない。一般的な自動車を指す（総称表現）。

→ 3つの総称表現（無冠詞複数形，a/an ＋単数形，the ＋単数形）（P75参照）から選ぶ。the を選ぶと「特定の自動車」と混同するため，無冠詞複数形 または a/an ＋ 単数形 より選ぶ。

> 解答：**An automobile** is required to reduce emissions. / **Automobiles** are required to reduce emissions.

*複数のほうが一般論としてよりわかりやすく，自然。

> **(2) 原子力発電　nuclear power generation**
> 原子力発電は，二酸化炭素を排出しない。
> (　　　　　　　　　　　) produces no carbon dioxide.

【まず冠詞 the を判断しよう】

判断：「原子力発電」は読み手と書き手が「これ」と共通認識がもてるか

→ 他の「原子力発電」(つまり同類の別のもの)と区別する必要がない。判断：不特定

【「数」を判断しよう】

判断：「原子力発電」は数えるか

→ 原子力発電は1つの発電手法であるが，「区切り」がなく，概念のように感じられる。判断：不可算

> 解答：**Nuclear power generation** produces no carbon dioxide.

*不可算となる。誤って The nuclear power generation としないように注意。不可算に the を使うと，「他の同類のものとは異なる，その原子力発電」となってしまう。

（3）改善　improvement
本システムは，改善を必要としている。

The system needs (　　　　　).

【まず冠詞 the を判断しよう】
判断：「改善」は読み手と書き手が「これ」と共通認識がもてるか
　　→「改善」は特定のものではなく一般的な記載であるため，特定はできない。

判断：不特定

【「数」を判断しよう】
判断：「改善」は数えられるか
　　→ 区切りがないように感じる → 不可算と決める
　　→ 区切りを感じる。改善点1つ，改善点複数 → 可算と決める → 単数・複数を選ぶ

　＊英英辞書 Longman で用法を確認しておこう（強調と和訳は筆者によります。以下同）。

improvement **[countable, uncountable]**
the act of improving something, or the state of being improved
例：an improvement on earlier models（可算：以前のモデルの改善（一点））
Our results have shown some improvement this month.
（不可算：結果によると，今月はいくらかの改善が見られた）

解答：The system needs **improvement**.
The system needs **an improvement**. / The system needs **improvements**.

＊可算・不可算いずれも可能。表したい内容に応じて書き手が決める。

（4）高温　high temperature
300℃を超える高温に到達するまでコンクリート試料を加熱した。

The concrete specimen was heated to (　　　　　　　) exceeding 300 °C.

【まず冠詞 the を判断しよう】
判断：「高温」は読み手と書き手が「これ」と共通認識がもてるか
　　→「高温」は特定できない。 判断：不特定

63

【「数」を判断しよう】

判断：「高温」は数えられるか

→ 区切りがあるかないかを判断する →高温（high temperature）は区切りのない表現（高温という概念）も区切りのある表現（個々の値）も可能→今回 300℃という具体的な数値を基準に想定している。判断：数える

*英英辞書 Longman で用法を確認しておこう。

temperature [**countable, uncountable**]

a measure of how hot or cold a place or thing is

例：Water boils at <u>a temperature of</u> 100 °C.（可算：水は 100℃で沸騰する）

<u>The temperature</u> of the water was just right for swimming.

（可算・不可算：水温は，泳ぐのにちょうどよかった）

判断：単数か複数か

→ 1つの値であれば単数，値の範囲を表す場合は複数

解答：The concrete specimen was heated to **a high temperature** exceeding 300 °C.

The concrete specimen was heated to **high temperatures** exceeding 300 °C.

*temperature は可算・不可算いずれも文法的に可能。ここでは「値」を想定して可算。単数は1つの特定の値を表し，複数形は値の範囲を表す。

（5）情報　information

ヘッダーには複数の情報が含まれる。

The header contains (　　　　　　　).

【まず冠詞 the を判断しよう】

判断：「情報」は読み手と書き手が「これ」と共通認識がもてるか

→ 「情報」は特定できない。判断：不特定

【「数」を判断しよう】

判断：「情報」は数えられるか

→ 区切りがないように感じる → 不可算と決める

64

判断：不可算であっても，数えたいか

→ 「複数の情報」と数えたい → 適切な「入れ物」に入れて数える（基本形 a glass of water を参考にする）→ pieces of information, sets of information, items of information, information pieces, information sets, information items など

*英英辞書 Longman で用法を確認しておこう。

---

information [uncountable]

facts or details that tell you something about a situation, person, event etc

例：I need more information. （不可算：もっと情報が欲しい）

解答：The header contains **pieces of information**. / The header contains **sets of information**. / The header contains **information sets**. / The header contains **items of information**. / The header contains **information items**.

---

*不可算名詞を数える場合，「入れ物」に入れる。

---

(6) 金属　metal

その2つの金属を半田付け接合した。

(　　　　　　　) were soldered together.

【まず冠詞 the を判断しよう】

判断：「金属」はこの文脈で，読み手と書き手が「これ」と共通認識がもてるか

→ 「その2つの金属」として特定する。判断：特定

→可算・不可算など数にかかわらず the を使う。

【「数」を判断しよう】

判断：「金属」は数えられるか

→ 区切りがないように感じる →① 不可算と決める

→判断：不可算でも数えたいか

→ 複数の金属として，「入れ物」を検討する

→ 区切りがあると感じる →② 可算と決める* →判断：単数・複数を選ぶ→ 複数と決める

*英英辞書 Longman で用法を確認しておこう。

65

metal **[countable, uncountable]**

a hard, usually shiny substance such as iron, gold, or steel

例：The gate is made of <u>metal</u>.（不可算：その門は金属製だ）

They traded in gold and other precious <u>metals</u>.（可算：金や他の種類の貴金属を売買した）

金属の「区切りがある」「区切りがない」の判断は，注意深く選びます。必ず辞書（上の Longman の定義参考）を引き，確認しましょう。

①不可算と決める→判断：不可算でも数えたいか→ 複数の金属として，「入れ物」を検討する

　→ **The two pieces of metal** were soldered together.

② 可算と決める →判断：単数・複数を選ぶ→ 複数と決める

　→ **The two metals** were soldered together.

①と②では，表す文脈が異なります。①の場合には，「金属部品や金属片2つ」を接合した，という意味を伝えます。②の場合，「2種類の金属」を接合した，という意味になります。

解答：**The two pieces of metal** were soldered together. / **The two metal pieces** were soldered together. / **The two metal parts** were soldered together.（不可算）

The two metals were soldered together. / **The two different metals** were soldered together.（可算）

* metal は可算・不可算いずれも可能。可算の場合には種類を表し，不可算の場合には物質を表す。不可算扱いする場合は，適切な「入れ物」を探す。「入れ物」は metal <u>parts</u>（金属部品）なども可能。可算で種類を表す場合，two metals → two <u>different</u> metals（異なる2種類の金属）などと強調することも可能。

【数と冠詞の判断手順】のポイント

●英語の名詞は，基本の決まりに忠実に，適切な表現を選択する。数える・数えない，を意識して決める。

●冠詞については，the が必要かどうかを判定し，書き手と読み手の間で特定できると同意できる場合に the を置く。特定できない場合，冠詞の有無を「数」（単数・複数・不可算）に応じて決める。

ブレイク & スキルアップ

冠詞も読み手志向─「本研究の手法」は定冠詞の the technique か不定冠詞の a technique か

冠詞 the か a か論争

英語論文を書くとき，「自分の研究成果を発表する・論じる」という目的を全面に打ち出して書くと，伝わりにくい文になってしまうことがあります。文書作成のときは，いつでも「読み手」のために書くことに配慮しましょう。

「the か a かの冠詞論争」についてとりあげます。次の文の「シミュレーション方法」に使う冠詞は，a が良いでしょうか，the が良いでしょうか。

●本論文では，車両排出ガス検査における路上走行状態の<u>シミュレーション方法</u>を提案する。

①不定冠詞 a：

The paper presents <u>a technique for simulating</u> on-road driving conditions in a vehicle emissions test.

②定冠詞 the：

The paper presents <u>the technique for simulating</u> on-road driving conditions in a vehicle emissions test.

研究テーマである「路上走行状態のシミュレーション方法」について上のように書く際，「方法」を① <u>a</u> technique とするか② <u>the</u> technique とするか迷うかもしれません。論文のアブストラクトで「我々の手法」や「今回の新しい手法」について紹介するとき，①「手法」が初出だから a で書くのか，②「特定できる我々の手法」だから the で書くのか，という冠詞の論争があります。

研究者の方々は，the で書くことを希望する傾向があるように思います。「唯一特殊な手法だから」「我々の特定の方法だから」または「for simulating on-road driving conditions という後ろからの修飾により特定できる」という理由で the を使いたいという声を聞きます。

定冠詞 the で書くことも可能ですが，一歩立ち止まり，「読み手」について

67

考えるとよいでしょう。

　英文の読み手は，英単語のまとまりごとに，前から情報を理解します。そのことに着目して，この the と a について説明します。

書き手の考え

　<u>the technique for simulating on-road driving conditions</u> は the technique として特定できるだろう。つまり technique という名詞の後ろに説明が続いているため，特定の technique であると理解しよう。また「我々の特定の方法」であるため，特定の technique としたい。

読み手の考え

　英文を読むとき，前から理解しながら読む。情報のひとまとまりを理解しようとするが，The paper represents <u>the technique</u> … と書かれると，理解が「ついていけない」と感じる。次のように，思考が止まってしまう。

定冠詞 the

　　The paper presents（本論文が紹介するのは）
　　the technique（その技術です）

*読み手「何の技術？」という疑問とともに，読みづらさを感じる。

for simulating on-road driving conditions in a vehicle emissions test.
（車両排出ガス検査における路上走行状態をシミュレーションする技術です）

*読み手「長くて読みづらい」と感じる。

次に，定冠詞 the ではなく，不定冠詞 a を使った場合です。

不定冠詞 a

　　The paper presents（本論文が紹介するのは）
　　a technique（<u>ある1つの技術です</u>）

*読み手「何の技術のことか，先へ読み進めよう」

for simulating on-road driving conditions in a vehicle emissions test.
（車両排出ガス検査における路上走行状態をシミュレーションする技術です）

*読み手「なるほど」と納得しながら読み進められる。

以上のように，「定冠詞 the」を使うか「不定冠詞 a」を使うかに応じて，「読み手の理解がついていけるか」という点が異なってきます。

「自分の技術を記載する」ことや「書きたいことを論じたい」という気持ちに対して，「読み手の視点」を加えましょう。読み手への配慮により，英文は変わり，読みやすいものになります。

ニュアンスを調べて冠詞を決める方法
　実際には，定冠詞 the か不定冠詞 a（an）かを迷った場合には，次のように調べ，判断することができます。

・the の使用が適切かどうかを判断するために our や that に置き換えて考えてみる
　→適切と感じたら，the または our を使う
　→不適切，または読みづらいと感じたら，a（an）に決める

　先の文脈で，この判断を試してみます。This paper presents … の後ろの「定冠詞 the」について，our や that に置き換えてニュアンスを調べてみましょう。
　our や that を使えば，そのように「強く特定する」ことを書き手が実際に希望しているかどうか，また読み手がどのように感じるかについて，比較的平易に判断することができるでしょう。

our と that を足して調べる
　The paper presents <u>our technique</u> for simulating on-road driving conditions in a vehicle emissions test.（我々の手法）
　The paper presents <u>that technique</u> for simulating on-road driving conditions in a vehicle emissions test.（あの手法）

　「我々の」や「あの」という our, that がニュアンスとしてちょうどよいと感じた場合には，定冠詞の使用が適切です。その場合，定冠詞 the を使用する，または our（一人称）を使うのもよいでしょう。

▶▶▶ 英文の決定（特定する our または the に決める）
　The paper presents **our technique** for simulating on-road driving conditions in a vehicle emissions test.
　The paper presents **the technique** for simulating on-road driving conditions in a vehicle emissions test.

一方，our や that を置いてみて違和感があれば，不定冠詞 a を選びます。つまり，our や that を入れて読んでみて，そのように強く言いたいわけではないと感じる場合や，読み手に対して不親切と感じる場合には，不定冠詞 a に変更します。

▶▶▶ 英文の決定（不特定の a に決める）

The paper presents **a technique** for simulating on-road driving conditions in a vehicle emissions test.

　少しでも多くの読み手に論文の内容が届くよう，冠詞 1 つの選択であっても丁寧に行いましょう。「読み手」に対する配慮（不特定表現）と，論文の著者が強調したい部分（特定表現）の間でうまくバランスを取ることで，広く読まれ，適切に伝わる英語論文を目指しましょう。

（2）単複の選択─総称表現「〜というもの」

「数える」と決めたら，単複を決める

　名詞が単数か複数か文脈の中で特に決まっていない，また日本語であれば数を明示しないような場合にも，英語では，「単数」または「複数」を決めて明示する必要があります。

　例えば「ロボットとは〜である」という文脈で，日本語なら「ロボット」が単数か複数かを言わなくても文が書けます。一方，英語では単複を決める必要があります。

　英語では，「a とか the とか言いたくない」や「数を言いたくない」ということは認められません。名詞を「数える」場合に，「無冠詞単数形」で表すと文法誤りとなりますので，注意が必要です。

数える名詞の無冠詞単数形は×

Robot is …　　　　　×　文法誤り

　このような場合，「ロボット」の数をどのように決めるとよいかを考えましょう。英訳を通じて，単複の決定を練習してみましょう。実際に手を動かして，書いてみ

てください。

Let's write!

日本語を読み，下線を引いた名詞の「単複」や「可算・不可算」「冠詞 the の有無」について考えてみましょう。その後，1 文ごとに，実際に英文を書いてください。

---

(1) 産業用ロボットとは，ISO 8373 の定義によると，3 軸以上でプログラム可能な，自動制御の多目的マニピュレータである。(2) 産業用ロボットは，安全でない作業やくり返しの多い作業に使用されてきた。(3) ロボットの一般的な用途には，溶接，塗装，組み立て，製品検査，試験があり，それらが高速・高精度で実行される。

検討する名詞：はじめの「ロボット」の定義は単数で書く？　複数で書く？　次の「ロボット」の数は？　第 3 文の「ロボット」の数は？　さらには「溶接（welding）」「塗装（painting）」「組み立て」「製品検査」「試験」，「高速」「高精度」は数える？

(1)　産業用ロボットとは，ISO 8373 の定義によると，3 軸以上で（in three or more axes）プログラム可能な，自動制御の多目的マニピュレータ（manipulator）である。
着目ポイント：「ロボット」を単数にするか複数にするか。「ロボット」の数を決めたら，「マニピュレータ」の数が決まる。

---

(2)　産業用ロボットは，安全でない作業やくり返しの多い作業（unsafe or highly repetitive tasks）に使用されてきた。
着目ポイント：「ロボット」を単数にするか複数にするか。

---

(3)　ロボットの一般的な用途には，溶接（welding），塗装（painting），組み立て，製品検査，試験があり，それらが高速・高精度で実行される。
着目ポイント：
・「ロボット」「用途」の単複を決める。
・「溶接」「塗装」「組み立て」「製品検査」「試験」のそれぞれの可算・不可算と単

71

複を選ぶ。

・「高速」「高精度」の可算・不可算と単複を選ぶ。

解答と解説

（1）

訳例 1：<u>An industrial robot</u> is defined by ISO 8373 as <u>an automatically controlled, multipurpose manipulator</u> programmable in three or more axes.

解説：robot も manipulator も可算。1 つで種類を代表する。robot と manipulator の数は合わせる。

訳例 2：Industrial robots are defined by ISO 8373 as automatically controlled, multipurpose manipulators programmable in three or more axes.

解説：robot を複数形で表すことも可能。Robots are manipulators. というように manipulator との単複を合わせると自然に表現できる。定義として若干読みづらいが許容。

訳例 3：The industrial robot is defined by ISO 8373 as an automatically controlled, multipurpose manipulator programmable in three or more axes.

解説：定冠詞 the を使った固い定義文。「産業用ロボット」という種類を読み手の頭に浮かべさせる。数える名詞の総称表現の 1 つで，「種類」を特定する。今回のような「定義」に使用が可能。

（2）

Industrial robots have been used to perform unsafe or highly repetitive tasks.

解説：複数形が適切。これまで使用されてきたロボットは 1 つではなく複数であるため。第 1 文を受けて The industrial robot has been used to … と書きたくなるが，ここでは一般的なロボット全般へと話題を移すほうが読みやすい。

（3）

　Typical applications of such robots include welding, painting, assembly, product inspection, and testing, all accomplished with high speed and high precision.

解説：

・typical applications, robots ともに複数形が適切。また such robots として such を使って前文とつなぐのもよい（P278 参照）。

72

・welding, painting, testing は動名詞であり，動作に近いため不可算扱い。

・assembly は，「組み立て工程」を表すため不可算。可算の an assembly や assemblies は「組み立て品」を表すためここでは不適切。また，このように「動作の名詞形」assembly が存在する場合には，動名詞の assembling（組み立て）の方は，より動詞に近い役割を果たす。つまり，動名詞 assembling を単体で使うと，目的語が存在しないことに不自然感が生じる。したがって，今回のような「組み立て」を意味する文では，名詞形 assembly が適切。

・inspection は「可算・不可算」の両方が可能。「動作」「概念」に近い不可算を選択するとよい（P82 ブレイク＆スキルアップ参照）。

・また，testing（動名詞）の代わりに名詞形 test を使う場合には，可算のため tests と複数形にする必要がある。

・high speed と high precision も，数値を想定していないため不可算扱いする。

全体を通して，読んでおきましょう。

An industrial robot is defined by ISO 8373 as <u>an automatically controlled, multipurpose manipulator</u> programmable in three or more axes. **Industrial robots** have been used to perform unsafe or highly repetitive tasks. Typical applications of **such robots** include <u>welding</u>, <u>painting</u>, <u>assembly</u>, <u>product inspection</u>, and <u>testing</u>, all accomplished with <u>high speed</u> and <u>high precision</u>.

数えない場合の総称表現

　名詞を「数えない」と決めた場合（つまり不可算の場合）には，「総称表現（〜というもの）」は，無冠詞となります。可算名詞の場合のような the による総称表現は，不可算名詞にはありません。不可算名詞に the を使うと，「同類の他ものと異なる特定のもの」という意味になります。

例：　　○　Water boils at 100 ℃.　　　（水は 100℃で沸騰する）
比較：　×　The water boils at 100 ℃.　（その水は 100℃で沸騰する）

　このように，不可算の場合に the をつけると「同類の他のものとの区別」が生じます。名詞に the をつける場合には，this と同義となる程度に「特定」できることを確認してから使いましょう。例えば，次のような文脈となってしまいます。

例：　　○　The water is drinkable.（その水は飲める）
　　　　　　＝ This water is drinkable.（この水は飲める）

比較：　×　Water is drinkable.（水は飲める）

* Water is drinkable.（無冠詞）とすると，逆に「総称表現」となり，「水全般」についての事実
として表すことになります。「どの水でも飲むために適している」という文脈となります。

　不可算名詞の場合の総称表現は，一見，平易に思えるかもしれません。例えば「メタン」という名詞を考えたとき，Methane is the simplest organic compound.（メタンは，最もシンプルな有機化合物である）というように，無冠詞で書くことについて誤る人は少ないでしょう（つまり，The methane is the simplest organic compound. と the を使って書く人は少ないでしょう）。
　しかし，例えば「超伝導（superconductivity）」「原子力発電（nuclear power generation）」というように内容が変わったとき，「冠詞は必要なのか」という点で，迷いが生じることがあります。
　「超伝導」や「原子力発電」は，「メタン」と同様に，「数えない」扱いをします。そして，通常とは異なる別の「超伝導」や別の「原子力発電」として区別をしたい場合を除いて，無冠詞を選択します。
　つまり，次のように表します。

● 超伝導（superconductivity：不可算）
Superconductivity occurs in many metals cooled to their critical temperatures.
　超伝導とは，金属が臨界温度まで冷却されると電気抵抗を失う現象である。

* The superconductivity occurs in many metals cooled to their critical temperatures. は ×。The
を使うと「特定の超伝導」を意味します。

● 原子力（nuclear power：不可算）
Nuclear power generation uses heat released by nuclear reactions to boil water and generate steam.
　原子力発電では，核反応により生じる熱を使って，水を沸騰させ，蒸気を生成する。

* The nuclear power generation uses heat released by nuclear reactions to boil water and
generate steam. は ×。誤って the を使うと「他のものと異なるその原子力発電」を意味します。

　このように，名詞が不可算の場合，無冠詞で「種類全体」を表すという点を理解することが大切です。
　また逆に，不可算であっても the を前に置くことができ，the を使った場合には「同類の別のものと区別する」という意味になることも，理解をしておくとよいでしょう。

大切なことは，各表現の「元となる考え」や「共通するルール」を理解し，それに基づき表現を決めること，そして，使える表現の種類を増やし，応用例にも柔軟に対応することです。

　最後に，「超伝導」「原子力発電」を，いずれも「可算名詞」で表したい，と思った場合には，単語を可算名詞に変更します。例えば次のようになります。

●超伝導（superconductor：可算）

Many metals become <u>superconductors</u> when cooled to their critical temperatures.

＊superconductor＝「超伝導体」は数えて使います。　可算名詞に変更して文全体をリライトします。

●原子力発電（nuclear power plant：可算）

<u>Nuclear power plants</u> use heat released by nuclear reactions to boil water and generate steam.

＊nuclear power plant＝「原子力発電所」は数えて使います。可算名詞に変更して表すことが可能です。

　このように，文脈によっては不可算名詞の使用をやめて，相応する可算名詞を探す，といった工夫をすることも可能です。著者がどのように表したいか，つまり「区切りある数える表現か」という点を考えながら表現を選択することが大切です。

【単複の選択─総称表現「〜というもの」】のポイント

●英語を書くということは，いつも「単複」を決めていくこと。また，数えるかどうかについても，適宜決める必要がある。可算名詞の robot については，文脈に応じて「数」を決める。単数に焦点を当てて種類を代表したり，複数形で一般的なものを表したり，自由に行う。

●可算名詞の総称表現（〜というもの）には，（1）無冠詞複数形，（2）a ＋ 単数形，（3）the ＋ 単数形の３つがある。文脈や述部の都合に応じて選択する。基本的には無冠詞複数形を使い，１つに焦点を当てたほうがわかりやすい場合，または述部との単複の一致が複雑な場合には「a ＋ 単数形」を使う。「the ＋ 単数形」は固い定義の場合に使う（用途は少ない）。

（1）<u>Robots</u>　　＊複数の個体で，全体像を表す。

（2）<u>A robot</u>　　＊１つの個体で種類を代表して表す。

（3）<u>The robot</u>　＊ the をつけて，読み手が知っている概念，つまり「種類」として表す。

> この総称表現の the は,「その個体」とも理解できる文脈では使用不可。
> 何かを定義する場合などの特定の文脈でのみ使用可能。

● 不可算名詞の総称表現（～というもの）は無冠詞単数形。

（1）<u>Water</u> boils at 100 ℃.（水は 100℃で沸騰する）のように無冠詞で表す。同類の別のものと区別したい場合以外には,the を誤ってつけてしまわないように注意。水（water）やメタン（methane）といった平易な単語から,超伝導（superconductivity）,原子力発電（nuclear power generation）といった少し難しい単語まで,不可算名詞に共通の「総称表現」を理解することで,名詞の扱いの迷いを減らす。

（3）自然科学誌 Nature から学ぶ「数」と「冠詞」

　名詞（数・冠詞）の基本事項が理解できたら,次は,「名詞」に着目して,原文が英語の文を読むことが役に立ちます。自然科学誌 Nature のアブストラクトから,名詞を精査します。

　英語の名詞表現には決まった答えがあるわけではありませんが,Nature の英語を精査することにより,名詞を選択するためのヒントを得ることができます。

Let's practice!

【練習】

[　]内の名詞の単複と冠詞を考え,必要に応じて形を変えてください（[　]内の名詞は,原文の英語から「単数形・冠詞なし」に変更しています）。形を変える際,理由も考えてみましょう。【解答と解説】では,原文の形を示し,考えられる理由を説明します。

＊1 つのパラグラフを複数の部分に分けて順に示します。
＊原文の理解を助けるために記載している和文は,筆者によります。

【タイトル】

Serial time-encoded amplified imaging for real-time observation of fast dynamic phenomena

（高速動的現象の実時間観測のための連続時間符号化振幅撮像法）

Nature 458, 1145-1149

【解説】

タイトルは冠詞を1つも使用していない。冠詞を割愛しているのではなく，文法的に冠詞が不要な表現を使っている（P299参照）。phenomena は複数形であるため，冠詞不要。他の imaging, observation は不可算で扱い，冠詞不要。

■第1部分

① [Ultrafast real-time optical imaging] is ② [indispensable tool] for studying ③ [dynamical event] such as ④ [shock wave], chemical dynamics in ⑤ [living cell], ⑥ [neural activity], ⑦ [laser surgery] and microfluidics.

（超高速の実時間光学撮像は，動的事象である衝撃波，生体細胞内化学力学，神経活動，レーザー手術，マイクロ流体力学などを調べるのに重要な手法である。）

名詞の形を変えて書いてみましょう

① ②
③ ④
⑤ ⑥
⑦

【解答と解説】

① Ultrafast real-time optical **imaging** is ② **an** indispensable **tool** for studying ③ dynamical **events** such as ④ shock **waves**, chemical dynamics in ⑤ living **cells**, ⑥ neural **activity**, ⑦ laser **surgery** and microfluidics.

① imaging は，概念や方法ととらえ，不可算・無冠詞として扱う。

② tool は可算扱いが適切。

③ event は可算・複数形。数える名詞の無冠詞複数形の総称表現を使う。

④ wave も可算・複数形。

⑤ cell も可算。総称表現として複数形で使用。

⑥ activity は，可算・不可算の両方があるが，ここでは抽象的に不可算で扱う。

⑦ surgery は，英英辞書 Longman Dictionary of Contemporary English によると不可算。定義は次の通り。

surgery 　　1 **[uncountable]** medical treatment in which a surgeon cuts open your body to repair or remove something inside.

* Longman は，名詞の可算・不可算（countable, uncountable）の記載がわかりやすく便利。

77

■第2部分

However, ① [conventional CCD] ② [(charge-coupled device)] and their comple-mentary metal-oxide-semiconductor (CMOS) counterparts are incapable of capturing ③ [fast dynamical process] with ④ [high sensitivity] and ⑤ [resolution]. This is due in part to ⑥ [technological limitation]—it takes time to read out the data from sensor arrays.

（しかし，従来の CCD や CMOS では，高速の動的現象を高感度および高解像度で撮像することはできなかった。理由の1つは，センサーアレイからのデータ読み出しに時間がかかるという技術的な限界であった。）

名詞の形を変えて書いてみましょう

① ②
③ ④
⑤ ⑥

【解答と解説】

However, conventional ①**CCDs** ②(charge-coupled **devices**) and their comple-mentary metal-oxide-semiconductor (CMOS) counterparts are incapable of capturing ③fast dynamical **processes** with ④high **sensitivity** and ⑤**resolution**. This is due in part to ⑥**a** technological **limitation**—it takes time to read out the data from sensor arrays.

①略語 CCD の D は device（可算）であるため，略語であっても数えて複数形の s（小文字）をつける（P183 参照）。

②略語 CCD をスペルアウトした単語にも複数形の s をつける。

　なお，スペルアウトの方法は，通常はこの逆で，丸括弧内に略語を入れる（P183 参照）。

③ process は可算。ここでは複数形で表す。

④ sensitivity はここでは数値を意識していないために不可算。

⑤ resolution も数値を意識していないために不可算。

⑥ limitation は可算・不可算の両方があるが，ここでは可算扱い。「1つの限界」を表す。

78

■第3部分

Also, there is the fundamental compromise between ① [sensitivity] and ② [frame rate]; at ③ [high frame rate], ④ [fewer photon] are collected during each frame—a problem that affects nearly all optical imaging systems. Here we report ⑤ [imaging method] that overcomes these limitations and offers ⑥ [frame rate] that are at least 1,000 times faster than those of conventional CCDs.

（また，フレームレートか感度のいずれかが犠牲にならざるを得ないという根本的な問題もあった。高いフレームレートでは各フレームで数個の光子しか集められない。このことは，ほぼすべての光学撮像系にとっての問題である。本研究では，この限界を克服し，従来の CCD よりも 1000 倍以上高速のフレームレートを提供できる撮像方法を開発した。）

名詞の形を変えて書いてみましょう

①   ②
③   ④
⑤   ⑥

【解答と解説】

Also, there is the fundamental compromise between ① **sensitivity** and ② **frame rate**; at ③ high frame **rates**, ④ fewer **photons** are collected during each frame — a problem that affects nearly all optical imaging systems. Here we report ⑤ **an** imaging **method** that overcomes these limitations and offers ⑥ frame **rates** that are at least 1,000 times faster than those of conventional CCDs.

① sensitivity は可算・不可算の両方があり，ここでは値を想定せずに不可算。

② rate も可算・不可算の両方があり，ここでは値を想定せずに不可算。

③ ここでは rate の値を想定して可算扱い。「範囲（幅をもたせた値）を表す複数形」が使用されている（P64 参照）。

④ photon は可算。また fewer（数える名詞の数が少ない，という意味）を使い，「個数」であることをわかりやすくしている。

> **参 考** ACS スタイルガイドより
>
> Use "fewer" to refer to number; use "less" to refer to quantity.
>
> （数には fewer を使い，量には less を使う）
>
> 例：fewer than 50 animals, fewer than 100 samples, less product, less time, less work

⑤ method は可算。また，読み手の知らないものを導入するため不定冠詞。

⑥ rate は可算・不可算。②では不可算であったが，ここでは具体的な値を想定しているため可算。

■第 4 部分

Our technique maps ①[two-dimensional (2D) image] into ②[serial time-domain data stream] and simultaneously amplifies ③[image] in ④[optical domain]. We capture an entire 2D image using ⑤[single-pixel photodetector] and achieve ⑥[net image amplification] of 25 dB (a factor of 316). This overcomes the compromise between sensitivity and frame rate without resorting to cooling and high-intensity illumination. As a proof of concept, we perform continuous real-time imaging at ⑦[frame speed] of 163 ns (⑧[frame rate] of 6.1 MHz) and ⑨[shutter speed] of 440 ps. We also demonstrate real-time imaging of microfluidic flow and phase-explosion effects that occur during ⑩[laser ablation].

（我々の技術によると，二次元画像を連続的な時間ドメインのデータストリームにマッピングし，同時に光ドメインで画像を増幅する。そして，単一ピクセルの光検出器により二次元画像全体を撮像することにより，25dB（316 倍）の実質画像増幅が得られる。このことにより，冷却や高輝度照明を使わずに，感度と撮影速度が両立しない問題を克服している。それを立証するため，フレーム速度 163ns（フレームレート 6.1MHz）およびシャッター速度が 440ps という連続的な実時間撮像を行った。レーザーアブレーションにおいて生じるマイクロ流体フローおよび爆発的相転移の実時間撮像を立証した。）

名詞の形を変えて書いてみましょう。

①   ②

③   ④

⑤   ⑥

⑦   ⑧

⑨   ⑩

【解答と解説】

Our technique maps [①]**a** two-dimensional (2D) **image** into [②]**a** serial time-domain data **stream** and simultaneously amplifies [③]**the image** in [④]**the optical domain**. We capture an entire 2D image using [⑤]**a** single-pixel **photodetector** and achieve [⑥]**a** net image **amplification** of 25 dB (a factor of 316). This overcomes the compromise between sensitivity and frame rate without resorting to cooling and high-intensity illumination. As a proof of concept, we perform continuous real-time imaging at [⑦]**a** frame **speed** of 163 ns ([⑧]**a** frame **rate** of 6.1 MHz) and [⑨]**a** shutter **speed** of 440 ps. We also demonstrate real-time imaging of microfluidic flow and phase-explosion effects that occur during [⑩]laser **ablation**.

① image 可算。初出で不特定の image を表す。

② data（不可算）を数えるために，stream という単位を使っている。

③既出の the。

④ the optical domain は，初出でも特定できる内容であるために the を使っている。

⑤ photodetector は可算。不特定であるため不定冠詞。

⑥ amplification（増幅）は，1 つの数値が出ることを予告する不定冠詞 a を使用。

⑦ speed の値を予告する不定冠詞 a を使用。

⑧⑨同様に，fame rate, shutter speed の値が出ることを予告する不定冠詞 a を使用。

⑩ ablation（アブレーション：切除，手術）は動作に近く抽象的に表すため不可算。

> **【自然科学誌 Nature から学ぶ「数」と「冠詞」】のポイント**
> ●理由づけを大切にして，冠詞を決める。「形ある」「区切りある」と考えられるものは可算として扱う。また rate, speed, resolution などは，「値」を想定しているかどうかに応じて，可算・不可算を決める。
> ●名詞に着目して英文を読むことで，名詞の扱い方を文脈から学ぶとよい。

ブレイク & スキルアップ

可算・不可算を著者が決める―「動詞の名詞形」を数えるかどうかは「動詞に近いか」で決める

区切りあるものかどうか

名詞を扱う際，adjustment（調整）は数える？　development（発展）は数える？　simulation（シミュレーション）は数える？　というように迷うことがあります。そのときに大切なことは，まず「数えたいと感じるか？」「数えたくないと感じるか？」を考えることです。「数えたい」「数えたくない」というのは，つまり「区切りあるものとしてとらえたいかどうか」です。

「数えたい？数えたくない？」を判断する

・区切りあるものと感じられる？そうではない？　Yes　No

これを決めたあとで，英英辞書 Longman で，用例も見ながら確認しましょう。

また一口に「動詞の名詞形」といっても，「可算」「不可算」が平等に可能な場合と，単語によっては，可算で使われる文脈のほうが多い，不可算で使われる文脈のほうが多い，という場合があります。

動詞の名詞形 adjustment, development, simulation を例にとり，名詞を決める手順を説明します。

adjustment の可算・不可算を決める

ステップ①　adjustment は数える？

<u>Yes</u>：数えたい。「1 回の adjustment」や「1 種類の adjustment」として，数えたいように感じる。

<u>No</u>：数えたくない。「調整すること」という動作として，つまり概念として表したい。

ステップ②　英英辞書 Longman で定義と用例を確認する

adjustment [**countable, uncountable**]

a small change made to a machine, system, or calculation

可算の例：<u>a slight adjustment</u> to the mechanism（メカニズムの微調整）

不可算の例：Manual <u>adjustment</u> of the model was carried out at intervals of the refinement.（微調工程のたびに，モデルを手動で調整した）

解説：adjustment（adjust の名詞形）は，可算・不可算のいずれでも使える
ことがわかります。「区切りのある動作」として表しているか，または抽象的
に「動作」として表しているか，という違いによって選択することが可能です。
または，「複数種類が存在するかどうか」という観点から，可算と不可算を判
断してもよいでしょう。例えば，a slight adjustment to the mechanism（メ
カニズムの軽微な調整）について，この adjustment は，a slight adjust-
ment（微調整）もあれば，例えば a rough adjustment（粗調整）など，複
数種類の「調整」があります。そのうちの1つの区切りある adjustment と
して，a slight adjustment と数えて表しています。一方，manual adjust-
ment（手動の調整）については，複数のうちの1つではなく「そのような類
の調整」として，抽象的に表現しています。

　ステップ③　表したい内容に応じて，可算・不可算を決める

development の可算・不可算を決める
　ステップ①　development は数える？
　Yes：数えたい。development（発展）は「段階」がありそうなので数え
　　　るように感じる。「区切り」を感じる。
　No：数えたくない。「発展すること」という概念として表したい。

　ステップ②　英英辞書 Longman で定義と用例を確認する

development
[**uncountable**] the process of gradually becoming bigger, better, stronger, or
more advanced
不可算の例：child development（子供の発達）
opportunities for professional development（専門的能力開発の機会）
[**countable**] a new event or piece of news that changes a situation
可算の例：recent political developments in the former Soviet Union（旧
ソ連における最近の政治的発展）
We will keep you informed of developments.（進捗を随時知らせます）

解説：development（develop の名詞形）は，不可算と可算のいずれでも使

83

えることがわかります。抽象的な概念として表す「不可算」では、child development（子供の発達）や professional development（専門的能力の開発）といった用例が掲載されています。一方，可算の例では，recent political developments（最近の政治的発展）や developments（進捗）といった例があげられ，「発展」が複数の「出来事」や「段階的な進捗」を意味することがわかります。

ステップ③　表したい内容に応じて，可算・不可算を決める

simulation の可算・不可算を決める

ステップ①　simulation は数える？

Yes：数えたい。「1 回の simulation」や「複数回の simulations」として，数えたいように感じる。

No：数えたくない。「シミュレーションすること」という動作つまり概念として表したい。

ステップ②　英英辞書 Longman で定義と用例を確認する

simulation [**countable, uncountable**]

the activity of producing conditions which are similar to real ones, especially in order to test something, or the conditions that are produced

可算の例：a computer simulation used to train airline pilots

（飛行機パイロットのトレーニングに使うコンピュータシミュレーション）

a simulation of a rainforest environment（熱帯雨林環境のシミュレーション）

Consequently, they have been run as software simulations, often on supercomputers.

（したがって，ソフトウェアシミュレーションとして，多くの場合スーパーコンピュータを使って動作させてきた）

不可算の例：Parallel distributed computing excels in perception, visualization, and simulation.

（並列分散コンピューティングは，認知，視覚化，シミュレーションの点において優れている）

解説：simulation（simulate の名詞形）は，可算・不可算のいずれでも使え

ます。a computer simulation（単数），a simulation of a rainforest environment（単数），software simulations（複数），といった可算の例，また「シミュレーション」という動作としての不可算の例があげられています。「1 回のシミュレーション」というように「区切りのある動作」として表すか，または抽象的に「動作」として表すかという違いによって選択します。辞書の例文を精査すると，「数える」ほうが優勢，つまり数える文脈での使用頻度が高いということも見えてきます。

ステップ③ 表したい内容に応じて，可算・不可算を決める

以上のように adjustment, development, simulation の可算・不可算の扱いについて考えました。「可算」で使うか「不可算」で使うか，文脈に応じて，また辞書も参考にしながら，論文の著者自身が決断することが大切です。

2.「動詞」の理解

正しい英文を書くために，「動詞」の理解は必須です。「動詞」は英文の構造を決める重要な要素です。動詞を誤ってしまうと，英文にとって致命的な欠陥となります。逆に動詞をうまく使うことができれば，正しく，明快で簡潔な英文が書けるようになります。正しい英文を書くために，(1) 自動詞と他動詞，(2) 時制の理解が必須です。順に説明します。

（1）自動詞と他動詞を予測する

動詞は，自分だけで存在することができる「自動詞」と，他のもの（＝目的語）が必要な「他動詞」という使い方があります。「この動詞は自動詞」「この動詞は他動詞」という学校での文法解説にありがちな考え方ではなく，各動詞を「自動詞として使う」「他動詞として使う」と考えると理解しやすくなります。その理由は，自動詞としての使い方と他動詞としての使い方の両方をもっている動詞が多くあるためです。なお，各動詞が自動詞として働くか，他動詞として働くか，については，辞書を参照することに加えて，その動詞が表す動作について考えてみることが大切です。多くの場合に自動詞と他動詞の働きを予測できます。

例を見ましょう。例 1 ～例 4 の内容を英訳する場合に，それぞれ (1) 自動詞と (2) 他動詞のいずれの使用方法が正しいか，またいずれが好ましいかについて，理由を

考えながら選択してください。

例 1【corrode：腐食する，〜を腐食させる】

床の鉄板は腐食してしまうことがある。

（1）An iron floor panel can <u>corrode</u>.（自動詞）

（2）An iron floor panel can <u>be corroded</u>.（他動詞）

（1）自動詞が好ましい。（2）他動詞も文法的に可能。

解説：動詞 corrode は，自動詞と他動詞の両方の使い方があります。したがって，いずれも文法的に正しいですが，特に受動の意がない場合は（1）自動詞が明確・簡潔で好ましい表現です。英英辞書 Collins COBUILD の定義では，corrode は，"If metal or stone <u>corrodes, or is corroded</u>, it is gradually destroyed by a chemical or by rust." とあります。「腐食」という現象を考えたとき，「条件がそろえば勝手に腐食する」という自動詞の状況と，「何かが原因になり腐食が生じる」という他動詞の状況の両方が存在します。このように動詞の意味を考えると，corrode が自動詞と他動詞の両方で使えることが理解できます。

例 2【occur：生じる・起こる】

このコマンドにより，「自動切り離し」が起こる。

（1）Automatic disconnect <u>occurs</u> in response to this command.（自動詞）

（2）Automatic disconnect <u>is occurred by</u> this command. ×

（1）自動詞が正しい。（2）他動詞は不可。

解説：動詞 occur は，自動詞の使い方しかできません。したがって，他動詞として使った（2）は誤りです。他動詞の使い方が必要な場合，「〜を引き起こす」を表す cause が使えます。つまり（2）は Automatic disconnect is <u>caused</u> by this command. と変更すれば正しくなります。

なお，前置詞について，（1）で「コマンド<u>により</u>」という日本語に引きずられて，Automatic disconnect <u>occurs by</u> this command. というように「自動詞」＋「手段を表す by」で書くのは誤りです（P144 参照）。「自ら起こる状況を表す自動詞 occur」に対して，「能動的な動きをもつ手段の by」が不釣り合いとなるためです。日本語に引きずられず，描写に徹することが大切です。

例3【raise：〜を上昇させる，rise：上がる】
この操作により，モーターアームは「上」位置まで上昇する。
(1) With this operation, the motor raises to the up position. ×
(2) This operation raises the motor arm to the up position.（他動詞）

(1) 自動詞で使うのは誤り。(2) 他動詞が正しい。

解説：動詞 raise（〜を上げる）は，他動詞の使い方しかできません。したがって，自動詞として raise を使った (1) は誤りとなります。自動詞を使いたい場合，対応する動詞 rise（上がる）が使えます。つまり (1) は With this operation, the motor arm rises to the up position. とすれば文法的に正しくなります。

また，「この操作により」という日本語に引きずられず，主語を This operation に決め，(2) のように，他動詞を使って SVO で表現しましょう。

例4【access：〜にアクセスする】
登録したユーザであれば，そのデータベースにアクセスできる。
(1) A registered user can access to the database. ×
(2) A registered user can access the database.（他動詞）

(1) 自動詞で使うのは誤り。(2) 他動詞が正しい。

解説：動詞 access は，他動詞の使い方しかできません。名詞 access を使った access to（＝「〜へのアクセス」）が印象的な単語ですが，動詞の場合に to の使用は不可です。

ここでも動詞の意味を考えます。「アクセスする」というとき，必ず「どこにアクセスするか」が問われます。したがって，必ず目的語を必要とする他動詞の働きをもちます。「〜にアクセスする」の「〜に」に引きずられて to を入れないように注意が必要です。

例5【approach：〜に近づく，〜が近づいてくる】
y 軸の値が，0 に近づく。
(1) The y value approaches to zero. ×
(2) The y value approaches zero.（他動詞）

(1) 自動詞で使うのは誤り。(2) 他動詞が正しい。

解説：動詞 approach も，名詞 approach を使った approach to（〜へのアプローチ）が印象的な単語です。しかし動詞で使う場合，The year 2020 approaches. （2020 年が近づいてきている）のように自動詞で使うことが可能な一方，「〜に近づく，〜にアプローチする」のように目的語を置きたい文脈では，他動詞として使います。したがって，前置詞 to を置かず，動詞の直後に目的語を置く（1）が正しい表現となります。辞書を引く際，「自動詞」「他動詞」の用法の有無だけではなく，例文までを読んで確認する必要があります。

　ここでも動詞の意味を考えます。「アプローチする」というとき，「どこにアプローチするか」が問われる文脈では他動詞，自分の方に向かって「アプローチしてきている（例：The year 2020 approaches.（2020 年が近づいてきている））という文脈では自動詞となります。

> **【自動詞と他動詞】のポイント**
> - 各動詞は，「自動詞のみ」「他動詞のみ」「自動詞と他動詞の両用」のいずれかの使い方がある。
> - 自動詞と他動詞の両方として使える場合，自動詞と他動詞のどちらが必要か，またどちらが好ましいかを理解し，正しく使うことが大切。
> - 自動詞として，他動詞として，のいずれか一方しか使えないもの（自動詞の例：occur, rise, 他動詞の例：raise）には注意する。
> - 各動詞は corrode ＝「（勝手に）腐食する」と「〜を腐食させる」の 2 つの意味があること理解しておくとよい。動詞の意味を考え，動詞が表す動作に対象物が必要かどうかを考えることで，自動詞と他動詞の用法について予測するとよい。「<u>〜に</u>〜する」（approach, access）といった日本語に引きずられず，「アプローチする」「アクセスする」という動作に対象物が必要かどうかを考える。

（2）3 つの時制の理解

論文中の時制のポイント

　動詞にまつわる重要項目に「時制」があります。正しく明快な英語論文へと仕上げるために，次のように時制を使うとよいでしょう。時制の工夫により，例えば「論文アブストラクト」では，アブストラクトのストーリーを読み手に明示することができます（P310 参照）。また，論文の各部分での時制のポイントを押さえ，使用する重要時制を深く理解する，そして使い方の指針をもつ，ということが重要です。

【時制】のポイント
- 3つの時制「現在形」「現在完了形」「過去形」を使う。
- 「現在形」を最も多く使い，「今」に焦点を当てて論文を書く。現在形で，普遍的事実を明示する。研究で得た知見を，事実として現在形で記載する箇所を増やす。（現在形で言いきらずに「ぼやかしたい」場合には，別途方法がある。→ P365 参照）。
- 「現在完了形（have + 過去分詞）」は，「過去」から「今」をつなぐ時制。「今」に焦点を当てて，過去からの状況を表す。
- 「過去形」は，完了した事象に使う。実験の報告に使用する。

3つの時制【現在形・現在完了形・過去形】の理解を深める

英語論文で使用する3つの時制，つまり現在形，現在完了形，過去形の理解を深めましょう。3つの時制の活用ポイントは，次の通りです。

【現在形】は，時間に縛られず，普遍的事実を表す。現在形を活用し，研究成果を普遍的事実として表す工夫をする。

【現在完了形】は，現在も継続している事象に用いる。過去に触れながら「今」の状況を表す。「～を開発した」「～には限界があった」「～に到達した」，などと日本語で「過去形」になる箇所に，現在完了形が使える。

【過去形】は，完了した事象に使う。実験の報告に使用する。過去形を減らし，現在形と現在完了形を増やす。

書籍 "Technical writing and professional communication for nonnative speakers of English"（Thomas N. Huckin & Leslie A. Olsen 著）の記載から3つの時制を学びます。点線囲みにて，原文を抜粋して引用します（太字による強調およびポイントは筆者によるものです）。

現在形（The Simple Present Tense）とは

The Simple Present Tense
In formal scientific and technical English, **the simple present is used primarily to express "timeless" generalizations** — that is, **general statements which do not specify any particular time frame**.

ポイント：現在形は，時間に縛られない。現在形で書くと，特定の時間フレームに限られない普遍的な記載となる。

Be sure to take full advantage of the simple present tense in your own writing. It is the most useful verb tense in scientific English, predominating in almost every type of writing situation except those explicitly set in the past (e.g., historical reviews, laboratory write-ups) or in the future (e.g., proposals, speculations, recommendations). **Even in these circumstances, the simple present tense can be used occasionally in an important contrastive way to indicate a generalization that is not restricted to the past or to the future**.

ポイント：現在形を活用しよう。現在形は，科学英語で最も有益な時制。過去や未来を明示したい状況（過去の例：実験日誌，未来の例：企画書）を除いて，現在形を使う。また，**過去や未来の状況であっても，過去や未来に限定されない普遍的事項として，現在形を使えることがある**。

Such generalizations often represent evaluative judgements or interpretations on the writer's part and thus are crucially important to good writing. Unfortunately, many technical people often fail to make interpretive statements in situations where such statements are called for, thinking that their role as an objective scientist or engineer requires them to report only the facts. They consequently tend not to use the simple present tense as often as they should, preferring instead to use long sequences of past-tense forms. **This sort of thinking is misguided, however. Scientists and engineers and other professionals are trained and employed precisely to make educated judgements and interpretations, not simply to report facts**. Therefore, **look for appropriate opportunities to make generalizations, and when the opportunity arises, use the present tense**.

ポイント：普遍化は書き手の判断や解釈を表すため，良いライティングのために重要。科学者・技術者は「事実を客観的に報告するべき」と思いがちで，必要な解釈を述べない傾向がある。必要な箇所に現在形を使わず，過去形を連続して使ってしまいがち。**これは誤りである。科学者・技術者は，単に事実を報告するのではなく，自ら判断や解釈を行うのが仕事**。適所にて普遍化を試み，普遍化できるか箇所が見つかれば，現在形を使う。

過去形（The Simple Past Tense）とは

The Simple Past Tense

In contrast to the present tense, **the simple past tense specifies a particular event or condition which occurred or existed at some time in the past but which no longer occurs or exists**. For example, if you carried out a procedure as part of an experiment and are now reporting on it, you would probably use the simple past tense in your description: …

In short, the simple past tense is used when simply reporting facts.

ポイント：単純過去つまり過去形は，**過去に起こったまたは存在した事象や状態であり，もはや存在していない事象や状態に使う**。
　要するに，**過去形は事実を単に報告する際に使う**。

現在完了形（The Present Perfect Tense）とは

The Present Perfect Tense

Nonnative speakers often confuse this tense and the simple past tense, thinking that the two are more or less interchangeable. This is wrong, however: each has its own meaning and range of uses. **Basically, the simple past tense is used for completed actions, whereas the present perfect is used for actions which were begun in the past but which are still going on**.

ポイント：非ネイティブには現在完了形と過去形の区別がつきづらく，**現在完了形と過去形が置き換え可能と考えることがある。それは誤りである**。過去形が「完了している行為」に使われるのに対し，現在完了形は，「過去にはじまり，現在も継続している行為」に使われる。

91

Similarly, **the present perfect is used to report on actions that were carried out in the past but are still producing effects in the present**.

The choice of the present perfect tense in both cases thus serves to emphasize the immediate, ongoing nature of the threat posed by the competitor's past actions.

ポイント：同様に現在完了形は，「過去に行われ，現在も効果を与えている行為」に使う。
　現在完了形の選択により，現在も影響が続いていることが強調できる。

Let's write!
【練習】
　それぞれ異なるアブストラクトから抜き出した1文を，時制に注意して書いてみましょう。また，検討訳例よりも適切な時制がないか，考えてください。

（1）【アブストラクトの第1文から】
我々研究グループは今回，ケイ素蓄積を制御しているイネの遺伝子を見つけた。

イネ＝ rice, ケイ素＝ silicon, 蓄積＝ accumulation, 遺伝子＝ gene

検討訳例

△　Our research group **found** a rice gene that controls silicon accumulation.
△　Our research group **discovered** a rice gene that controls silicon accumulation.

▶▶▶リライト案

○　Our research group **has identified** a rice gene that controls silicon accumulation.

解説：「～を見つけた」という日本語には過去形を使った found や discovered が使われがちです。一方，本研究のテーマとなる重要情報であることを明示するために，時制を現在完了形に変更し，印象を比べてください。過去形を使うと「単なる

報告」という客観的な印象を与える一方で，現在完了形を使うことで，「今回の研究として重要であること」ということを印象づけることができます。また，動詞の種類についても，find, discover よりも具体的な意味を表す identify（特定する）に変更しました。

（2）【アブストラクトの中ほど，実験記載より】
成人の食塩摂取を定量的に推定することにより食塩摂取が血圧に与える影響を調べた。 　　　　　　　　　　食塩摂取＝ salt intake, 定量的に＝ quantitatively, 血圧＝ blood pressure

----

検討訳例

△　The effect of salt intake on blood pressure **is** investigated by quantitatively estimating the dietary salt intake of adults.

▶▶▶リライト案1

○　The effect of salt intake on blood pressure was investigated by quantitatively estimating the dietary salt intake of adults.

▶▶▶リライト案2

○　**We report** the effect of salt intake on blood pressure investigated by quantitatively estimating the dietary salt intake of adults. / **The paper reports** the effect of salt intake on blood pressure investigated by quantitatively estimating the dietary salt intake of adults.

解説：実験に関する記載部分では，過去形の使用が許容されます。なお，リライト案2のように主語を We report … や The paper reports … と工夫することで，過去時制が登場しないようにすることも可能です。

（3）【アブストラクトの最終文から】
この研究によって，プレート境界における剪断（せんだん）応力が微動の引き金になりうることが示された。 　　　　　　　せんだん応力＝ shear stress, 微動＝ microseism

93

検討訳例

×　According to this study, it was shown that shear stress at the plate boundary could trigger microseisms.

×　This study showed that shear stress at the plate boundary could trigger microseisms.

▶▶▶**リライト案**

○　This finding indicates that shear stress at the plate boundary can trigger microseisms.

解説：According to … は，自分の研究ではなく，「他人の事」として表しますので，誤りとなります。また，This study showed that … として過去形で書いてしまうと，that 節内の時制の一致をすると，後半にも過去形 could が登場することになります。普遍的事実として，現在形で書くようにしましょう。主語「この研究」には，study よりも finding（今回わかったこと・知見）を使うことで，現在形の使用がより明快に活きてきます。「研究者の仕事は得られた結果に解釈を与え，普遍化すること（P90 参照）」であることを心に留め，現在形の使用を増やしましょう。

*なお，後半に助動詞 can を使うことで，現在形が言い切る事実をぼやかしています（ぼやかす表現については P365 参照）。「研究により，〜が示された」という日本語に使える他の動詞と助動詞については P366 参照。

> **【アブストラクトの時制】のポイント**
> ● 今につなげる現在完了形も活用し，過去形を極力避けることで「読ませる」魅力的な文にする。
> ● 過去形は実験の記載に限定する。
> ● アブストラクトの最終文章は，現在形を使う工夫をする。

:::: 【時制】のポイント

● 現在形は「普遍事実（"timeless" generalizations）」。「解釈」を書くときにも使える重要な時制。

● 過去形は「完了していること」の「報告」に使う（simply reporting facts, used for completed actions）。

● 現在完了形は，「完了していないこと」つまり「現在行われていること」や「現在まだ効果を与えていること」に使う（used for actions that are still going on or still producing effects）。

● 科学者・研究者の仕事とは，過去形を使って単に「事実を報告する」ことだけでなく，判断や解釈を行い普遍化すること。普遍化できるところを探し，現在形を使う。
::::

ブレイク ＆ スキルアップ

論文完成前に「英⇒英リライト」の時間を残しましょう

「英⇒英ブラッシュアップ」作業の必要性

研究者の方々が英語を書く際，はじめに日本語原稿を作成してから英語に訳す場合，または最初から英語で書く場合があるでしょう。いずれの場合であっても，非ネイティブの頭にある母語（日本語）が英文の作成に影響します。その結果，作成した英文が読みづらくなってしまうことがあります。執筆中は，「どのように内容を展開しようか」「どのような用語を使うべきか」と考えることもあるでしょう。また「日本語」と「英語」の両方が頭の中に飛び交うでしょう。その際，「英文の構造」や「英文の読みやすさ」に焦点を当てることは難しくなります。

英語を書くときは誰でも，第1ドラフトからうまく書けるわけではありません。はじめは，書く内容を考えることに注意が向き，英文の構造や読みやすさに配慮するのが難しいためです。

そこで本書では，第1ドラフトを書いたあとで，英文をブラッシュアップする作業，つまり「英⇒英リライト」の重要性を，くり返し強調します（P21参照）。複数回リライトすることによって，第1ドラフトで伝えたかった内容を保持しながら，一読して伝えることができる英語に変換することが重要です。

このリライトは，慣れてくれば，短時間で可能になります。

1 回で良い文を書ける人はいない

　次の言葉は，テクニカルライティングの書籍 "The Elements of Style"（W. Strunk & E.B. White 著）からの抜粋です。

Few writers are so expert that they can produce what they are after on the first try. Revise and rewrite.
（1 回目から上手に書ける執筆者はほとんどいない。リライトしましょう。）

　非ネイティブ向けではなく米国で書かれた書籍であっても，このように強調しています。非ネイティブが英語を書く場合には，「リライト」はさらに重要になります。

Let's rewrite!　「3 つの C」の技法を使ってリライトしてみよう

　本章で伝えている「Correct に書くための技法」と「Clear & Concise に書くための技法」を組み合わせ，英文をブラッシュアップ（リライト）してみましょう。

　原文からの変更は最小限におさえ，最短の時間での効果的なリライトを練習しましょう。

　日本人著者によるアブストラクトです。赤字は Correct の観点からリライトしたい部分，青字は Clear & Concise の観点からリライトしたい部分です。

ABSTRACT

The authors **applied** an ultra-high-speed video camera to visualize crack propagation in brittle bodies, such as mortar specimens. **Strain** of the brittle bodies in the impact splitting tests was analyzed **by means of** PIV **(Particle Image Velocimetry),** which is usually used **for measurements of** flow fields with **the tracer particles**. The results show that, **when the applied impulse on the mortar specimens is increased**, the crack propagation velocity reaches an upper bound. **The upper bound of the crack propagation velocity was 2.6 km/sec**. The horizontal tensile strain around **crack tip** was estimated to be 370 μm with the ultra-high-speed camera, and 270 ～ 375 μm with the strain gages, **respectively**. **Those results showed a good agreement with each other**.

（119 ワード）

タイトル： Visualization and PIV analysis of shock-failure behavior of brittle bodies
（脆弱物体の衝撃欠陥挙動の視覚化と PIV 分析）
（参考和訳：超高速ビデオカメラを使って，モルタル試料のような脆弱物体におけるクラックの伝搬の様子を視覚化した。脆弱物体の衝撃破壊試験において PIV（粒子画像流速測定法）を使ってひずみ*を測定した。PIV は，トレーサ粒子を使った流れ場の測定に使われる一般的な手法である。実験結果によると，モルタルサンプルに加わる衝撃を増やすと，クラック伝搬速度は上限に達した。クラック伝搬速度の上限は 2.6 km/ 秒であった。クラック先端近辺の引張りひずみを測定したところ，超高速カメラで 370 μm であり，ひずみゲージで 270 ～ 375 μm であった。両手法間での結果は一致した。）（注：「ひずみ」は変形量のことと思われます）

▶▶▶リライト案

The authors **use** an ultra-high-speed video camera to visualize crack propagation in brittle bodies, such as mortar specimens. **The strain** of the brittle bodies was analyzed in the impact splitting tests **by particle image velocimetry (PIV)**, which is usually used to measure flow fields with **tracer particles**. The results show that the crack propagation velocity reaches an upper bound **of 2.6 km/sec when the applied impulse on the mortar specimens increases**. The horizontal tensile strain around **the crack tip** was estimated to be 370 μm with the ultra-high-speed camera, and 270 **to** 375 μm with the strain gages, **showing a good agreement between the two methods**.

（106 ワード）

　リライト前の原文の 119 から 106 ワードに減りました。全体を通して，正確になりました。またより明確に元の意味を伝えることができるようになりました。
　今回のリライトポイントを解説します。

【動詞 apply は使い方が難しい。誤りを避けるために平易な単語 use を使おう】

The authors <u>applied</u> an ultra-high-speed video camera → The authors <u>use</u> an ultra-high-speed video camera
　「適用する」の英訳として使われがちな apply は，次の 2 つの理由により，正しく使うことが難しい単語です。平易な動詞 use に変更することができます。時制も現在形に変更しました。

動詞 apply の特徴

① 「適用する」の意味で使う apply の本来の意味は，「原理」や「理論」「規則」などを適用する，となります。また「技術」や「手法」を適用する場合にも使

えます。一方，単純な「モノ」を適用する場合には，積極的に使うことができません。つまり，The author applied a <u>camera</u> to …（カメラを適用する）は，不自然な表現となってしまいます。

② apply は「強い方向性」の意味をもつ動詞です。「適用する」の先には，到達点を表す前置詞 to を組み合わせることが多くなります。またこの到達点を表す to の先には「名詞形」が必要です。「to 不定詞」ではなく，「動名詞」または「名詞」を置く必要があります。

apply の辞書の例文を抜粋します。apply（適用）するのは「概念」「規則」といった物理的ではない例であること，また to の先には名詞または動名詞がくることがわかります。

■ apply
1 vt. ＜ to ＞ 〜に応用する, 利用する, 適用する；vi. 該当する, 当てはまる

The concept can be applied to …-ing　（その考えは〜することに応用できる）

apply the same rules to similar cases　（同じルールを似たようなケースに当てはめる）

Similar comments apply to …　（同じようなことが〜について（も）いえる）

This Specification applies to …　（本仕様書は，〜について適用する）

（出典：ビジネス技術実用英語大辞典 V5　英和編＆和英編）

* apply を「〜を加える」や「〜を塗布する」という意味で使う場合には，目的語には物理的なモノを置くことができます。
例：apply X rays（X 線を照射する），
　　apply a drop of light oil to …（〜に軽油を 1 滴注油する）（同辞書より）

【冠詞を正しく】

Strain of the brittle bodies → <u>The</u> strain of the brittle bodies
crack tip → <u>the</u> crack tip
with the tracer particles → with tracer particles

・Strain は brittle bodies のものとして特定できるため，the を加えました。
・crack tip（クラック先端）はクラックに 1 つと考えられ特定できると考え，the を加えました（the ではないと判断する場合には，tip は可算のため a が必要になります）。
・the tracer particles は初出で特定できないため the を削除しました。

【不要な語を 1 語でも減らす・略語のスペルアウト方法を正しく】

by <u>means of</u> <u>PIV (Particle Image Velocimetry)</u> → <u>by particle image velocime-</u>
<u>try (PIV)</u>

used <u>for measurements of</u> flow fields → used <u>to measure</u> flow fields

・by means of は by のみがよいでしょう（P51 参照）。

・略語のスペルアウトは，スペルアウトが先，略語を丸括弧内に置くのが基本
です（P183 参照）。

・動詞の名詞形を動詞に変えて語数を減らしました。

【能動態を増やそう・時制を整えよう（過去形の使用を減らそう)】

The results show that, when the applied impulse on the mortar specimens <u>is in-</u>
<u>creased</u>, the crack propagation velocity reaches an upper bound. The upper
bound of the crack propagation velocity <u>was</u> 2.6 km/sec.

→ The results show that the crack propagation velocity reaches an upper bound
<u>of 2.6 km/sec</u> when the applied impulse on the mortar specimens <u>increases</u>.

・increase は自動詞と他動詞両用です。自動詞を使うことで，能動態に変更
しました。

・an upper bound of 2.6 km/sec として文をつなぐことで，過去形の使用
を減らしました。

【respectively の誤用・記号「〜」は to またはエンダッシュに変える】

370 μm with the ultra-high-speed camera, and <u>270 〜 375</u> μm with the strain
gages, <u>respectively</u>

→ 370 μm with the ultra-high-speed camera, and <u>270 to 375</u> μm with the strain
gages または 370 μm with the ultra-high-speed camera, and <u>270–375</u> μm with
the strain gages

・respectively は，この書き方の場合には不要です（P355 ブレイク＆スキル
アップ参照）。

・「〜」は英語では「範囲」に使えません（P187 参照）。

・270 to 375 μm または 270–375 μm に変更しました（P177 参照）。

【文と文をつなごう】

Those results showed a good agreement with each other.

→前文につなげる「, showing a good agreement between the two meth-
ods.」文末分詞の使用（P125 参照）

短い文を組み立てたら，次は関連文どうしをつなぐことができます。時制の判断が減り，過去形の使用が減りました。

　原文を活かしながら，3C の工夫によりリライトすることが大切です。リライトにより，英文は引き締まり，明快で読みやすくなるでしょう。少ない労力で即効性があり，効果の高い「英⇒英リライト」の手法を，多くの研究者の方々や，英文をチェックする方々に取り入れていただきたいです。

3.「文意を調整する」項目

　文の形を変えずにそのまま加えるだけで，文の意味を調整することができる項目を扱います。まず，「書き手の考え」を「動詞」に加える「助動詞」について解説します。その後，動詞に意味を加えたり，文全体に意味を加えたりする「副詞」を扱います。

（1）助動詞で「考え」を伝える

助動詞で「書き手の考え」を加える

　助動詞とは，その漢字から，動詞を「助ける」ものと考えられがちです。しかしどちらかというと，動詞の邪魔をするととらえることも可能と考えています。動詞が事実を「言い切る」のに対して，助動詞を使って，その言い切り表現を「ぼやかす」ことができます（P365 お役立ちメモ参照）。

　具体的には，助動詞を使って，動詞が伝える内容を「書き手が～であると考えていること」として表します。英語論文で特に重要なのは，「確信の度合い」を表す助動詞表現です。各助動詞が表す「確信の度合い」を正しく理解すること，そして各助動詞のニュアンスの違いを理解することが大切です。また，正しく理解した上で，必要以上に多くの助動詞を使ってしまわないよう，注意することも大切です。

助動詞が表す「確信」（must, will, should, can, may）

　例として，「加熱すると有機樹脂膜にダメージが与えられる」という表現を考えます。「確定的な事実」として言い切る場合，現在形を使って次のように表します。

Heating **damages** an organic resin film.
加熱すると有機樹脂膜にダメージが与えられる。

これを,「確定的でないもの」として表してみましょう。次のような助動詞を加えることができます。「意味の違い」と「確信の度合い」を考えてみましょう。副詞を使った文も,助動詞に並べて記載しています。

確信の度合い:論理的に起こりうる(上)から起こりえない(下)へ

論理的に起こりうる

Heating **must damage** an organic resin film.

Heating **will damage** an organic resin film.

＊ have to は informal(略式)なので使わない。

Heating **should damage** an organic resin film.

Heating **probably damages** an organic resin film.

Heating **will probably damage** an organic resin film.

Heating **is likely to damage** an organic resin film.

Heating **can damage** an organic resin film.

Heating **may damage** an organic resin film.

Heating **possibly damages** an organic resin film.

Heating **may not damage** an organic resin film.

Heating **is unlikely to damage** an organic resin film.

Heating **should not damage** an organic resin film.

＊ had better は略式。また,命令的に響くので控える。

Heating **will not damage** an organic resin film.

Heating **cannot damage** an organic resin film.

Heating **must not damage** an organic resin film.

＊ can not(can と not の間にスペースあり)は強意を表すので使わない。

論理的に起こりえない

意味の違い

must:そうに違いない

must は読み手の「主観」が強く,「道徳的」や「倫理的」にそうである,という確信を表します。「～に違いない」という意味になります。

101

will：そうなる

will は読み手の「意志」が強く，読み手が「確実にそうなる」と思っていることとして表します。動詞の現在形に近い意味を表します。

should：そうだろう

should は must と同様に「道徳的」や「倫理的」にそうであるという確信を表します。しかし must よりも確信の度合いは大幅に弱く，「〜でしょう」という意味になります。

can：その可能性がある

can は「起こりうる可能性があること」を表します。「〜の可能性がある」という意味になります。

may：その場合があるかもしれない（ないかもしれない）

may は「起こるかどうかわからないこと」を表します。「〜である場合がある」という意味になります。

should not：起こらないだろう　　**will not**：起こらないと思われる
cannot：起こりえない　　**must not**：起こらない（起こってはいけない＝主観）

助動詞が表す「義務」（must, should ほか）

助動詞が表すもう1つの「書き手の考え」は「義務」です。「確信の度合い」に比べて英語論文で使用する頻度は低くなりますが，理解しておくとよい側面です。

例えば次の文脈です。まずは「確定的な事実」として言い切る現在形で表します。

The data undergoes low-pass filtering.
そのデータに，低域フィルタ処理を施す。

義務の度合い：しなければならない（上）からしてはいけない（下）へ

しなければならない

The data **must undergo** low-pass filtering.

The data **should undergo** low-pass filtering.

The data **can undergo** low-pass filtering.

The data **may undergo** low-pass filtering.

The data **should not undergo** low-pass filtering.
The data **cannot undergo** low-pass filtering.
The data **must not undergo** low-pass filtering.

してはいけない

第2章

意味の違い

must：しなければならない

must は，「道徳的」や「倫理的」といった主観に基づく義務を表します。「～しなければならない」という意味になります。

should：したほうがよい

should は，must と意味合いは似ていますが，must よりも弱い義務を表します。「～したほうがよい」という推奨（= recommended）を表します。

can：することが可能

can は「可能」を表します。「～することが可能」という意味になります。

may：してもよい

may は「許容」を表します。「～してもよい」という意味になります。may = optional（選択可能）という意味になります。

should not：してはいけない　will not：しない
cannot：できない　must not：してはいけない

　助動詞を使いこなすポイントは，各助動詞の元々の意味を理解し，「確信」や「義務」という文脈によって助動詞が見せる意味を理解することです。そして，それぞれの強さとニュアンスを理解することで，正しく使うことができるでしょう。

お役立ちメモ

確信と義務を表す助動詞

　テクニカルライティングに関する書籍 "Technical writing and professional communication for nonnative speakers of English" から，「助動詞が表す確信と義務」のポイントをまとめます。

103

■確信の度合い

論理的に起こる

must, have to【informal】
will would
should

is (are, will) probably, it is probable (likely) that
is (are) likely to

may, might, could, can, possibly (adverb),
it is possible that (for)

may not, might not

is (are, will) probably not, is (are) unlikely to

should not
will not, would not, must not,

論理的に起こらない   it is impossible for

ポイント：異なる確信の度合いを表す助動詞（Modal verbs indicating degrees of probability）について，「論理的に起こる（logically necessary）」から「論理的に起こらない（logically impossible）」を順に並べています。「論理的に起こる」度合いは，must ⇒ will（would）⇒ should の順に弱くなります。さらには may と can が同じ並びに置かれています。might, could, possibly（副詞）も同じ並びにあります。また，must と同じ並びに have to がありますが，informal（略式）とあります。

■義務の強さ

必要   must, have to【informal】
shall *
should

can, may, could

do not have to【informal】

should not

104

| ↓ | cannot, may not, could not |
| 禁止 | must not |

* As used in legal documents (contracts, building codes, etc.)

ポイント：異なる義務の度合いを表す助動詞 (Modal verbs indicating degrees of obligation) について，「必要 (required)」から「禁止 (prohibited)」までを順に並べています。義務の度合いは，must ⇒ shall ⇒ should の順に弱くなります。その後，can/may/could が続いています。またここでも，have to が must と同じ並びに置かれ，informal (略式) とあります。また，shall は，法律文書での使用 (used in legal documents) と明記されています。助動詞 shall は，論文ではなく契約書や仕様書などで，満たすべき要件を表すために使用されます。

助動詞の過去形も理解しておこう

助動詞に関して，もう 1 つ理解しておくとよいのは「助動詞の過去形」です。will の過去形 would，can の過去形 could，may の過去形 might です。

would, could, might は，対応する原型の助動詞よりも，それぞれ低い可能性を表します。助動詞を使った動詞の「ぼやかし」がさらに強くなります。また「もし～していたとしたら」という仮定の意味が表されます。助動詞の過去形は使用しない，と決めておくのもよいでしょう。一方で，助動詞の過去形について正しく理解した上で，使用するかどうかを決定するのもよいでしょう。

> 物質 A を連続工程で合成すると低コスト化できる。
> The material A **would be synthesized** at lower cost through continuous processes.
> （will より低い可能性）
> The material A **could be synthesized** at lower cost through continuous processes.
> （can より低い可能性）
> The material A **might be synthesized** at lower cost through continuous processes.
> （may より低い可能性）
> *この 3 つの中で助動詞 could のみ，「過去」の意味も表す助動詞となります。つまり「低コスト化できた」という過去の意味なのか，「低コスト化の（低い）可能性がある」というなのか，理解しづらくなっています。

*いずれの文でも，「もし連続工程で合成したとしたら」という仮定の意味が生じます。

助動詞の過去形の理解の鍵は，助動詞の過去形のもとになる「仮定法」という文法事項です。以下に説明します。

助動詞の過去形について，2つの点を理解しておくとよいでしょう。

助動詞の過去形の注意点
①助動詞の過去形は，仮定法に由来する。「現実とは異なる仮定」を表す。
②「〜できた」に could を使うと「実施できたのかどうかがわからない」ため注意する。

---

①助動詞の過去形は，仮定法に由来する

If continuous processes **were** used, the material A **would be synthesized** at lower cost.
物質 A を連続工程で合成すると低コスト化が可能になるだろう。
= The material A **would be synthesized** at lower cost through continuous processes. （if 節を使った場合と同じ意味）

上の if 節を使った文のように，「仮定法」は，「もし〜だったら〜であろう」という「仮定」を表します。「仮定法」とは，厳密には「仮定法過去」という呼び方をし，if 節の中に過去形を使って「現実とは異なる仮定」を表す文法事項です。

先の文のように if 節をなくして単文で表現した場合であっても，仮定法のニュアンスが同様に表されます。

②「〜できた」の could に注意する

助動詞 could は，過去の意味も表すために，混乱を招くことがあります。次の文をリライトします。
The material A could be synthesized at lower cost through continuous processes.
解釈1：物質 A を連続工程で合成すると低コスト化の（低い）可能性がある。
解釈2：物質 A を連続工程で合成すると低コスト化できた。

▶▶▶ **解釈1のリライト案**：助動詞の過去形 could の使用をやめ，対応する助動詞の原形を使う

The material A can be synthesized at lower cost through continuous processes.
物質 A を連続工程で合成すると低コスト化が可能になる。

106

▶▶▶ **解釈2のリライト案1**：助動詞の過去形 could の使用をやめ，動詞の過去形を使って事実を述べる

The material A was synthesized at lower cost through continuous processes.
物質 A を連続工程で合成すると低コスト化できた。

▶▶▶ **解釈2のリライト案2**：「できた」ことを強調したければ，副詞 successfully を加えることで「成功した」と表現

The material A was successfully synthesized at lower cost through continuous processes.
物質 A を連続工程で合成すると低コスト化に成功した。

お役立ちメモ

助動詞の過去形はなぜ「丁寧」を表す？

　文法事項の理解が進むと，「学校で習った表現」ともつなげて理解をすることが可能になります。

　助動詞の過去形といえば，「丁寧を表す」「控えめな表現」などと学校で習ったことがある人もいるでしょう。助動詞の過去形は「仮定法」に由来しているため，会話やメールなどで使った場合に，「もしかして可能であれば」「もし条件が許せば」などという「仮定」が表されます。そしてそれが，相手に対する「配慮」や「丁寧さ」として現れるのです。例えば次のような文脈です。

　Would you sign here?（こちらにサインしていただけますか？）

　仮定法により，「もし可能であれば，こちらにサインしてください」という丁寧なニュアンスが出ます。何かをお願いする場合に定番の Would you … ？ です。対して Will you sign here? と言ってしまった場合，「ここにサインしてくれるね」というように，強く響きます。

　I would be grateful if you would / could …（～していただけるとありがたいのですが。）

　このような学校で習う定型表現も同様です。I would …と You would / could で「仮定」を表すことで，「控えめさ」と「丁寧さ」を出している表現です。このように，学校で習った表現についても，文法を深く理解しておくとよいでしょう。

> **【助動詞で「考え」を伝える】のポイント**
> ● 助動詞は，動詞が伝える事実を「書き手が～であると考えていること」として表す。
> ● 助動詞が表す「確信の度合い」と「義務の度合い」について，それぞれのニュアンスとともに強さ・弱さを正しく理解することが大切。正しく理解した上で，使用は最小限にする。
> ● 助動詞は，科学技術分野で「確定的ではない」ことを表す各種表現のうちの１つ（P100 参照）。
> ● 助動詞の過去形についても理解する。使用は最小限または不要。could の誤用にも注意する。

（2）副詞の活用

　文に情報を足す役割をする「副詞」を説明します。「副詞」を理解し使いこなすことで，表現の幅が広がります。副詞について説明するにあたり，まず「品詞」の定義を確認しておきます。

品詞の定義

名詞＝モノや事象の名称を表す	例：filter, light, diagnosis
動詞＝動作や状態を表す	例：transmit, increase, cause
形容詞＝名詞を修飾する	例：early, selective, notable
副詞＝名詞以外を修飾する	例：early, selectively, notably
前置詞＝名詞と他の語との関係を表す	例：at, in, on, with, to
接続詞＝語と語，句と句，節と節をつなぐ	例：and, but, because, when
代名詞＝名詞の代わりに使う	例：it, that, those

副詞を使って情報を足す

　「副詞」は，「名詞以外を修飾するもの」と定義されます。特に「動詞」を修飾する副詞，また「文全体」を修飾する副詞が英語論文では重要です。副詞の利点は，文の構造を変更せず，適切な箇所に単に挿入したり，文頭に加えたりするだけで，情報を足せることです。

動詞を修飾する

　副詞の代表的な役割は，「動詞」を修飾することです。例えば early（早期に），selectively（選択的に），markedly（著しく），seemingly（～のように思われる）

などを使って，動詞部分に情報を足すことができます。例を見てみましょう。

The patient was diagnosed with Alzheimer's disease.
その患者は，アルツハイマー病と診断された。

副詞を足す⇒ The patient was diagnosed with Alzheimer's disease <u>early</u>.
その患者は，<u>早期に</u>アルツハイマー病と診断された。

The filter passes the red and blue portions of the incident light.
このフィルタは，入射光のうち赤色成分と青色成分を通過させる。

副詞を足す⇒ The filter <u>selectively</u> passes the red and blue portions of the incident light.
このフィルタは，入射光のうち赤色成分と青色成分を<u>選択的に</u>通過させる。

Atmospheric carbon dioxide has increased over the past two centuries.
過去 200 年において，大気中の二酸化炭素の量が増えた。

副詞を足す⇒ Atmospheric carbon dioxide has <u>markedly</u> increased over the past two centuries.
過去 200 年において，大気中の二酸化炭素の量が<u>著しく</u>増えた。

Accidental exposure to the substance caused skin irritation.
その物質に誤って触れたことで，肌の炎症が起こった。

副詞を足す⇒ Accidental exposure to the substance <u>seemingly</u> caused skin irritation.
その物質に誤って触れたことで，肌の炎症が起こった<u>と思われる</u>。

文全体を修飾する
　「動詞」に加えて，「文全体」を修飾するためにも副詞が使えます。例えば notably（特記すべきことに），interestingly（興味深いことに），apparently（〜明ら

かなことに）などを使い，文全体に意味を足すことができます。例を見てみましょう。

No significant differences were observed between the two methods.
両手法間に有意差は認められなかった。

副詞を足す⇒ <u>Notably,</u> no significant differences were observed between the two methods.
<u>特記すべきことに，</u>両手法間に有意差は認められなかった。
副詞を足す⇒ <u>Interestingly,</u> no significant differences were observed between the two methods.
<u>興味深いことに，</u>両手法間に有意差は認められなかった。

A current flowing through a resistor causes heating called Joule heating.
抵抗器を通る電流の流れがジュール加熱と呼ばれる加熱を引き起こす。

副詞を足す⇒ <u>Apparently,</u> a current flowing through a resistor causes heating called Joule heating.
抵抗器を流れる電流の流れがジュール加熱と呼ばれる加熱を引き起こす<u>ようだ</u>。

　他にも，副詞は「名詞以外」，例えば「形容詞」や「句」を修飾することができます。例を見てみましょう。

形容詞を修飾する

This compound is <u>highly</u> stable in an aqueous solution.
この化合物は，水溶液中で安定性が<u>高い</u>。

*副詞 highly により stable（形容詞「安定性のある」）を修飾。

句（ここでは前置詞句）を修飾する

This phenomenon is observed <u>particularly</u> among substances with hydroxyl groups.

この現象は<u>特に</u>ヒドロキシル基を有する物質に観察される。

*副詞 particularly により among substances（前置詞句「物質の中で」）を修飾。

動詞を修飾する副詞の挿入位置

　副詞は「名詞以外を修飾」というように，大ざっぱな定義が与えられています。そのために，「副詞」の使い方を共通して定義することが難しくなります。そこで「副詞を挿入する位置」に迷うことがあります。副詞の挿入位置について，ここで指針を明確にしておきます。

　なお，副詞に限らず，何かを「修飾する」句や節，つまり「情報を加える」句や節は，**「修飾するものの近くに置く」**ことが原則です。近くに置くことで，何を修飾しているか（つまり修飾先）が，わかりやすくなるためです。

　修飾するものが「動詞」の場合，動詞の前，または動詞（＋目的語）の後ろに置きます。係り先との離れ具合を考慮して，誤解なく伝わる挿入位置を選択します。

　また，「副詞」の位置には明確な定義がない一方で，入れてはいけない箇所を避けます。動詞を修飾する副詞の場合，その動詞を他動詞として使っている場合，他動詞と目的語の間には副詞を入れてはいけません（他動詞については P85 参照）。他動詞と目的語はつながりが強く，間に他の単語を置くことを許容しないためです。

他動詞を修飾する副詞の挿入位置
本フィルタは，入射光のうち赤色成分と青色成分を選択的に通過させる。

(1) The filter <u>selectively</u> passes the red and blue portions of the incident light.
　　○　係り先がわかりやすい

(2) The filter passes the red and blue portions of the incident light <u>selectively</u>.
　　△　係り先が遠い

(3) The filter passes <u>selectively</u> the red and blue portions of the incident light.
　　×　他動詞と目的語の間は不適切

---

　(1) が好ましい。(2) は修飾先である動詞 passes から遠くなるため読みづらい。なお，目的語が短い場合には，副詞を目的語の後ろに置くことが可能。係り先から近いため（例：The filter passes red and blue light <u>selectively</u>. も The filter

111

selectively passes red and blue light. も許容)。

(3) は不適切。他動詞と目的語の間には他の単語を置くことができない。

自動詞を修飾する副詞の挿入位置
過去 200 年において，大気中の二酸化炭素の量が著しく増えた。
(1) Atmospheric carbon dioxide has increased <u>markedly</u> over the past two centuries.
　○　係り先に近い
(2) Atmospheric carbon dioxide has <u>markedly</u> increased over the past two centuries.
　○　係り先に近い
(3) Atmospheric carbon dioxide has increased over the past two centuries <u>markedly</u>.
　×　係り先から遠く不適切

---

(1)(2) ともに係り先である動詞 increased に近いためいずれも可能。(3) は係り先 increased との間に句 over the past two centuries が存在するため，読みづらくて不適切。

文全体を修飾する接続副詞について

文全体を修飾する副詞について触れました。文頭に置かれ，文全体を修飾した結果，前の文章との意味的な「つながり」を表す場合があります。それらの副詞は「接続副詞」と呼ばれることがあります。例をあげます。

therefore	ゆえに
thus	したがって
however	しかし
moreover	さらに

これらの特徴は，文頭に置かれた「副詞」であるという点です。これらの単語は「接続詞」ではありませんので，文と文をつなぐことはできません。つまり，次のように使うことはできませんので注意が必要です。

112

×　The tensile strain of the specimen was measured with two different methods, <u>however</u> no significant difference was observed between the two methods.
試料の引張ひずみを 2 つの異なる方法で測定した。しかし，両手法間に有意差は認められなかった。

　however は（接続）副詞であって，接続詞ではありませんので，2 つの文をつなぐことはできません。上のように誤って使ってしまった場合には，3 つの修正方法があります。この however に限らず，therefore, thus, moreover といった他の接続副詞も同様に，文と文を接続することはできません。次のいずれかの方法で修正が可能です。

①「接続詞」に変更することで 2 つの文をつなぐ

○　The tensile strain of the specimen was measured with two different methods, but no significant difference was observed between the two methods.

②「2 つの文をピリオドの代わりにゆるく関連づける」役割の「セミコロン」を使うことで 2 つの文をつなぐ（セミコロンの用法については P176 参照）。

○　The tensile strain of the specimen was measured with two different methods; however, no significant difference was observed between the two methods.

＊ however は後半の文全体を修飾する副詞（接続副詞）として働いているので，however の後ろにはコンマが必要です。

③区切る

○　The tensile strain of the specimen was measured with two different methods. However, no significant difference was observed between the two methods.

113

参考 前ページの②「2つの文をピリオドの代わりにゆるく関連づける役割」の「セミコロン」に関して，ACSスタイルガイドにも次の記載があります。

Use a semicolon between independent clauses joined by conjunctive adverbs or transitional phrases such as "that is", "however", "therefore", "hence", "indeed", "accordingly", "besides", and "thus".

接続副詞または移行句であるthat is, however, therefore, hence, indeed, accordingly, besides, thusなどにより接続される独立節の間に，セミコロンを使う。

例：Many kinetic models have been investigated; however, the first-order reactions were studied most extensively.

　多くの運動モデルを調査したが，一次反応が最も広く研究されていた。

例：The proposed intermediate is not easily accessible; therefore, the final product is observed initially.

　提案の中間生成物を得ることは難しいので，まずは最終生成物を観察する。

【副詞の活用】のポイント
- 副詞は名詞以外を修飾する。できるだけ修飾先の近くにおいて情報を加える。
- 「動詞」または「文全体」をうまく修飾する副詞を選ぶ。
- 「接続副詞」therefore, thus, however, moreover などは接続詞ではなく副詞なので注意する。

ブレイク ＆ スキルアップ

「誠実」な論文執筆を目指し，Hedging expressions（ぼやかし表現）を理解すること

Hedging expressions（ぼやかし表現）の調査

　Hedge（ヘッジ）といえば「リスクヘッジ」という言葉を思いつきます。hedging for risks ＝「リスクに備える，リスクを防衛する」という意味です。そのような意味から，科学技術英語の Hedging expressions，つまり「言い切らずにぼやかす」表現というのは，「断定した場合に問題が生じることから防衛する」ことが元々の意味です（P365 お役立ちメモ参照）。

　筆者自身がこの Hedging expressions について考えるに至ったきっかけは，研究者からの次の要請でした。

『日本語の場合，断定できない推論について述べるとき，「可能性は捨てきれない＝ 30 ～ 40％」「可能性がある＝ 50 ～ 60％」「可能性が高い＝ 80 ～ 90％」などと決まっている。これには同意しやすい。英語ではどのように決まっているかを知りたい。各表現が表す【確信の度合い】を知りたい。また，それを使いやすいようにまとめてほしい』

　この要望に応答する形で，「断定できない推論について述べる」際に使う代表的な項目と考えた①助動詞（must, will, should, can, may）と②特定の動詞（demonstrate, show, indicate, imply, suggest）について，個人的な調査を開始しました。

　具体的には，「確定的でないこと」を表すためには，①助動詞と②特定の動詞があること，さらには動詞と助動詞の組み合わせも使える，と考えました。例えば，The data indicates that … のようにまず動詞で「可能性」を決め，その後，さらに必要であれば The data indicates that XX can … のように助動詞を使って確率を調整することができる，と考えました。この動詞と助動詞の組み合わせにより，「起こりうる可能性」を自在に表せるのではないかと考えました。

　英語ネイティブ研究者，英語ネイティブの一般の人への聞き取りやアンケート調査をしました。また文献も調べた結果，「確定的でないことを表す表現」

に"Hedging expressions"という呼び方があることにもたどりつきました。

「誠実」であるための Hedging expressions の理解

　しかし，この Hedging expressions という表現，その名称からもわかるように責任逃れや自己防衛のための手法といった印象が伴います。この調査を依頼してくださった研究者の言葉を借りて，次のように，日本人研究者の方々にとっての Hedging expressions の定義を考えてみます。

研究者の言葉

『習得したいのは，Hedging expressions（ぼやかし表現）つまり「防衛」のための表現，というよりもむしろ，「誠実さ」と「正直さ」，つまりむしろ Honest expressions（正直な表現）です。』

Hedging expressions とは

　これらの各種表現（demonstrate, show indicate, imply, suggest）や助動詞（must, will, should, can, may）が，どの程度の「確信」を表すのか，を正しく理解することで，研究の解釈や結論を，どの程度の「確信」として表すのかを，正しく伝えることができます。

　つまり，日本人研究者が正しく助動詞や特定の動詞，また他の Hedging expressions を学び，使いこなすことは，「正直に」「誠実に」，研究の内容を世界に伝えるためでもあるのです。

　さて，過去に個人的に行いました Hedging expressions の簡易な調査では，次の英文を読む場合において，that 節内の内容が起こりうる可能性について，英語ネイティブによるパーセンテージでの回答を回収しました。

例文：The data <u>indicates</u> that cicadas accumulate toxic substances in their bodies from the contaminated soils.
　本データによると，汚染された土壌においてセミが有毒物質を体内に蓄積することが示された。

　次のような確信の度合いの順に，動詞を並べることができました（パーセンテージは概算です）。

demonstrate	90％程度の確率	確信の度合が強い
show	85％程度の確率	
indicate	75％程度の確率	
imply	65％程度の確率	
suggest	60％程度の確率	確信の度合が弱い

　確信の度合いが demonstrate → show → indicate → imply → suggest と下がっていくことを確認しました。なお，それぞれの動詞は異なる意味を表しますので，本来は度合いを比較するのではなく，それぞれの意味を理解することが大切です。
　以下に，英英辞書からまとめた各動詞の意味を示します。

各動詞の意味（英英辞書 Collins COBUILD に基づき，筆者がまとめたもの）
・demonstrate：推論や事実や証拠により示す。prove や clarify に近い。
　　　　　　　　　　　　　　　　　　　　　　　　＜起こりうる確率は高い＞
・show：見せる。be visible という意味。
　　　　　　　　　　　　　　　　　　　　　　　＜起こりうる確率は比較的高い＞
＊表す意味が広い（他の動詞と置き換えが可能）。使いやすいが，細かいニュアンスまでは表さない。文字通り「示す」という意味。
・indicate：〜を指し示す。show に近いが show よりも表す範囲が狭い。
　　　　　　　　　　　　　　　　　　　　　　　　＜起こりうる確率は高い＞
・imply：〜の意を含む。hint や suggest に近い。また，意味は indicate に似ているが，起こりうる確率は indicate より随分低く，suggest に近い。
　　　　　　　　　　　　　　　　　　　　　　　　＜起こりうる確率は低い＞
・suggest：控えめに提案する。
　　　　　　　　　　　　　　　　　　　　　　　　＜起こりうる確率は低い＞
＊ P228 ブレイク＆スキルアップも参照。

　また，助動詞については，「強さ」の順に並べてもらうというネイティブ調査をしました。おおよそ次のような結果を得ました。

例 文：Cicadas <u>can</u> accumulate toxic substances in their bodies from the contaminated soils.
　確信の度合いが高い　must → will → should → can → may　確信の度合

が低い

　なお，must と will が逆転する回答が数件ありました。回答者に理由を尋ねたところ，「must は主観が強いため，結果的に will のほうが現象が起こる可能性は高いと思う」という意見がありました。

　「度合い」を単に並べることではなく，各助動詞のニュアンスを理解することが大切です。

助動詞のニュアンス
　must は「当然そうだろう」という必然性に基づく確信
　will は「そうである」と書き手が疑いをもっていない確信
　should は必然性に基づく確信という点で must と同様。must よりも弱い
　can は起こる可能性が少しでもあることを表す
　may は起こるかどうかがわからないことを表す

　以上，「誠実」で正しく研究内容を伝える論文執筆を目指される本書の読者の方々が，これら Hedging expressions（ぼやかし表現）の理解を深めていただくことのお役に立てれば幸いです。

第3章

Correct のための基礎文法 II

　本章では，Correct（正確に書く）のために重要となる基礎英文法と表記法を解説します。表現の幅を広げたり，名詞に説明を加えたりするために必要な文法事項を，「伝わる英語論文を書く」という観点から解説します。

　また，論文を書くにあたって知っておきたい表記の決まりごとをとりあげます。次の項目を解説します。

1.「説明を加える」項目
　（1）分詞
　（2）関係代名詞
　（3）前置詞

2.「表現の幅を広げる」項目
　（1）to 不定詞と動名詞
　（2）比較表現

3.「表記」の決まり
　（1）数
　（2）句読点 1：コンマ・コロン・セミコロン・ダッシュ
　（3）句読点 2：ハイフン・丸括弧・角括弧・省略符
　（4）略語・スペース・フォント

第 3 章のねらい
● 「説明を加える」「表現の幅を広げる」ための他の文法項目を理解する
●表記の決まりを知る

119

1.「説明を加える」項目

　「説明を加える」役割をする文法項目を説明します。主に「名詞」に対して，情報をつけ加えるのが，「分詞」と「関係代名詞」そして「前置詞」です。さらには「表現の幅を広げる」ための「to 不定詞と動名詞」，「比較表現」を説明します。これらの英文法事項を正しく理解することで，文脈に応じて表現を選択する自由度が広がります。

名詞に説明を加える「分詞」「関係代名詞」「前置詞」

　名詞に説明を加えるために「分詞」「関係代名詞」「前置詞」を使うことができます。それぞれの利点と欠点を考え，文の組み立てと文脈に応じて，適切な表現を選ぶことが大切です。

　次の文の名詞部分に，「分詞」「関係代名詞」「前置詞」を使って，説明を加えてみましょう。

> **エアブロア**（air blower）により，<u>粉塵</u>を取り除くことができる。
> An air blower removes **dust**.

　この文の「粉塵（dust)」に対して，例えば「<u>ワークに付着する粉塵</u>」という情報を，(1)「分詞」(2)「関係代名詞」(3)「前置詞」を使って加えます。

「分詞」「関係代名詞」そして「前置詞」の特徴

> エアブロア（air blower）により，<u>ワークに付着する</u>粉塵を取り除くことができる。
> (1) An air blower removes **dust** <u>accumulating on a workpiece</u>.（分詞）
> 「分詞」の特徴：短く説明を加える。加える情報量が少ない場合や，読み手が早期に理解できるように直接的に情報を加えたい場合に使用する。現在分詞・過去分詞の別（P122 参照）により，名詞を「能動的」または「受動的」に説明する。
> (2) An air blower removes **dust** <u>that accumulates on a workpiece</u>.（関係代名詞）
> 「関係代名詞」の特徴：「ひと息」ついてから読みはじめることができるため，比較的長い説明を加えることができる。分詞と同様に「能動的」または「受動的」に名詞を説明することに加え，動詞部分に「時制」や「助動詞」を加えることができる。

120

（3）An air blower removes **dust** <u>on a workpiece</u>.（前置詞）
「前置詞」の特徴：分詞・関係代名詞の「動詞部分」を省いた表現。短く説明を加える。係り先が明確な場合に使用できる。

解説：

（1）現在分詞 accumulating … で dust に説明を加えます。分詞を使うと，短く説明を加えることができて便利です。なお，（1）' An air blower removes dust <u>accumulated</u> on a workpiece.（エアブロアにより，ワークに付着した粉塵を取り除くことができる。）とすれば，accumulate を他動詞で使った受動的な説明となります（An air blower removes dust <u>that is accumulated</u> on a work-piece. と同義となります）。

（2）関係代名詞節 that accumulates … を使って，dust に説明を加えます。読み手は，関係代名詞 that の前で，「ひと息」おくことができます。なお，（2）' An air blower removes dust <u>that is accumulated</u> on a workpiece. とすれば，分詞同様に受動的な説明となります。また，（2）" An air blower removes dust <u>that has accumulated</u> on a workpiece.（エアブロアにより，ワークに（これまでに）付着した粉塵を取り除くことができる）のように，時制部分を変更することも可能です。さらには，（2）" An air blower removes dust <u>that can accumu-late</u> on a workpiece.（エアブロアにより，ワークに付着することがある粉塵を取り除くことができる）のように，助動詞を加えることも可能です。動詞部分を調整することにより，表現の幅が広がります。

（3）「接触」を表す前置詞 on（P136 参照）を使って，短く説明を加えます。前置詞の係り先が明確に理解できる文脈では，前置詞のみを使って短く表すことができます。各前置詞の意味を正しくとらえることができれば，前置詞 1 語で名詞と他の語との関係を明示することができます。今回は「接触」を表す前置詞 on を使うことにより，「付着」という現象を簡潔に表しています。

　「分詞」「関係代名詞」「前置詞」の特徴を知り，文の組み立てと文脈に応じて適切な表現を選ぶことが大切です。さて次に，使い方の決まりごとを見ていきましょう。

121

（1）分詞

分詞の文法ワンポイント

　名詞を説明するための文法事項である分詞には，「現在分詞（… ing）」と「過去分詞（… ed）」があります。分詞を使いこなすポイントは，次の通りです。

- ●「現在分詞」と「過去分詞」を理解する。
- ●文頭に分詞を置く「分詞構文」は極力避ける（主語がずれる，誤りが起こりやすくなる）。
- ●文末での分詞構文は使用を許容する。

「現在分詞」と「過去分詞」を理解する

　現在分詞は能動的な意味（～する～，～している～）を表し，過去分詞は，受動的な意味（～された～，～されている～）を表します。なお，分詞には「時制」が入りません。分詞で表す修飾部分の「時制（時間的意味）」は，文脈で判断されます。

現在分詞の例

a marine engine <u>operating</u> at 2600 rpm （回転数 2600rpm で動作する／動作している船舶用エンジン）

rpm = revolutions per minute

*動詞 operate は，自動詞（動作する）として使っています。

解説：a marine engine <u>operating</u> at 2600 rpm は「回転数 2600rpm で動作するように設計されている船舶用エンジン（= a marine engine <u>that operates</u> at 2600 rpm）」と「回転数 2600 rpm で動作している船舶用エンジン（= a marine engine <u>that is operating</u> at 2600 rpm）」の両方の可能性があります。文脈によって判断されます。

過去分詞の例

a marine engine operated at 2600 rpm （回転数 2600rpm で動作している船舶用エンジン）

*動詞 operate は，他動詞（～を動作させる）として使っています。

解説：a marine engine <u>operated</u> at 2600 rpm は「～により動作させられた（= a marine engine <u>that is operated</u> at 2600 rpm），a marine engine <u>that has been operated</u> at 2600 rpm または a marine engine <u>that was operated</u> at 2600 rpm）」といった異な

る時制の可能性を含んでいます。

文頭に分詞を置く「分詞構文」は極力避ける

分詞で文を開始する「分詞構文」は，明確性を欠くことや正確性を損なうことがあります。次の理由により，頻繁な使用は控えましょう。

①分詞の意味上の主語が，主節の主語とずれやすい。
②分詞で文がはじまると，意味が明確でない。また動作を表す動名詞を主語とした SVO かという推測が読み手に働く。

一例として，「シリンダに圧縮空気を送ることにより，船舶用エンジンは始動される。」について，理由①と②による分詞構文の不適切例を見てみましょう。

①の例

× <u>Feeding compressed air to the cylinders</u>, the marine engine is started.
シリンダに圧縮空気を送ることにより，船舶用エンジンは始動される。

Let's rewrite!
▶▶▶リライト過程1

△ Feeding compressed air to the cylinders, the compressed air starting system starts the marine engine.（主語を合わせる→下の②へ）

▶▶▶リライト過程2

△ The marine engine is started by feeding compressed air to the cylinders.（適切な受動態にする）

▶▶▶最終リライト案

○ Feeding compressed air to the cylinders starts the marine engine. / Feeding compressed air to the cylinders will start the marine engine.（能動態に変換する）

解説：前半「シリンダに圧縮空気を送る」の動作主は，後半の主節の主語「エンジン」とは異なります。ここでは，文脈上の動作主は，具体的には「圧縮空気始動シ

123

ステム（the compressed air starting system）」です。このような「主語がずれた分詞構文」は「懸垂（けんすい）分詞構文」と呼ばれる不適切な表現です。Feeding compressed air to the cylinders, the compressed air starting system starts the marine engine.（リライト過程1）のように，分詞の意味上の主語と主節の主語を合わせる必要があります。その先，下の②の例へと進みます。

次に，The marine engine is started by feeding compressed air to the cylinders.（リライト過程2）のように，文法的に理解しやすい受動態の表現に修正します。その後，能動態へと態を変換します（最終リライト案）。

②の例

△　Feeding compressed air to the cylinders, the compressed air starting system starts the marine engine.
シリンダに圧縮空気を送ることにより，船舶用エンジンは始動される。

▶▶▶リライト過程1

△　By feeding compressed air to the cylinders, the compressed air starting system starts the marine engine.（主語との関係を表す具体的な言葉を文頭に追加する）

▶▶▶リライト案1

○　The compressed air starting system starts the marine engine by feeding compressed air to the cylinders.（より自然な形に戻す）

▶▶▶リライト案2

○　Feeding compressed air to the cylinders starts the marine engine. / Feeding compressed air to the cylinders will start the marine engine.（平易な能動態に変更する）

解説：分詞構文の「主語のずれ」を修正した文法的に正しい英文です。しかし，Feeding compressed air to the cylinders, の箇所でコンマが登場し，読み手はその箇所まで読んではじめて「分詞構文」であることに気づきます。また，接続詞を使わずに分詞単体で文を開始しているため，分詞構文の意味が When feeding compressed air to the cylinders なのか After feeding compressed air to the cylinders

なのか，または <u>By</u> feeding compressed air to the cylinders なのかがわかりません。文意が明確に伝わりにくくなっています。また，動名詞による「動作」を主語にした SVO のつもりで読み手が「シリンダに圧縮空気を送ることが，…」と読み進めた場合，予測が外れ，文意を見失ってしまいます。

リライト過程 1 では，分詞の前に，When, After, By など，主語との関係を表す具体的な言葉を追加します。リライト案 1 と 2 では，より自然で平易な形に変更します。

応用編：文末での分詞構文は英文の流れがよくなる

分詞を使いこなす最後のポイントは，分詞の応用である，文末での「分詞構文」の使用です。文頭に分詞を置く分詞構文とは異なり，文末に置く分詞は，文の主語が決まった状態で書くため，主語がずれる心配をする必要が少なくなります。また文末分詞を使って文どうしをつなぐことにより，英文の流れが改善できます。したがって，応用表現として使用が許容されると考えるとよいでしょう（P290 参照）。

文末分詞の実際の使用例を見るとともに，「使い方」を学んでおきましょう。

主に次の 2 つの文脈で，使用が可能です。

- 2 つの文の関連する文章が並ぶ場合であり，第 2 文の主語に「第 1 文の内容全体を指す This（＝このことが）」を使った SVO で書ける場合に文末分詞の使用が可能。第 1 文の文末に，分詞構文として，第 2 文をつなげる。
- 関連する 2 つの文が「〜の結果〜となる」という「未来志向の to 不定詞」で 1 文へとつながっている文で使える。「to 不定詞」が読みづらい場合に，代わりに分詞が使える。文末分詞の使用により，「未来志向の to 不定詞」を使った場合よりも，自然に流れる読みやすい文になることがある。

文末分詞の使用例

Cyanobacteria can grow in the air or water, and contain enzymes that absorb sunlight for energy and split the molecules of water, <u>thus producing</u> hydrogen.

（参考和訳：シアノバクテリアは，空気中や水中で成長し，太陽光をエネルギーとして吸収し水分子を分裂させる酵素を含む。それにより，水素を生成する。）

（出典：University of Tennessee（テネシー大学）
http://hfcarchive.org/fuelcells/base.cgim?template=hydrogen_basics）

比較してみましょう

（1）第2文の主語を，第1文の内容全体を指す This にした場合

Cyanobacteria can grow in the air or water, and contain enzymes that absorb sunlight for energy and split the molecules of water. <u>This produces</u> hydrogen.

（2）to 不定詞を使った場合

Cyanobacteria can grow in the air or water, and contain enzymes that absorb sunlight for energy and split the molecules of water <u>to produce</u> hydrogen.

（1）第2文の主語に，第1文の内容全体を指す This を使う場合

　文末での分詞構文は，第2文の主語を，第1文の内容全体を指す This にして，2つの文に分けることが可能です。This produces … とした場合，文が短く途切れた印象になりますが，読みやすさは損なわれていません。このように2文にわけることが可能な文脈で，文末分詞を使うことにより，文の流れがよくなります。

（2）to 不定詞を使った場合

　前から英文を読み進めると，文末分詞は，時間的に「後」の内容を表します。つまり，主部から見ると「これから起こること」となります。そのために，文末分詞にあたる部分は，「未来志向」である「to 不定詞」に変更できる文脈の場合があります。to produce … とした場合，「水素が生成する」ことが「これから起こること」として表されます。正しい文である一方で，文末分詞を使うことにより，文の読みやすさが改善される場合があります。

（1）（2）いずれの場合も，上の原文では，文末分詞でつなぐことで，英文の流れが改善されます。文末分詞，This を主語にした表現，to 不定詞，のいずれの表現も，まずは理解を深めることが大切です。そして，文脈や文全体の構造に応じて，利点と欠点を考えながら表現を決める力をつけることが大切です。

【分詞】のポイント

●分詞は「現在分詞」と「過去分詞」があり，現在分詞（… ing）は能動的な意味に使い，過去分詞（… ed）は受動的な意味に使う。

●分詞ではじめる文頭での分詞構文をできるだけ避ける。

●関連する2つの文について，次の場合に文末に置く分詞構文（文末分詞）が使える。①第2文の主語に This を使って第1文の内容全体を受けた SVO を作る場合。②または第1文の終わりに to 不定詞を使って第2文の内容を

加える文脈の場合。分詞の応用として文末分詞の理解を深めるとよい。

（2）関係代名詞

関係代名詞の決まりごと―2つの文を「関係」づける「代名詞」を正しく使う

　関係代名詞とは，その名の通り，2つの文を「関係」づける「代名詞」と考えることができます。次の関係代名詞の成り立ちを確認しておきましょう。

This ship uses a marine engine that operates at 2600 rpm.
この船舶は回転数 2600rpm で動作する船舶用エンジンを搭載している。

　関係代名詞は背後に2つの文があります。

This ship uses a marine engine. The engine operates at 2600 rpm.

＊2文をつなぐには，共通部分を特定します。そして，2つの文を「関係」づける「代名詞」である「関係代名詞」that で，共通部分を置き換えます。

This ship uses a marine engine. The engine operates at 2600 rpm.
　　　　　　　　　　　　　↑ that（2つの文を関係づける「関係代名詞」）
→ This ship uses a marine engine that operates at 2600 rpm.

　このように，関係代名詞のポイントは，共通する部分（つまり説明したい名詞）を，関係代名詞に置き換えるだけ，という点です。置き換えること以外には，文に何も足さない，何も引かない，ということが関係代名詞を正しく使うポイントとなります。

関係代名詞の呼び名：主格・目的格・所有格

　次に，「主格」「目的格」「所有格」という，関係代名詞の呼び名についても理解しておきましょう。関係代名詞で置き換える部分が，説明を加えるための第2文の「主語」になるか，「目的語」になるか，または「所有」になるかによって，「主格」の関係代名詞，「目的格」の関係代名詞，「所有格」の関係代名詞と呼ばれます。

主格の関係代名詞

　上の例文では，A marine engine operates at 2600 rpm. の「主語」A marine engine を関係代名詞に置き換えているため，「主格の関係代名詞」でした。関係代名詞の中で，「主格（つまり主語）」での使用は，最も誤りが少なく，平易で好ましい構造となります。

127

目的格の関係代名詞

　別の文脈で，例えば次のような 2 つの文を関係代名詞でつなぐ場合，the engine は目的語となります。この場合，「<u>目的格</u>の関係代名詞」となります。

This ship uses a marine engine. Company A has developed <u>the engine</u>.

↑ that

*目的語 the engine を関係代名詞 that に置き換える。

This ship uses <u>a marine engine</u> ← Company A has developed <u>that</u>.

　下線部分を関係代名詞（that）に置き換えます。そして，関係代名詞は「説明する名詞の近く」，つまり先に出ている engine の直後に置くため，関係代名詞（that）を移動します。

　→ This ship uses <u>a marine engine</u> that company A has developed (XX).

* company A（主語の役割）からみると，動詞の後ろの XX の位置に「目的語」の「穴」が空くことになります。

　次のように完成します。

目的格の関係代名詞

This ship uses a marine engine <u>that company A has developed</u>.

---

*なお，目的格の関係代名詞 that は，省略することが可能です。つまり，This ship uses a marine engine company A has developed. となります。しかし省略することで，文の構造がわかりにくくなります。

　また，関係代名詞は「主格」のほうが組み立てやすく，読みやすいすいため，次のように変更することも可能です。

主格の関係代名詞に変更

This ship uses a marine engine <u>that has been developed by company A</u>.

所有格の関係代名詞

　関係代名詞でつなぐ部分が次のように「所有」を表すものであれば，「所有格の関係代名詞」となります。

This ship uses a marine engine. <u>Its</u> speed (= the speed of <u>the engine</u>) is 2600 rpm.

↑ whose

所有格の関係代名詞

This ship uses a marine engine <u>whose speed is 2600 rpm</u>.

このように ship という無生物に対して使う whose は，形の上で可能です。し
かし実際は，別のより平易で自然な表現を選択することが多くなります。例えば次
のように，関係代名詞を使わずに表すことが多くなります。

　例：This ship uses a marine engine <u>with</u> a speed of 2600 rpm. / This ship uses a
marine engine <u>having</u> a speed of 2600 rpm.

関係代名詞の種類

　関係代名詞の種類を示します。説明を加える名詞が「人」の場合と「人以外」の
場合によって，使える関係代名詞が次のように変わります。

●使える関係代名詞の種類（限定用法の場合）

	主格	所有格	目的格
人	who か that	whose	whom か that
人以外	<u>which か that</u>	whose	<u>which か that</u>

　この表の関係代名詞は，限定用法の場合です。表中，「which か that」というよ
うに選択肢があるものについて，限定用法には that，非限定用法には which（コ
ンマ, + which）というように使い分けるのが適切です。使い分けることで，不
要な混在を避け，また明快に表現することが可能になります。
　この使い分けは IEEE のスタイルガイドにも指示があります。

例：

That：(defining, restrictive)　　　（That は限定用法に）

Which：(nondefining, nonrestrictive)　（Which は非限定用法に）

（出典：Editorial Style Manual, The Institute of Electrical and Electronics Engineers,
III. GRAMMAR AND USAGE IN TRANSACTIONS, B. Words Often Confused）（和訳は筆者）

　なお，関係代名詞を「前置詞」と一緒に使う場合には，which を that で代用す
ることはできません。また，主格であっても人の場合の who は，that を使うより
も英語として自然です。そのため，that に統一せずに who を使うことも可能です。

関係代名詞の限定と非限定

　なお，関係代名詞に関して理解しておきたいことに，関係代名詞の非限定用法（コンマ , + which）と限定用法（コンマなし）があります。

　ポイントは1つです。限定用法は，essential な（＝必須の）情報を表します。非限定用法は，additional な（＝付加的な）情報を表します。この essential, additional というのは，関係代名詞を使った文にとって「必須である」または「付加的である」という意味です。

関係代名詞の限定用法
This ship uses a marine engine that operates at 2600 rpm.
この船舶は回転数 2600rpm で動作する船舶用エンジンを搭載している。

関係代名詞の非限定用法
This ship uses a special marine engine, which has been developed by company A.
この船舶は特殊な船舶用エンジンを搭載しており，このエンジンは A 社が開発したものである。

＊限定用法の文では，関係代名詞節（that operates at 2600 rpm ＝回転数 2600rpm で動作する）を取り除くと，英文が伝えたい内容が伝わらなくなってしまいます。一方，非限定用法の文章では，関係代名詞節（, which has been developed by company A ＝ A 社が開発した）は補足説明ですので，取り除いても，英文が伝えたい内容（この船舶は特殊な船舶用エンジンを搭載している）には大きな影響がありません。

ACS スタイルガイドで「限定・非限定」の意味を理解する

　関係代名詞の「非限定用法」と「限定用法」に関する ACS スタイルガイドの記載を読んでおきましょう。

ACS スタイルガイドより
限定：
　A restrictive phrase or clause is one that is essential to the meaning of the sentence. Restrictive modifiers are not set off by commas.
　限定句や節は文脈にとって不可欠。限定による修飾は，コンマで区切らない。
例文：Only doctoral students who have completed their coursework may apply for this grant.
　コースの学習課題を終えた博士課程の学生だけがこの助成金に申請できる。

解説：「コースの学習課題を終えた」は文に必須の情報。

Several systems that take advantage of this catalysis can be used to create new palladium compounds.

　この触媒反応を利用するいくつかの系を使って，新しいパラジウム化合物をつくることができる。

解説：「この触媒反応を利用する」は文に必須の情報。

非限定：

　A nonrestrictive phrase or clause is one that adds meaning to the sentence but is not essential; in other words, the meaning of the basic sentence would be the same without it. Nonrestrictive modifiers are set off by commas.

　非限定句や節は，文に意味を加えるが文にとって必須ではない。句や節を取り除いても，基本となる文の意味は変わらない。非限定による修飾はコンマで区切る。

例文：

Doctoral students, who often have completed their coursework, apply for this teaching fellowship.

　博士課程の学生は，たいていコースの学習課題を終えていて，この教育助手の奨学金に申請する。

解説：「コースの学習課題を終えていて」は付加情報。これを削除しても文のメイン情報は伝わる。

Several systems, which will be discussed below, take advantage of this catalytic reaction.

　いくつかの系は，下記に説明するが，この触媒反応を利用する。

解説：「下記に説明する」は付加情報。削除しても文意は変わらない。

　以上が ACS スタイルガイドによる関係代名詞の限定と非限定の解説です。「必須情報」と「付加情報」の違いが明示されています。これらを理解した上で，名詞に長い修飾を加えたい場合に関係代名詞，特に非限定用法を活用すれば，表現の幅が広がります。

> 【関係代名詞】のポイント
> ●名詞に説明を加えるには「分詞」か「関係代名詞」。短い説明には「分詞」，
>   長い説明には「関係代名詞」を使うとよい。
> ●関係代名詞は，2つの文を「関係」づける「代名詞」。落ち着いて，2つの
>   文を組み立ててから，1つの文につなぐ。また，限定用法は「必須」の説
>   明に使い，非限定用法（コンマ，+ which）は，「付加的」な説明に使う。

ブレイク ＆ スキルアップ

関係代名詞 whose と of which が気になる方へ──関係代名詞はパズルの組み立て

「関係代名詞がある程度わかってきた」という研究者の方々によく見られるのが，前置詞＋関係代名詞 of which の多用です。先の例文（P127）をもとに，of which を例示します。

P128 の所有格の置き換えについて，所有格の関係代名詞 whose ではなく，主格の関係代名詞 which を使う場合に，of which が登場することがあります。

This ship uses a marine engine. Its speed (= the speed of the engine) is
2600 rpm.   ↑whose
→ This ship uses a marine engine whose speed is 2600 rpm.

This ship uses a marine engine. The speed of the engine is 2600 rpm.
                                              ↑ which
→ This ship uses a marine engine the speed of which is 2600 rpm.

*この場合に，限定用法であって，コンマがないため，engine と the speed の間の区切りがわかりにくい。したがって，of which を engine の後ろに移動して完成する。

→ This ship uses a marine engine of which the speed is 2600 rpm.
  (= This ship uses a marine engine whose speed is 2600 rpm.)

これが「of which」を使った文です。文法的に正しく組み立てられています。しかし，2つの文をもとにして落ち着いて組み立てることをせずに，「～の」を of which と置き換えると，誤ってしまう場合があります。また，正しく書いた上の文でも，of which the speed is … という部分が読みづらく，読み

手に親切な表現ではないとわかるでしょう。

　また，関係代名詞 of which を使うと，「冠詞が抜ける」という不具合が起こる場合があります。関係代名詞は「2 つの文をつないでいる」ことを意識して正しく書くこと，また，よりわかりやすい他の表現がないかを考えることが大切です。

関係代名詞 of which は誤りに気づきにくい

　例を見てみましょう。
「本実験では，厚さ 5 ミクロンの樹脂層を使った。」

ありがちな誤り

A resin layer, of which thickness is 5 μm, was used in this experiment.

　上の文の誤りに気づくことができたでしょうか。基本に立ち返り，関係代名詞の「元にある 2 つの文」に解体して，検討してみましょう。

2 つの文に戻す

A resin layer was used in this experiment.

The thickness of the resin layer is 5 μm.

　⇒ この 2 つの文の共通部分を特定して下線を引き，2 つの文を関係づける代名詞 which によりつないでみましょう。

ステップ①　共通部分に線を引く

　A resin layer was used in this experiment.

　The thickness of the resin layer is 5 μm.

ステップ②　一方を which に変える

A resin layer, the thickness of which is 5 μm, was used in this experiment.

　説明先である layer に関係代名詞を近づけることが可能，という文法事項が存在します。A resin layer, of which the thickness is … というように変形して，of which を A resin layer に近づけます。

⇒ A resin layer, of which the thickness is 5 μm, was used in this experiment.

133

これで，関係代名詞 of which を使った文が完成します。つまり，上のありがちな誤り例では，the thickness の the が抜けていました。また，誤りやすいだけでなく，読みづらくもなっていました。

「モノ」に対する whose を避けるために of which を使わなくてはいけないわけではない

　of which を使いたい，という研究者の方々によると，「所有」を表す whose を，モノに対して使いたくない，との意見を聞きました。つまり，所有格の関係代名詞 whose を使って組み立てると，次のようになります。

　A resin layer, whose thickness is 5 μm, was used in this experiment.

　（元の 2 つの文：A resin layer was used in this experiment. Its thickness is 5 μm.）

　所有格の関係代名詞 whose を使うと，英文の組み立ては比較的平易です。しかし，layer というモノに対して whose を使うことに，抵抗があるという声がありました。しかし，「モノに whose を使ってはいけない」というよりはむしろ，「モノを説明する際には，関係代名詞 whose よりも平易な表現方法が多くあるため，結局は使われないことが多い」ためであると筆者は考えています。

whose も of which も使わないわかりやすい表現を選択する

　最もおすすめなのは，whose も of which も使わない方法です。

関係代名詞 of which と whose を使った英文をリライトする

　A resin layer, of which the thickness is 5 μm, was used in this experiment.
　A resin layer, whose thickness is 5 μm, was used in this experiment.

▶▶▶

　A resin layer with a thickness of 5 μm was used in this experiment.
　A resin layer having a thickness of 5 μm was used in this experiment.
　A resin layer, which has a thickness of 5 μm, was used in this experiment.

　どのような場合にも，前置詞 with や現在分詞 having を使うこと，また関係代名詞の中でも平易に組み立てられて理解しやすい「主格」を使うことができます。より自然で読みやすい表現に変更できます（P127 参照）。

最後に，関係代名詞 of which が役に立つのは，所有格 whose の置き換えの場合ではなく，「～のうちの１つ」や「～のうちのそれぞれ」といった文脈の場合です。つまり，２つに解体した文の中で one of や each of を使う場合であると考えています。つまり，「主格」で使う関係代名詞であって，「～のうちの１つ」や「～のうちのそれぞれ」という文脈で，one of which, each of which を効果的に使うことができます。

　例を見てみましょう。２つの文の共通部分に線を引き，これまで同様に，関係代名詞を使って，２つの文をつなぎます。ここでもまた，共通部分を関係代名詞に置き換える以外は，足さない，引かない，という原則を守ります。

The earth's atmosphere is made up of several distinct layers. One of these layers is the ionosphere.
　地球の大気圏はいくつかの層からなり，そのうちの１つは電離層である。
⇒ The earth's atmosphere is made up of several distinct layers, one of which is the ionosphere.

A carbon atom has four hands. Each of these hands can bond to a hydrogen atom to form methane.
　炭素原子には４つの手がある。その手のそれぞれが水素元素と結合し，メタンを生成する。
⇒ A carbon atom has four hands, each of which can bond to a hydrogen atom to form methane.

まとめ
● ありがちな関係代名詞 of which は冠詞が抜けるなどの不具合が生じることがある。また読みづらいことがある。
● of which を使うことで「モノ」に対する whose を避けたい場合であっても，さらに別の表現を採用する。つまり「主格」を使う have や with を使って所有を表す，といった工夫により，誤りを減らして自然に表現できる。
● 所有格を置き換えた of which ではなく，one of which …，each of which … といった主格の関係代名詞の場合には，平易かつ自然に使える。

(3) 前置詞

名詞と他の語との関係を「見せる」前置詞

「前置詞」は，名詞を説明するにあたり，名詞との関係を視覚的に見せる文法事項です。うまく使いこなせば，短い語数で名詞に説明を加え，明確な英文を書くことができます。抜粋した前置詞のポイントを説明します。

この前置詞を理解しよう

> 1. 基本前置詞【at, in, on, to】を理解する
> 2. 誤りやすい前置詞【with, by】に注意する。前置詞として働く【using】についても知る
> 3. 大胆な動きが出る前置詞【through, across】を活かす
> 4. 広い所有・所属関係を表す前置詞【of】を理解する
> 5. 方向性を表す【for】は「～の場合」にも使う

1. 基本前置詞【at, in, on, to】を理解する

基本前置詞のポイントと，前置詞が表す「関係」のイメージをとらえましょう。

> **【at, in, on, to】のポイント**
> ● at はシャープな一点。in は広い場所の中，on は接触に着目している。
> ● 日本語の「～で」や「～の中」「～おいて」に関わらず，「関係」を正しく表す前置詞を選ぶ。
> ● to は方向性と到達点を表す。

【at, in, on, to】の基本イメージ

Let's practice!

練習：基本的な前置詞 at, in, on, to から選んで，括弧内に入れてみましょう。

---

(1) サンプルを 100℃で加熱した。（サンプルの<u>周囲の設定温度</u>が 100℃）

　The sample was heated （　　　　） 100 °C.

(2) サンプルを 100℃まで加熱した。（サンプル自体の<u>到達温度</u>が 100℃）

　The sample was heated （　　　　） 100 °C.

(3) サンプルを熱板で加熱した。（サンプルと熱板との関係は「接触」）

　The sample was heated （　　　　） a hot plate.

(4) サンプルを炉で加熱した。（サンプルと炉の関係は「空間の中」）

　The sample was heated （　　　　） a furnace.

解答と解説：(1) at, (2) to, (3) on, (4) in を使うことができます。

(1) The sample was heated <u>at</u> 100 °C. では，「点」を表す at を使うことで，その温度の条件におかれていること，つまり「周囲の設定温度が 100℃」であることを表します。

(2) The sample was heated to 100 °C. では，「到達点」を表す to を使うことで「サンプルをその温度まで到達させること」を表します。

(3) The sample was heated <u>on</u> a hot plate. では，「接触」を表す on を使うことで「サンプルと熱板との接触」に着目します。「熱板にサンプルを載せた状態」を表しています。

(4) The sample was heated in a furnace. では，in を使って「炉の中の空間にサンプルをおいて熱する」ことを表しています。

　基本前置詞 at, in, on, to が表す基本的な意味を理解することにより，前置詞を正しく使い，関係を明快に表すことができます。

2. 誤りやすい前置詞【with, by】に注意する。前置詞として働く【using】についても知る

　誤りやすい前置詞【with と by】を正しく理解することが大切です。また，前置詞 with に関連して，前置詞として働く分詞【using】についても知っておきましょう。

【誤りやすい前置詞 with と by，そして using】のポイント

● with は，「using（〜を使って）」または「having（〜を有している）」のいずれかの意味で使う。また応用として，「〜した状態で」を表す付帯状況の

with も確認しておく。
- 前置詞 with と同義の using（〜を使って）は,「前置詞として働く分詞」としての地位を確立しつつある。辞書には掲載されないが,使用が許容と考えてもよい。
- by は,「〜により」という日本語に使う際,「動作主の by（＝受動態の動作主の by）」または「手段の by」として正しく使えているかを確認する。前置詞 by のチェック用フローチャート参照（P144）。

【with, by】の基本イメージ

with :「持っている」「使っている」を表す。
もとの意味は「一緒に」

by :「手段」または「動作主」を表す。
もとの意味は「そばに」

with は having または using の意味で使う

前置詞 with は,文法的な理由づけが難しい文脈で,「なんとなく共在する状態」を表すように誤って使われることがあります。with を使うときは,「using（〜を使って）」または「having（〜を有している）」のいずれかの意味であることを,確かめながら使いましょう。

> The sample was cleaned <u>with</u> water.
> サンプルを水で洗浄した。

* The sample was cleaned <u>using</u> water. と同義,つまり with が using の意味であることを確認する。

> The sample <u>with</u> a thickness of 40 mm showed no aging.
> 40mm の厚みのサンプルはエージングを示さなかった。

* The sample <u>having</u> a thickness of 40 mm showed no aging. と同義,つまり with が having の意味であることを確認する。

誤りがちな「なんとなく共在する状態」を示す with

前置詞 with の使用にあたり,having と using 以外の使用としては,「〜した状

態で」を表すことができると思われがちです。確かに前置詞 with は「～した状態」を表すことができるのですが，それは「付帯状況の with」と呼ばれ，「基本の形」が決まっています。基本の形を守らずに with を使って「状態」を表そうとすると，誤ってしまいがちです。「付帯状況の with」の形を学ぶとともに，「having と using の意味」でも「付帯状況の with」でもない，ありがちな with の誤り例を検討します。

「～した状態で」を表す付帯状況の with

使用が許容できる文法事項に「付帯状況の with」があります。「with ＋名詞＋分詞（現在分詞または過去分詞）」を使って，「～しながら」という「付帯している状況」を表します。「分詞」の部分には能動の意味を表す「現在分詞」と受動の意味を表す「過去分詞」のいずれも置くことができます。基本の形を確認します。付帯状況の with は，無理をして使う必要はありません。しかし，正しく使えるのであれば許容できる表現であることを理解しておくとよいでしょう。

付帯状況の with の使用例 1（with ＋名詞＋現在分詞）

When an electric current is introduced to water (H_2O), hydrogen and oxygen are separated, <u>with hydrogen forming</u> at the cathode and <u>oxygen forming</u> at the anode.

水に電気を通すと，水素と酸素が分離する。<u>陰極に水素が現われ，陽極に酸素が現われる</u>。

（出典：University of Tennessee（テネシー大学）
Hydrogen Fuel Cell Systems–Theoretical background, 2.4.2 Water Electrolysis
http://www.fuelcells.org/base.cgim?template=hydrogen_basics）

解説：with ＋名詞＋現在分詞（… ing）の形にて付帯状況の with を使っています。

付帯状況の with の使用例 2（with ＋名詞＋過去分詞）

Generally, primary irritants produce redness of the skin shortly after exposure <u>with the extent of damage to the tissue being related</u> to the relative irritant properties of the chemical.

一般的に，皮膚が主な刺激物にさらされると，さらされた部分がすぐに赤くなる。その際，<u>組織へのダメージの程度は，化学物質の相対的刺激特性により異なる</u>。

（出典：II. Basics of Skin Exposure, A. Effects on the Skin

139

> The United States Department of Labor（アメリカ合衆国労働省）
> https://www.osha.gov/dts/osta/otm/otm_ii/otm_ii_2.html）

解説：with ＋名詞＋過去分詞（… ed）の形で，付帯状況の with を使っています。

「having と using の意味」でも「付帯状況の with」でもない，ありがちな with の誤り例

誤り例 1：× The liquid evaporated faster <u>with increasing the temperature</u>.
誤り例 2：× The liquid evaporated faster with temperature.
温度が上がるにつれて，液体が早く蒸発した。

解説と修正案：誤り例 1 では，<u>with increasing the temperature</u> の文法的な構造が不明です。「with ＋ 能動的な ing（つまり「〜を〜する」という能動的な動詞の ing の形）」は使えません。なお，with increasing the temperature ⇒ by increasing the temperature と変更すると，次に説明する「手段の by」として，形の上では，正しくなります。しかし主語との関係において liquid が the temperature を increase する，という点が不適切です。

誤り例 2 では，The liquid evaporated faster with temperature. で「温度とともに」と表現されています。しかし「温度が上がるのか下がるのか」がわからない状態で，「温度とともに」と表現することは不適切です。

お役立ちメモ

with time（時間が経つにつれて）は with が OK な理由

「時間が経つにつれて，液体が早く蒸発した。」は The liquid evaporated faster with time. と書くことができます。先の The liquid evaporated faster with temperature. は不適切だったのに with time はなぜ可能なのかという疑問が生じるかもしれません。ここには，「時間」は万人にとって平等である，という前提があります。つまり，「時間」は常に過ぎ，後戻りはしません。そのため with time は，「なんとなく共に存在する状態を表す」with を使っても，誤解が生じないため，使用が可能というわけです。

この考え方を採用すると，The liquid evaporated faster with an increasing temperature.（上昇する温度）に変更すれば，with を使っても誤りではない，ということになります（次ページ参照）。なお，より明確な表現が他にもある場合には，そちらを採用するようにしましょう。

以下に例 1 と例 2 の修正案を示します。

誤り例のリライト

⇒ The liquid evaporated faster with an increasing temperature.

解説：with increasing the temperature ⇒ with an increasing temperature
と変更することで，他動詞として使用しようとしていた increase が，自動詞によ
る現在分詞での使用に変わります。つまり「上昇する温度とともに」という意味に
変わります。左記の「お役立ちメモ」に記載した「with time」のように，許容の
可能性が出てきます。一方で，このように「～とともに」を表す with を使うよりも，
より明快に意味が伝わり，自信をもって使える平易で明確な表現を探します。

誤り例のリライト（完成）

○　The liquid evaporated faster as the temperature increased.

解説：with an increasing temperature（上がる温度とともに）の部分を as the
temperature increased（温度が上がるにつれて）に変更しました。「～するにつ
れて」を表す as は，正しく適切な表現です。

前置詞として働く分詞 using（＝ with）
　前置詞 with の説明に関連して，前置詞として働く分詞 using についても知って
おくとよいでしょう。using は本来は分詞（現在分詞）ですので，「名詞を修飾する」
という働きをします。しかし using は，「前置詞」のように使われることがあります。
分詞 using は，文法的に説明がつきにくいのですが，「前置詞のように働く分詞」
として，慣例的に使用が認められていると考えるとよいでしょう。

　使用例を見てみましょう。

例 1：前置詞のように働く分詞 using の例
The effectiveness of NMR can also be improved using hyperpolarization, and/
or using two-dimensional, three-dimensional and higher-dimensional multi-fre-
quency techniques.
NMR の効果はまた，過分極および／または 2D，3D，もしくはそれ以上の多

周波数技術を用いて改善できる。

（出典：http://en.wikipedia.org/wiki/Nuclear_magnetic_resonance）

解説：using という「分詞」を，「前置詞 with」のように働かせています。

　また，この using は，分詞構文の文頭に使われた using が後半に移動したもの，と理解をするのもよいでしょう。分詞構文の文頭に使われる using の例を以下に記します。

　ここで，前置詞のように働く using の元になる分詞構文，およびその変形について，確認しておきましょう。また，前置詞 with，さらには前置詞 by + using についても，それぞれの特徴を確認しておきましょう。

例 2：前置詞のように働く using の元になる分詞構文とその変形

（1）　Using the strong oxidation of ozone, we can sanitize or decolor products.（分詞構文）

オゾンの強い酸化力を利用して，製品の殺菌や脱色ができる。

（2）　We can sanitize or decolor products <u>using</u> the strong oxidation of ozone.（分詞構文からの変形）

（2）'　Products can be sanitized or decolored using the strong oxidation of ozone.（分詞構文からの変形 2）

（3）We can sanitize or decolor products <u>with</u> the strong oxidation of ozone.（前置詞 with を使った場合）

（4）We can sanitize or decolor products <u>by using</u> the strong oxidation of ozone.（手段を表す前置詞 by + 動作を表す ing）

解説：（1）using は，このようにもともと分詞構文です。文の主語 we と分詞の意味上の主語は一致していますので，分詞構文の正しい使い方となっています（分詞構文については P122 参照）。（2）や（2）'では，現在分詞 using は，「前置詞」のような役割を果たしています。（1）と比べて，using the strong oxidation of ozone を文頭から後半へ移動して，「前置詞のように働く using」として使っています。（2）と（2）'は，（3）の「前置詞のように働く分詞 using」を「前置詞 with」に置き換えた文と同義になります。またこれらに関連して，(4)のように，「～を使うことにより」という「手段の by + 動作を表す動名詞 using」を使った表現とも，同じ意味になります（前置詞 by については次に説明）。（4）の by + using

については，文法的に正しいですが，長くなってしまうため，(2) や (2)' または (3)
で代用できる場合には，使用を避けます。

お役立ちメモ

前置詞のように働く分詞の存在

　「前置詞のように働く分詞」については，有名なスタイルガイドである The Chicago
Manual of Style（シカゴマニュアル）17th edition に記載があります。using の直
接的な記載はありませんが，シカゴマニュアルに Participial prepositions（分詞前
置詞＝前置詞として働く）の記載があります。assuming や considering が例示され，
それらは前置詞のように働き懸垂分詞には該当しない，と記載されています。記載箇
所を引用します。

5：Grammar and Usage
5.175：Participial prepositions
　A participial preposition is a participial form that functions as a preposi-
tion (or sometimes as a subordinating conjunction). Examples are assum-
ing, barring, concerning, considering, during, notwithstanding, owing to,
provided, regarding, respecting, and speaking of. Unlike other participles,
these words do not create danglers when they have no subject {consider-
ing the road conditions, the trip went quickly} {regarding Watergate, he
had nothing to say}.

（参考和訳：分詞前置詞とは，前置詞として（または従属接続詞として）働く分詞の形。
assuming, barring, concerning, considering, during, notwithstanding, owing to, provided,
regarding, respecting, speaking of などがある。他の分詞とは異なり，これらは主語がなくても
懸垂分詞には該当しない。例：considering the road conditions, the trip went quickly〈道の
状態を考えると，旅行はスムーズに進んだと言える〉や regarding Watergate, he had nothing
to say〈ウォーターゲートに関して，彼は何も言うべきことが無かった〉など。）

また，considering（〜を考慮して）については，例えば英英辞書 Collins CO-
BUILD に「前置詞」としての品詞が載っています。

Considering：
1. Prep（前置詞）You use considering to indicate that you are thinking about
a particular fact when making a judgment or giving an opinion.
例文：The former hostage is in remarkably good shape considering his or-
deal.

（参考和訳：considering は，何かを判断するときや意見を言うときに，特定の事実を考えている
ことを示すために使う。例：受けた試練を考えると，前の人質は驚くほど状態が良い。）

　これらから，「前置詞として働く分詞」が存在することがわかります。分詞 using
もその一種と考えるとよいでしょう。

by は「手段」と「動作主」を理解する

　次に前置詞 by を説明します。前置詞 by には，「手段」と「動作主」の用法があ
ります。「手段」と「動作主」のいずれで使っているかを意識し，文法的に正しく
説明できる状態で by を使用することが大切です。次のようにチェックをするとよ
いでしょう。

【前置詞 by のチェック】

ステップ①

「動作主の by」として正しく使っているか？つまり，受動態から能動態への変
換が可能か？

　　① -1　可能な場合

　　　　⇒「動作主」の by として正しく使っているので OK

　　① -2　不可能な場合

　　　　⇒ NG ⇒正しくなるようにリライト（受動態に変える，など）

　　　　⇒またはステップ②へ

ステップ②

「手段の by」として正しく使っているかどうか？つまり by の後が動詞 ing ＋
名詞，または「手段」や「行為」を表す名詞か？

　　② -1　by の後が動詞 ing ＋名詞または「手段」や「行為」を表す名詞（ま
　　　　　た文脈が適切）の場合

　　　　⇒「手段の by」として正しく使っているので OK

　　② -2　by の後が名詞であり，その名詞が「手段」や「行為」を表す名詞で
　　ない場合（また文脈が不適切な場合）

　　　　⇒ NG ⇒正しくなるようにリライト（適切な文脈に変更した上で by
　　　　　　　　の後に動名詞 ing を挿入する，by 以外の適切な前置詞に変
　　　　　　　　える，前置詞を使わない他の表現に変える，など）

ありがちな誤りの例を使って，by のチェックを実施してみましょう。

誤り例：喫煙により火災報知器が鳴る。
×　The fire alarm will become active by smoking.

解説：前置詞 by を正しく使えているかどうかのチェックは「手段の by」と「動作主の by」のうち，チェックが平易な「動作主の by」から開始します。

ステップ①　「動作主の by」として正しく使っているか？　つまり，受動態から能動態への変換が可能か？

　「動作主の by」のチェックでは，「受動態かどうか」を確認します。上記誤り例の英文は，受動態ではありません。したがって「動作主の by」ではないと判断します。

▶▶▶
修正する場合（修正 1-1, 1-2）

　動詞の部分を受動態に修正すれば，The fire alarm will be activated by smoking. というように「動作主の by」として正しく使えます。また，受動態に修正した場合，それをさらに能動態に変換することができます。つまり，Smoking will activate the fire alarm. となります。明快で簡潔に表現できるようになります。

修正 1-1【動作主の by にするために受動態に変える】
　○　The fire alarm will be activated by smoking.
修正 1-2【動作主の by … を主語にして，能動態に変換する】
　○　Smoking will activate the fire alarm.

ステップ②　「手段の by」として正しく使っているかどうか？　つまり by の後が動詞 ing ＋名詞，または「手段」や「行為」を表す名詞か？

　次に「手段の by」をチェックします。「手段の by」では，①主語と手段の動作との関係が適切かどうか，②手段の by のあとに，手段（または行為）を正しく置いているか，を確認します。つまり，①主語が行えない動作を手段の by のあとに置いてしまった場合や，文の動詞部分が静的で，動作につながらない文脈であった場合には，誤りとなります。また，②手段の by のあとに，単なる物理的な「モノ（例：道具）」を置いている場合，「モノ」は「手段」ではないので不適切です。なお，「… ing」という「分詞を使って表す動作」であれば，それは「手段（または行為）」とみなすことができるため，手段の by のあとに置くことが可能です。

修正する場合（修正 2）

先の「手段の by」のチェックでは，The fire alarm will become active by smoking. の主語と動作との関係が不適切でした。つまり，The fire alarm（火災報知器）が smoking（喫煙）するわけではないため，誤りでした。修正案として，主語を変えずに「The fire alarm が何をするか」という点に着目し，英文の内容を組み立て直します。「The fire alarm は smoke を detect する」というように修正することが可能です。

> 修正 2【手段の by の使用をやめ，主語を変えずに発想を変えて表現する】
> ○ The fire alarm will become active when detecting smoke.

前置詞 by のチェック用フローチャート

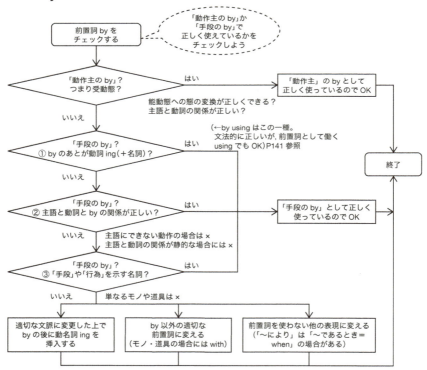

3. 大胆な動きが出る前置詞【through, across】を活かす

次に，平易に使えるのに日本人があまり使いこなしていない前置詞2つを紹介します。through と across です。

> 【through と across】のポイント
> ● through は「〜を通じて」を表す。「〜により〜する」「〜を通じて〜となる」など使える文脈が多数ある。with や by よりも，明快で誤りにくい。
> ● across は「端から端まで」を表す。使いこなせると便利な前置詞。

【through, across】の基本イメージ

through：通っていく

across：端から端まで，両端

前置詞 through は，「通過する」「突き通す」を表します。through の使用例を見てみましょう。大胆な動きが出ていることが感じられるでしょう。

> (1) Moreover, liquid hydrogen can leak through minute pores in welded seams.
> 液体水素は，溶接の継ぎ目の微細な孔から漏れてしまうことがある。
> （出典：http://www.nasa.gov/topics/technology/hydrogen/hydrogen_fuel_of_choice.html）
> (2) Hydrogen can be generated through catalytic decomposition.
> 水素は，触媒による分解により生成できる。
> （出典：http://hfcarchive.org/fuelcells/base.cgim?template=hydrogen_basics）
> (3) Cyanobacteria, an abundant single-celled organism, produce hydrogen through its normal metabolic function.
> シアノバクテリアは，よく見られる単細胞生物であり，通常の代謝機能により水素を生成する。
> （出典：http://hfcarchive.org/fuelcells/base.cgim?template=hydrogen_basics）

解説：(1) は，「孔を通り抜ける」を表す物理的な through の使用例です。最も基

本的な through の使い方で，平易に理解できるでしょう。(2) と (3) では，「〜により（＝〜を通じて）〜する」という文脈で through が使われています。「〜により」という日本語に使われがちな別の前置詞 by や with と比べて，through を使うことで，大胆な動きが出ています。また，誤りが起こりがちな by と with に比べて，through は平易に使うことができます。

なお，(2) と (3) で by や with を使うと，次のように，through を使った場合のような大胆な動きや明快さや英文の流れが損なわれます。また，with と by は，誤用や不自然な使用となることも多いため気をつけましょう。例えば (2) -2 の generated with catalytic decomposition や，(3) -1 の produce hydrogen by its normal metabolic function は不自然です。

through vs. by, with

(2) -1：△　Hydrogen can be generated <u>by</u> catalytic decomposition.

　Catalytic decomposition generates hydrogen. という文が成り立てば，動作主の by として正しく使用している。文脈上，「Catalytic decomposition が hydrogen を生成する」よりも「Catalytic decomposition という工程を経て（つまり through），hydrogen が生成される」のほうが正しい。

(2) -2：×　Hydrogen can be generated <u>with</u> catalytic decomposition.

　Hydrogen can be generated using catalytic decomposition. が成り立てばよいが，「catalytic decomposition を使う」は意味的に不適切。

(3) -1：×　Cyanobacteria, an abundant single-celled organism, produce hydrogen <u>by</u> its normal metabolic function.

　Cyanobacteria produce hydrogen by its normal metabolic function. の by は手段の by として使用している。しかし function（機能）は手段ではないため不適切。

(3) -2：○　Cyanobacteria, an abundant single-celled organism, produce hydrogen <u>with</u> its normal metabolic function.

　Cyanobacteria produce hydrogen using its normal metabolic function. つまり「function を使って」が文脈上成り立てばよい。こちらは許容。

　前置詞 across は「端から端」を表します。across の使用例（辞書の定義）を見てみましょう。

> （1）The voltage spike <u>across</u> the freewheeling diode is approximately 10 V.
> 転流ダイオード<u>（の両端）</u>にかかる電圧スパイクは約 10V である。
> *across は，ダイオードから出ている 2 つの<u>端子間</u>の意
>
> （2）A character is represented as a series of bits running <u>across</u> the tape.
> 文字は，テープの<u>幅方向</u>に並んだ一連のビットによって表される。
>
> （出典：ビジネス技術実用英語大辞典）

解説：（1）では，across を使うことで，「端から端」つまり「ダイオードの両端」の意味を across の 1 語で表すことができています。（2）では，「端から端」つまり「テープの幅方向」を across で表現しています。いずれも，簡潔で明快に表現できています。

4. 広い所有・所属関係を表す前置詞【of】を理解する

> **【of】のポイント**
> ● 「所属」や「所有」などの広範囲な関係を表す。
> ● 関係が広いために便利である一方，多用すると不明確になる。また of, of, of … と複数続く英文は，名詞形が多いことの現れであるため改善する。

【of】の基本イメージ

前置詞 of は，辞書を引くと，元の意味として「〜からの分離」と定義されています。前置詞 of が表す関係は，「分離されているけれど，変化はしていないこと」と考えることができます。

前置詞 of：分離されているけれど，変化していない

前置詞 of は「分離」から広がりを見せ，「所属」や「所有」などの広範囲な関係を表します。

> **前置詞 of を使った例文**
>
> First, 20 mL of water was placed in the flask.
> はじめに，水を 20mL，フラスコに入れた。
> *water から 20mL を分離して取り出してきたイメージ。
>
>
> The thickness of the iron panel is 10 cm.
> 鉄板の厚さは 10cm とする。
> *thickness と iron panel は，of が表す広い所属関係により，thickness が panel の属性であることを表す。

　表す関係が広いために of は便利である一方で，「〜の」という日本語に逐一対応させて使うと，of を必要以上に多用してしまうことがあります。日本語に対応させて of, of, of … と続く英文は，英文に「名詞形」が多いことの現れです。動詞を活かす形で文の構造を改善すること，また名詞を羅列して修飾する方法（P152 ブレイク＆スキルアップ参照）も適宜使用することで，of の出現数を減らします。

　なお，of, of, of … が続くという理由だけで of を別の前置詞に変えなければならないという発想ではなく，of が複数続くのは名詞形が多いサインであるため表現を改善する，と考えるほうが適切です。

例：Development of precise and accurate techniques of simultaneous determination of ions of different metals using chromatography is needed.
　クロマトグラフィを使った異種金属のイオン濃度の同時特定の高精度技術の開発が必要である。
*和文の「〜の」と同数の of の出現は不適切。

> Precise and accurate techniques for simultaneously determining ions of different metals need to be developed using chromatography.

*動詞を活かすことで 4 ヶ所中，3 ヶ所の of を消しました。

> Simultaneously determining different metal ions requires precise and accurate techniques using chromatography.

*名詞の羅列（関連語 3 語まで可能）により最後の of を消し，さらに文構造を変更しました。SVO・能動態に変更しました。

5. 方向性を表す【for】は「〜の場合」にも使う

> 【for】のポイント
> ● 到達点を含まない方向性を表す。「〜に関していうと」という文脈に便利に使える。

【for】のイメージ

for：到達点に向かう方向（到達点は含まない）

> **「〜について」を表す for の例**
> However, previous observational data at cruise altitudes are sparse **for engines** burning conventional fuels, and no data have previously been reported **for biofuel use** in-flight.
> しかし，これまで，従来型燃料を燃焼させるエンジンについては巡航高度の観測データがほとんどなく，飛行中のバイオ燃料使用について報告されているデータはまったくない。
>
> Nature 543, 411–415 (16 March 2017)
> タイトル：Biofuel blending reduces particle emissions from aircraft engines at cruise conditions
> （巡航状態の航空機エンジンからの粒子排出はバイオ燃料混合によって削減される）

解説：自然科学誌 Nature にて，「〜について」を2ヶ所に含む英文に for が使われています。例えば次のありがちな英訳と読み比べてみると，前置詞 for を使うと簡潔に書けることが理解できます。

ありがちな英訳と比べてみましょう。

> ×　However, previous observational data at cruise altitudes regarding engines burning conventional fuels are sparse, and no data associated with biofuel use in-flight have previously been reported.

【前置詞】のポイント
- 前置詞は名詞と他の語との関係を視覚的に見せる。うまく使いこなせば，明快な英文が書ける。
- 基本の前置詞 at, in, on と to を正しく使う。at は点，in は広い空間，on は接触，to は到達点を表す。
- 誤りやすい前置詞 by, with に注意する。by は「手段の by」か「動作主の by」のいずれかで正しく使う。with は，having か using の意味で使うと誤りが減る。付帯状況の with の形も，理解しておく。また分詞 using が前置詞 with の代わりに使えることがある。
- 大胆な動きが出る through と across を活用する。through は物理的な「通過」に加え，「〜を通じて（〜により）〜する」という文脈にも使える。across は「端から端まで」を表現する明快な前置詞。
- of は広い所属・所有関係を表す。
- for は「〜に関して」「〜について」に使うと便利。

ブレイク & スキルアップ

「AのB」はB of A か A B か A's B か？

「AのB」を前置詞 of を使って B of A と書く代わりに，A B のように名詞を羅列する方法や，A's B のようにアポストロフィとエスを使って書くことについて，いずれがよいのかという疑問が寄せられることがあります。それぞれの表現の決まりを知ったうえで，選択するようにしましょう。

「AのB」　　(1) B of A
　　　　　　(2) A B
　　　　　　(3) A's B

（1）B of A は，of を使って「AのB」を表す正式な表現です。利点は，丁寧で正式であることです。欠点は「長くなってしまうこと」，名詞 A と B の両方に「名詞の判断」つまり「数と冠詞の判断」が必要で誤りが生じやすいことです。

（2）A B は，名詞を羅列することにより，前の名詞が後ろの名詞を修飾する表現です。前の名詞 A は，形容詞のように働きます。利点は，前の名詞 A が

形容詞として働くため，その名詞の「数と冠詞の判断」が不要になることです。したがって，誤りを減らして簡潔に書けます。欠点は，羅列可能な名詞の数が3つ程度であること，また関連性の低い単語どうしを並べると，読みづらくなることです。

（3）A's B は，「's（アポストロフィとエス）」により，所有を表しています。この場合，「名詞（数と冠詞）の判断」について，冠詞は前の名詞 A を判断します。「数」は，A と B との両方を判断します。また，A が複数形の場合には，As' B となります。名詞 A には複数形の s をつけ，アポストロフィの後の s を兼ねます。A が単数形の場合には，a/an A's B となります。

「's」の表現には，欠点があります。「所有」とは，本来「人による所有」を表し，「モノ + 's」の表現は，一部の慣例的な表現を除いて，使用が許容できません。一部の許容表現とは，擬人化できるような無生物の場合です。例えば擬人化する例には，the Earth's surface（地球の表面）があります。また，時を表す名詞の場合にも，例えば Today's energy challenges（今日のエネルギー課題）などの使用が許容されます。

（1）～（3）を使って「セシウムの蓄積」「中性子の挙動」「利用者の操作」を表してみます。どれを使うのが好ましいかを検討しましょう。

● **セシウムの蓄積**
　（1）accumulation of cesium　◎
　（2）cesium accumulation　◎
　（3）cesium's accumulation　×

● **中性子の挙動**
　（1）the behavior of neutrons　◎
　（2）neutron behavior　○
　（3）neutrons' behavior　×

● **利用者の操作**
　（1）the operation of a user　○
　（2）a user operation　◎
　（3）a user's operation　○

セシウムの蓄積

(1) accumulation of cesium　　◎

　前置詞 of を使った丁寧で正式な表現です。この A of B は，いつでも使用が可能です。一方で，文全体が長くなる場合には，次の (2) のように，名詞を単純に羅列するほうが好ましいでしょう。

(2) cesium accumulation　　　　◎

　名詞を羅列した，わかりやすい表現です。cesium が形容詞のように働き，accumulation を修飾しています。

(3) cesium's accumulation　　　×

　cesium は「人」ではないので，所有の表現は不適切です。

中性子の挙動

(1) the behavior of neutrons　　◎

　正式で丁寧，わかりやすい表現です。冠詞と単複の判断を適切に行うことで明快に表すことができます。

(2) neutron behavior　　　　　　○

　名詞の羅列により neutron は形容詞として働いています。そこで，neutron は数と冠詞の判断が不要になっています。なお，neutron（中性子）と behavior（挙動）の関連性が弱いと考える場合には，内容が伝わりにくい可能性があります。

(3) neutrons' behavior　　　　　×

　neutron は「人」ではなく，また擬人化も難しいため，不適切となります。

利用者の操作

(1) the operation of a user　　　○

　文法的に正しい表現です。一方，operation と user の関係を考えると，the/an operation performed by a user（利用者が行った操作）といった説明的な表現のほうがわかりやすいでしょう。

(2) a user operation　　　　　　◎

　名詞の羅列による簡潔な表現です。operation に対して冠詞 a がついています。user と operation は意味上の関連が強いと考えられるため，理解しやすく適切です。

(3) a user's operation　　　　　○

　user（人）には，user's（アポストロフィ 's）が使えます。正しい表現です。一方で，単に羅列した (2) a user operation のほうが平易で好ましいでしょう。

このように (1) B of A, (2) A B, (3) A's B それぞれの特徴を知ったうえで，次のように使うとよいでしょう。

● 「A の B」が短く，単語の羅列が 3 語以内に収まり，かつ羅列して読める関連の深い単語どうしであれば，(2) A B（例：a user operation）を使う。
● 羅列する単語数が多い場合，またその部分が強調して読まれるように正式に表したい場合には，(1) B of A（例：the behavior of neutrons）を使う。
● A's B（例：a user's operation）は，A が「人」の場合（例えば driver, user など）には使用が許容。A が「人」でない場合には使用を避ける。なお，冠詞は「人」のほうにつく。

3 つの表現「B of A」「A B」「A's B」を実際の文書から見てみよう

自然科学誌 Nature の「Scientists have most impact when they're free to move（移動が自由な科学者が最も影響力が強い）」をタイトルとする記事から，「研究者（researcher）の〜（＝ A の B）」を表す 3 つの表現「B of A」「A B」「A's B」を含む部分を抜き出します。記事の中で出てきた順に抜き出します。

【A's B】
(1) An analysis of **researchers' global mobility** reveals that limiting the circulation of scholars will damage the scientific system, say Cassidy R. Sugimoto and colleagues.

researchers（研究者）は「人」ですので，正しくアポストロフィ 's を使っています。researchers は複数形ですので researchers' という形になっています。

【B of A】
(2) Measuring **the global movements of researchers** will help to assess the effects of political actions on science.

B of A の正式な表現を使っています。名詞 movements（移動）, researchers について，それぞれの「数」と「冠詞」の判断をしています。

【A B】
(3) To assess the impacts of such political actions, we need better ways to measure **researcher mobility**.

155

ＡとＢを並べています。前の名詞 researcher は形容詞のように働き，「数」と「冠詞」の判断は不要です。２つ目の名詞 mobility（移動度）に対して「数」と「冠詞」の判断をしています。特定せず，抽象的にとらえて無冠詞単数形としています。

【B of A】

(4) Circulation networks that map **the number and flow of researchers** reveal the importance of the United States, United Kingdom, France, Canada and Germany as prominent nodes in the global scientific network (see Supplementary Figure S2).

　上の（2）と同様です。B of A を正しく使っています。冠詞は，number, flow いずれも researchers のものと特定できるため the です。flow のほうの the は省略し，１つの the で the number and flow of researchers をひとまとまりに読ませています。

【A B】

(5) Although the United Kingdom is not particularly central to **researcher migration** in the European Union, it serves a crucial function in providing a bridge for European scientists to other areas of the world (see Supplementary Figure S2)．

　上の（3）と同様です。前の名詞 researcher が形容詞のように働きます。migration（移動）は抽象的にとらえて無冠詞単数形です。

（出典：Scientists have most impact when they're free to move
Nature 550 (04 October 2017)
https://www.nature.com/news/scientists-have-most-impact-when-they-re-free-to-move-1.22730)

【「ＡのＢ」を表す B of A，Ａ Ｂ，A's B】のポイント
- B of A は正式表現。ＢとＡには，それぞれ名詞（数と冠詞）の判断が必要。
- Ａ Ｂのように名詞を羅列した略式表現が可能。羅列する名詞は３語まで。また，意味の関連が強い単語どうしを並べる。Ａは形容として働くため，名詞（数と冠詞）の判断が不要。
- A's Ｂ はＡがＢを「所有している」ことを表す。Ａは「人」が基本のため，使用できる文脈は限られる。また，Ａに「数」と「冠詞」の判断が必要。Ｂに「数」の判断が必要。

2. 「表現の幅を広げる」項目

次に「表現の幅を広げる」項目の習得です。「to 不定詞と動名詞」「比較表現」を説明します。明確で簡潔に書くために，各項目を習得しましょう。

（1）to 不定詞と動名詞

「to 不定詞」は未来志向，動名詞は「一般的事象」

to 不定詞（to ＋動詞の原形）と動名詞（動詞の ing 形）について理解しておくとよいことは，to 不定詞は「未来のこと」を表し，対して動名詞は「今のこと」を表すという点です。なお，動名詞は，「今のこと」といっても「時の一点」ではなく，動詞が表す事象を「～するということ」という「一般的な事象」として表します。

例を見てみましょう。

> 粉末状の銀と液体の水銀とを混ぜ合わせると，アマルガムができる。
> to不定詞：Silver powder is mixed with liquid mercury <u>to form an amalgam</u>.
> 動名詞：An amalgam is formed by <u>mixing silver powder with liquid mercury</u>.
> 　　　　（= Mixing silver powder with liquid mercury forms an amalgam.)

to 不定詞 <u>to form an amalgam</u> の場合は，主語と動詞 Silver powder is mixed から見ると，これから「アマルガムができる」という未来のこととして表しています。一方，動名詞の <u>mixing silver powder with liquid mercury</u> の場合は，「銀と水銀を混ぜ合わせる」という事象を表しています。その事象が「起こるかどうか」や「これから行うかどうか」といった点は表されず，「混ぜ合わせること（mixing)」という「一般的事象」として表しています。

なお，An amalgam is formed <u>by mixing</u> silver powder with liquid mercury. を，An amalgam is formed <u>to mix</u> silver powder with liquid mercury. と誤って書いてしまうと，「アマルガムができた結果，粉末状の銀と液体の水銀が混ざる」という意味になり，時間関係が逆になってしまいますので注意が必要です。

目的語になる「動名詞」と「to 不定詞」を考える

　英文法を勉強するとき，文法事項の理由を「考える」ことが大切です。他動詞の目的語としての「動名詞」と「to 不定詞」について，動詞によって，「動名詞と to 不定詞の両方を目的語にできるもの」と「一方のみしか目的語にできないもの」また「動名詞と to 不定詞のいずれを使うかによって意味が変わるもの」があります。to 不定詞は「未来志向」，動名詞は「一般的事象」という基本に立ち返って，その理由も考えてみるとよいでしょう。

　平易な動詞を使った例をあげて，説明します。

start と stop ─動名詞と to 不定詞の目的語を考える

　start（開始する）は，動名詞と to 不定詞の両方を目的語にできます。一方 stop（停止する）は，動名詞と to 不定詞の両方を目的語にできますが，動名詞と to 不定詞のいずれを使うかによって意味が変わります。その理由を考えてみるとよいでしょう。

　start（開始）の場合，「これから起こること（to …）」「一般的事象（… ing）」のいずれも「開始」することができます。一方 stop（停止）の場合，「一般的事象（… ing）」は「停止」することができても，「これから起こること（to …）」，つまり「まだ起こっていないこと」は「停止」できません。したがって，「これから起こること（to …）」を目的語に置く場合，stop は「～するために自らが停止する，動作をやめる」という意味に理解されます。

---

start　充電器が，バッテリーの<u>充電を開始する</u>。
(1)　○　The charger will <u>start charging</u> the battery.
(2)　○　The charger will <u>start to charge</u> the battery.

---

　start の場合，(1) も (2) もいずれも同様の意味になります。start charging（動名詞）の場合は「充電という事象を開始する」，start to charge（to 不定詞）の場合は「これから充電することを開始する」という表現ですが，英文が表す内容に大差はありません。

---

stop　充電器が，バッテリーの<u>充電を停止する</u>。
(1)　○　The charger will <u>stop charging</u> the battery.
(2)　×　The charger will <u>stop to charge</u> the battery.

---

　stop の場合，(1) は「充電の停止」を表しますが，(2) は「充電器は，バッテリー<u>の充電をするために（動作などを）停止する</u>」という，意図とは異なる内容を表し

ます。「to 不定詞」の使用により「これから充電すること」という未来が表されますが，充電をまだ開始していなければ，充電を停止することはできないためです。stop は，他動詞「〜を停止する」ではなく，自動詞「止まる・停止する」として理解されます。つまり，「これから充電するために，動作を停止する」という意味になっています。

consider と avoid ―動名詞のみを目的語にする理由を考える

次に，例えば consider（考慮する）と avoid（避ける）は「動名詞のみを目的語にする」と辞書に記載があります。これらの動詞について，考えてみましょう。例えば次のような文脈で使うことができます。

> We must consider delaying our laboratory visit.
> 研究室訪問の延期を検討しなければならない。
> The development team avoided producing many defective prototypes.
> 開発チームは，欠陥試作品を多く出すことを避けることができた。

これらの動詞が動名詞を目的語にする理由は，それぞれ「ある事象について考える・避ける」ということが必要であって，「これから起こること」については，「考える・避ける」ということが，意味的に難しいためです。つまり，to 不定詞が目的語になった consider to delay our laboratory visit, avoid to produce many defective prototypes の場合，それぞれ「延期するために何か別のことについて考える」や「欠陥品を出すために何か別のことを避ける」という未来志向の意味になってしまい，文意が成り立ちません。

expect ― to 不定詞のみを目的語にする理由を考える

最後に expect（予測する，期待する，思う）について検討します。この動詞の目的語は「to 不定詞のみ」です。「予測する」という動詞は，「これから起こることを考える」ときに使います。例えば次のような文脈で使います。

> We expect to see gradual improvement in the experimental conditions.
> 徐々に実験条件はよくなるだろう。

「予測する」という文脈では，to 不定詞を使って「これから起こること」を表します。ここに動名詞を使って「一般的事象」として表すのは不適切です。

このように，英文法を理解するとき，この動詞の目的語には動名詞，この動詞に

は to 不定詞というように暗記をするよりも，「動名詞」と「to 不定詞」を理解した上で，動詞がもつ意味に基づいて，動名詞と to 不定詞のどちらが適切かを考えてみるとよいでしょう。理由を考えて納得しながら使うことで，英文法の理解が深まり，正しく使える可能性が高まります。

「動名詞」または「to 不定詞」を選ぶ

　他動詞の目的語になる場合だけでなく，「主語」や「補語」の場合にも，「to 不定詞」と「動名詞」のどちらを使うのがよいかを考えるとよいでしょう。読み手にとって伝わりやすいと納得できるほうを，選ぶようにしましょう。

主語の場合　ボタンを押すことにより，モータが始動する。
(1) △　To press the button will activate the motor.
(2) ○　Pressing the button will activate the motor.

　(1) to 不定詞は，「～すること」を「これから起こること」として明示します。このように主語に使うと，堅い印象となり，読みづらくなります。また，to 不定詞の未来志向により「ボタンをまだ押していない」状況が表され，「モータを始動する」という述部への意味的なつながりが不自然になります。
　(2) 動名詞を主語に使うことで，「ボタンを押すこと」という一般的事象が表され，述部へのつながりもよくなり，自然で読みやすい文となります。

補語の場合　次のステップでは半導体チップどうしを接続します。
(1) ○　The next step is to interconnect the semiconductor chips.
(2) △　The next step is interconnecting the semiconductor chips.

　(1)「次のステップ」は「これから行うこと」ですので，未来志向の to 不定詞が適切です。
　(2) 動名詞を使うと，to 不定詞を使った場合のような「明確な印象」が失われます。また，「be 動詞＋ … ing」の形により，現在進行形であるかのようにも見えてしまい，述部が視覚的にも読みづらくなります。

> **【to 不定詞と動名詞】のワンポイント**
> ●to 不定詞は「未来志向」つまり「これから起こること」を表す。
> ●動名詞は「今のこと」「一般的な事象」を表す。
> ●to 不定詞の「未来志向」と動名詞の「一般的事象」に基づき，to 不定詞と
>   動名詞のどちらを目的語，主語，補語に使うかを，その都度考えるとよい。

（2）比較表現

「原級（何かと何かを比較して同等であることを表す）」「最上級（何かが一番であることを表す）」「比較級（何かと何かを比較して差があることを表す）」があります。特に使用頻度が高い「比較級（… er）」に焦点を当てます。

比較表現の活用ワンポイント

比較表現には，「原級（何かと何かを比較して同等であることを表す）」「最上級（何かが一番であることを表す）」「比較級（何かと何かを比較して差があることを表す）」があります。

比較表現を自由に使いこなすことで，表現の幅が広がり，簡潔に書くことができたり，自然な表現で書くことができたりします。

はじめに「原級」と「最上級」を簡単に説明し，その後，「比較級」を説明します。

原級（何かと何かを比較して同等であることを表す）

「原級」を使う文脈は，主に次の2つとなります。
①「～倍」を表す
②「同じ」を表す

①「～倍」を表す

例：ヘリウム原子は，水素原子の4倍の重さである。

「原級」の特徴は，まず「比較対象」が「同等」であることを表現する点です。この文脈では，ヘリウム原子と水素原子の「重量（heavy）」または「重さの程度（much）」を比較します。まずは比較する部分が「同等」であるとして，原級の表現である as … as を使って作成します。

161

同等比較（原級）の組み立て途中

英訳例 1：A helium atom is <u>as heavy as</u> a hydrogen atom.
英訳例 2：A helium atom weighs <u>as much as</u> a hydrogen atom.
ヘリウム原子は，水素原子と同等の重さである。

次に，「〜倍」（今回は four times）という表現を追加して英文を完成させます。

英訳例 1：A helium atom is four times as heavy as a hydrogen atom.（完成）
英訳例 2：A helium atom weighs four times as much as a hydrogen atom.（完成）

②「同じ」を表す

例：回路には，ピン B と同数で，ピン A が備えられています。

　ピン A とピン B の「数」つまり「多さ（many）」を比較しています。したがって，次のような文を経て，英文を組み立てることができます。

同等比較（原級）の組み立て途中

Pins A are <u>as many as</u> pins B.
ピン A はピン B と同じ多さ（数）である。

次に，「回路はピン A を含む。」という文を加えます。

The circuit has pins A that are <u>as many as</u> pins B.

最後に英文を整えます。

The circuit has as many pins A as pins B.（完成）

　同等比較（原級）をうまく使いこなすことで，簡潔に，また自然に表現できることがあります。例えば比較表現を使わないで書くと，The circuit has pins A in the same number as pins B. などと表すことになり，名詞の「数」を，名詞の後ろにつけ加えることになります。同等比較を使うことで「名詞と同時に数を明示する」という英語の特徴に沿って，自然に表現できます。

162

最上級（何かが最も〜であることを表す）

「最上級」の使用例をあげます。最上級の形である … est（または most …）を使い，「（〜の中で）最も〜」を表します。

表現例

(1) This function returns <u>the smallest</u> of the three arguments.
この関数は，3つの引数のうちの最小値を返す。
(2) Nitrogen is <u>the most abundant gas</u> in the atmosphere.
窒素は大気中で最も豊富に存在する気体である。
(3) The module has <u>the industry's highest throughput speed</u> of up to 921 Kbps.
本モジュールは921Kbpsという業界最高水準の処理速度を有する。

(1)(2)のように「〜の中で最も〜」を表すことがあります。その場合，「〜の中」が「複数要素の中」の場合には「所属関係を広く表す前置詞of」を使います。「何らかのグループや広い場所の中」であれば「広い場所などを表す前置詞in」を使います。

比較級（何かと何かを比較して差があることを表す）

対象物どうしの「差」を比較する「比較級」は，複数の比較表現（原級，最上級，比較級）のうちで，最も便利に使える表現です。

比較級は，「程度」を表す際に「基準」を設けることができます。比較級を使わずに「程度」を表す場合と比べて，「基準」が背景にあるために客観性が増します。例えば，This camera captures images at <u>high speed</u>.（本カメラは高速で撮像する）は，「どのくらい速いか」を示さない表現である一方で，This camera captures images at <u>higher speed</u>. には「何らかの基準」があり，それよりも速いことが示されるため，客観性が増します。なお，比較の対象をthan …（〜よりも）を使って明記しない場合，例えば「従来より高速」など，文脈に応じて基準が解釈されます。また，This camera captures images at <u>higher speed than ever</u>.（かつてない高速）や This camera captures images at <u>higher speed than before</u>.（これまでよりも高速），This camera captures images at <u>speeds higher than 20 fps</u>.（20fpsよりも高速）などと基準を明示すれば，さらに具体性が増します。

比較級を正しく構成し，使いこなすポイントは，次の通りです。

①比較対象を正しく並べる
②比較する箇所を調整する（ずらす）ことで短く表現する
③ Compared with/to よりも「比較級（… er/more …）」を使う

①比較対象を正しく並べる

例：色素増感太陽電池（DSSC）の光電変換効率は，薄膜太陽電池よりも低い。

*色素増感太陽電池＝ dye-sensitized solar cells (DSSCs)

　和文の並びの通りに直訳をすると，「色素増感太陽電池（DSSC）の光電変換効率」と「薄膜太陽電池」というように，比較対象を正しく並べることができなくなってしまうことがあります。

直訳による誤り

×　The photoelectric conversation efficiency of dye-sensitized solar cells (DSSCs) is lower than thin film solar cells.
問題：「光電変換効率」と「薄膜太陽電池」を並べている

　「色素増感太陽電池（DSSC）の光電変換効率」と「薄膜太陽電池の光電変換効率」を比較するように，リライトしてみましょう。

▶▶▶リライト過程１：比較対象を正しくそろえる

The photoelectric conversation efficiency of dye-sensitized solar cells (DSSCs) is lower than the photoelectric conversion efficiency of thin film solar cells.

ポイント：「比較対象」を丁寧に書き出すことで，誤りを防ぐ。この段階では，代名詞を使わなくてよい。

▶▶▶リライト過程２：重複部分を代名詞に変える

The photoelectric conversation efficiency of dye-sensitized solar cells (DSSCs) is lower than that of thin film solar cells.

ポイント：リライト過程１を経てから過程２に進むことで，誤りを減らすことができる。はじめから that of … と書こうとすると，内容が複雑な場合に誤ってし

まうことがある。

②比較する箇所を調整する（ずらす）ことで短く表現できる

①で完成した次の英文について，「比較する箇所を調整する（ずらす）」ことで短く表現するようにリライトしてみましょう。

正しい英文から，比較対象をずらしましょう

> The photoelectric conversation efficiency of dye-sensitized solar cells (DSSCs) is lower than that of thin film solar cells.
> 色素増感太陽電池（DSSC）の光電変換効率は，薄膜太陽電池よりも低い。

「色素増感太陽電池（DSSC）」を主語にして書いてみましょう。つまり「色素増感太陽電池（DSSC）の光電変換効率」と「薄膜太陽電池の光電変換効率」を比較している英文を，「色素増感太陽電池（DSSC）」と「薄膜太陽電池」を比較するように，リライトしてみましょう。

▶▶▶**リライト（完成）：比較の対象を変更する**

> <u>Dye-sensitized solar cells (DSSCs)</u> have a lower photoelectric conversation efficiency than <u>thin film solar cells</u>.（完成）

ポイント：比較の対象を変えることで，短く表現する。dye-sensitized solar cells (DSSCs) を主語にすることで，dye-sensitized solar cells (DSSCs) と thin film solar cells を比較する。動詞には平易な have を使う。

③ compared with/to よりも「比較級（… er/more …）」を使う

何かと何かを比較するとき，日本語では「〜より」という表現ではなく「〜と<u>比較して</u>」という漢字表現を使う傾向があります。これを英訳すると，as <u>compared with/to</u> …といった表現になりがちです。as compared with/to … の使用を控え，「比較級」を使えるようにしておくことで，簡潔に，また自然に表現できることがあります。また，compared <u>with</u> が正しいのか，compared <u>to</u> が正しいのか，と前置詞に悩むこともなくなります（compared <u>with</u> か <u>to</u> かについては，次頁のお役立ちメモを参照）。

次の和文を英訳してみましょう。

●この積層構造によると，通常品と比較して，スペースを約 90 ％省略できる。

*通常品＝ today's products on the market

比較級を使わないありがちな英訳例

This stacked architecture <u>saves 90% space as compared with</u> today's products on the market.

　これでも正しい英文ですが，as compared with … の箇所が複雑になっています。主語は変えずに，比較級（er … than）を使って，リライトしてみましょう。

比較級を使う

This stacked architecture uses 90% less space than today's products on the market.

　比較級（今回は uses less space ＝〜よりも少ないスペースを使う）を使うことで，動詞部分および全体が平易に読めるようになり，簡潔で明確に表現できました。

お役立ちメモ

compared to, with の理想：「類似」に compared to，「違い」に compared with

　比較表現には比較級を使うことをすすめました。しかしやむなく compared を使う場合，compared to か with かを迷うという声を聞きました。compared to か with かについて，ACS スタイルガイドには，「類似」を示す際には to，「違い」を示す際には with という記載があります。

　論文で「比較」をする際には「違い」を示す文脈が大半です。したがって，compared to ではなく compared with を使うことに決めておくとよいでしょう。また，比較の内容は，できる限り compared ではなく比較級 er を使って表すようにしましょう。

Use the verb "compare" followed by the preposition "to" when <u>similarities</u> are being noted. Use "compare" followed by the preposition "with" when <u>differences</u> are being noted. Only things of the same class should be compared.

例：<u>Compared to</u> compound 3, compound 4 shows an NMR spectrum with corresponding peaks.
<u>Compared with</u> compound 3, compound 4 shows a more complex NMR spectrum.

（出典：ACS スタイルガイド）

【比較表現】のワンポイント

● 「原級（何かと何かを比較して同等であること表す）」「最上級（何かが一番であることを表す）」「比較級（何かと何かを比較して差があることを表す）」の基本の形を理解する。特に「比較級」を使いこなすことで，表現の幅が広がる。

● 比較級では，「比較対象」を正しくそろえることが必須。また，比較する箇所を工夫してずらすことで，短く表現できる。

● 「〜と比較して」という日本語には，as compared with/to ではなく，…er/more による比較級をできるだけ使う。compared を使う場合には，異なることを表すためには前置詞 with を使う。

ブレイク & スキルアップ

「比較表現」を練習しよう― ACS スタイルガイドより

比較級を正しく使うリライト練習

　①比較対象を正しく並べる，②比較する箇所を調整する（ずらす）ことで短く表現する，の 2 つのポイントを，リライトで練習してみましょう。

　ACS スタイルガイドの「比較表現」の項目より例をあげます（参考：The ACS Style Guide, 3rd Edition, "Comparisons"）。

（1）×　The alkyne stretching bands for the complexes are all lower than the uncoordinated alkyne ligands.
その錯体のアルキン伸縮領域は，調整されていないアルキン配位子よりも低い。

解説：The alkyne stretching bands for the complexes（錯体のアルキン伸縮領域）と the uncoordinated alkyne ligands（調整されていないアルキン配位子）を比較しているため誤り。正しくは「錯体のアルキン伸縮領域」と「調整されていないアルキン配位子のアルキン伸縮領域」を比較するべき。

リライトポイント

● 比較対象を並べる
● さらに短くできないかを検討する

▶▶▶リライト過程 1

The alkyne stretching bands for the complexes are all lower than the alkaline stretching bands for the uncoordinated alkyne ligands.

*比較対象を the alkyne stretching bands にそろえる。

▶▶▶リライト過程 2（ACS スタイルガイドによる正答 1）

○　The alkyne stretching bands for the complexes are all lower than those for the uncoordinated alkyne ligands.

*重複する後ろの the alkaline stretching bands を代名詞 those に置き換える。

▶▶▶リライト過程 3（ACS スタイルガイドによる正答 2）

○　The alkyne stretching bands are all lower for the complexes than for the uncoordinated alkyne ligands.

*比較の対象を the alkyne stretching bands から for the complexes と for the uncoordinated alkyne ligands に変える。

---

(2)　×　The decrease in isomer shift for compound 1 is greater in a given pressure increment than for compound 2.
任意の圧力増加における化合物 1 の異性体シフトの低下は化合物 2 よりも大きい。

解説：The decrease in isomer shift for compound 1（化合物 1 の異性体シフトの低下）と比較する対象物がそろっていないため不適切。正しくは「化合物 1 の異性体シフトの低下」と「化合物 2 の異性体シフトの低下」を比較するべき。

リライトポイント
●比較対象を並べる
●さらに短くできないかを検討する

▶▶▶リライト過程 1

The decrease in isomer shift for compound 1 is greater in a given pressure increment than the decrease in isomer shift for compound 2.

*比較対象を the decrease in isomer shift どうしにそろえる。

▶▶▶リライト過程 2（ACS スタイルガイドによる正答 1）

○　The decrease in isomer shift for compound 1 is greater in a given pressure increment than that for compound 2.

*重複する後ろの the decrease in isomer shift を代名詞 that に置き換える。

▶▶▶リライト過程 3（ACS スタイルガイドによる正答 2）

○　The decrease in isomer shift in a given pressure increment is greater for compound 1 than for compound 2.

*比較の対象を the decrease in isomer shift どうしから for the compound 1 と for the compound 2 に変える。

　ACS スタイルガイドには，比較対象をそろえることだけでなく，比較対象を「ずらす」という例までが掲載されています。明確で簡潔な英文を書くための数々の手法が明示される良いスタイルガイドです。化学分野のみならず，分野を超えての利用がおすすめです。

3.「表記」の決まり

　英語の表記については，実務では必須である一方で，学校では学ぶ機会が少ない項目です。例えば「数値と単位記号の間にはスペースを入れる（例：20μm →20 μm）」，「数字は 1 桁の場合には，スペルアウトをする（例：3 layers → three layers）」といった決まりごとについて，中学校や高校の英語の授業で学ぶ機会はあまりありません。「数」をはじめとする表記の決まりごとはそれほど多くないので，早期に習得しておきましょう。

　また，疑問が生じたらその都度調べるという方法でよいでしょう。大切なのは，あらゆる表記に「決まり」があることを知ることです。「決まり」に従って書くことで，正確で明確に表現できます。

　次の項目を説明します。本項目は，ACS スタイルガイドを参考にして，筆者が例文を追加してまとめています。*のコメントは筆者によります。

169

●数
●句読点（コンマ・コロン・セミコロン・ダッシュ・ハイフン・丸括弧・角括弧・省略符）
●略語・スペース・フォント

（1）数

「数」にまつわる表記の決まりごとを紹介します。数字と単位記号の間のスペースの有無，数字のスペルアウトの有無といった基本の決まりごとから，論文を書く際に迷いそうな点，誤ってしまいがちな表記の項目を紹介します。

【1 桁はスペルアウト，2 桁以上は算用数字が基本】

> 単位を伴わない数は，10 未満をスペルアウトし，10 以上を算用数字で書く。序数の場合も，1 番目から 9 番目（first から ninth）をスペルアウトし，10 番目（10th）以上は，数字で書く。

例：<u>five</u> flasks, <u>20</u> flasks　　　 1 〜 9 は，数字をスペルアウトする
　　<u>first</u> day, <u>15th</u> days　　　 1 〜 9 の序数は，スペルアウトする
　　<u>two</u>fold, <u>20</u>-fold　　　　　「〜重」を表す -fold のスペルアウトも同じ
　　例文：The purpose of this study is twofold: 1. ＿＿, and 2. ＿＿＿.
　　本研究の目的は 2 つある。1 つは〜で，もう 1 つは〜。

> 分数の場合，分子と分母の両方が 10 未満であればスペルアウト＋ハイフンでつなぐ。分子と分母のいずれかが 10 以上であれば，分数（X/Y）で表記する。

one-quarter of the results（結果の 4 分の 1）　分子・分母が 10 未満。スペルアウト＋ハイフン
1/20 of the subjects（被験者の 20 分の 1）　分母が 10 以上の場合 X/Y とする。

> **例外**：比率はスペルアウトせずに数字を使う。

a ratio of <u>1:5</u>
a ratio of <u>1/5</u>

【文頭の数字は避ける】

> 数が文頭に来る場合には，数をスペルアウトするか，文頭に来ないように書き直す。単位記号を伴う場合は，数のスペルアウトに合わせて記号もスペルアウトする。

Fifteen samples were prepared.　文頭の数はスペルアウトする。

× 　15 samples were prepared.

Twenty milliliters of water was added to the mixture.　単位記号を伴う場合，単位記号もスペルアウトする。

× 　<u>20 mL of water</u> was added to the mixture.

× 　<u>Twenty mL of water</u> was added to the mixture.

⇒ Water (20 mL) was added to the mixture./ First, 20 mL of water was added to the mixture.

【数値と単位記号の間にスペースを1つ入れる（例外除く）】

> 時間や測定の単位を伴う数値は，算用数字で書く。数値と単位記号の間にはスペースを1つ置く。スペースの例外もあり，例えばパーセント（%）と角度の度（°），角度の単位としての分（′），角度の単位としての秒（″）は，スペースを空けない。

例：10 min, 20 mL, 230 V　　　　スペースを1つ空ける

10%, 100°, 60′, 20″　　　　例外の% ° ′ ″ はスペースを空けない

*なお，摂氏温度の ℃ は，スペースを空けないという例外記載がスタイルガイドにありません（「スペースを空ける」という記載は国際単位 SI に従う。日本工業規格（Japanese Industrial Standards：通称〈JIS ジス〉）に記載がある[1]）。しかし慣例的に，スペースを空けない方法が多く見られます（例：100℃）。規則に従う場合には，スペースを空けます（例：100 ℃）。スタイルを決めて，一貫して使うとよいでしょう。

---

[1] JIS Z 8202-0「量及び単位—第0部：一般原則」より抜粋：単位記号は，量の表現における数値の後に置き，数値と単位記号との間に間隔を空ける。この規則によればセルシウス度を示す ℃ の記号は，セルシウス温度を表すときには，その前に間隔を空けなければならないことに留意する（ISO（国際標準化機構）による ISO31-0, Quantities and units — Part 0: General principles を翻訳し，技術的内容を変更することなく作成）。

【数字を並べる場合も and を使う。例外は丸括弧内と上付き文字】

参照番号つきの 2 つの要素を並べるとき，数字間には and を使う。

なお，2 つの参照番号を括弧内に入れる場合，または上付き文字で表す場合は，

参照番号間に and は不要。コンマでつなぐ。

Figures 1 and 2

compounds I and II

* Figures 1, 2 などと and を不要に省くのは誤りです。and を省いてコンマでつなげるのは，次の場合のみとなります。

Lewis (12, 13) found that …

Lewis[12,13] found that …

【列挙に使う数字表記】

数字を使って列挙するとき，(1) (2) (3) … または 1. 2. 3 …. が一般的。

The results suggest the following:

(1)

(2)

(3)

The results suggest the following:

1.

2.

3.

*片括弧 1) 2) 3) は一般的ではありません。また和文で使用する①②③は不可となります。

【他の決まり例】

小数点の前後には数を書く

0.45

34.0 または 34

* .45 や 34. は不適切となります。

> 測定単位を伴う大きな数は指数表記する。

2.0 × 10⁴ kg

（2）句読点1：コンマ・コロン・セミコロン・ダッシュ

コンマ

【シリアルコンマを使おう】

> 3つ以上の単語，句，節を列挙するとき，接続詞の前にコンマを使う。このコ
> ンマは，シリアルコンマと呼ばれる。

The non-mineral nutrients are hydrogen, oxygen, and carbon.
＊ and の前のコンマをシリアルコンマといいます。シリアルコンマを使うことで明確性が増します。

【主語が変わる2つの文では，and の前にコンマを入れよう】

> 独立した文どうしを接続詞 and や but でつなぐ場合に，接続詞の前にコンマ
> を入れる。

Parental care is essential for the survival of mammals, but the mecha-
nisms underlying its evolution remain unknown.
＊2つの文を接続詞でつなげた場合，2つの文の主語が異なる場合に，コンマを入れると読みやすく
なります。

【必要なコンマを省略しない】

> 文頭に副詞を置く場合，コンマを使う。

However, these reactions have not been studied extensively.
Thus, the materials were left at high temperature.
＊ However these reactions have not been studied extensively. のようにコンマを省略するのは不
適切です。

【コンマは非限定，つまり付加情報と理解する】

非限定の修飾にはコンマを使う。関係代名詞の非限定，such as や including の非限定がある。

Metals, which include iron and gold, conduct electricity.

Metals, such as iron and gold, conduct electricity.

Metals, including iron and gold, conduct electricity.

*非限定の修飾とは，コンマによる挿入部分を削除しても，文意が成り立つ修飾です。

*「限定」の修飾の場合，例えば次の文脈となります。

Metals such as iron and gold are common metals.（鉄や金といった金属は一般金属である）。
この文脈では，such as iron and gold を削除すると，文意が成り立たないため，限定用法となります。
つまりコンマを入れることはできません。

前の名詞を説明したり言い換えたりするために，コンマを使って挿入できる。

Our new molecular-targeted cancer therapy, photoimmunotherapy, uses a target-specific photosensitizer.

【形容詞２つをコンマでつなげる場合】

名詞を複数の形容詞で修飾するとき，形容詞の順序を逆にしても意味が変わらない場合に，間にコンマを使うことができる。

Robots perform dangerous, repetitive tasks.

Robots perform repetitive, dangerous tasks.

* dangerous と repetitive を逆にしても，いずれも tasks に係り，同義になっています。

【細かいコンマの決まりを知ろう】

for example, that is, namely の後ろに１つ以上の単語を置く場合，コンマで開始し，コンマで終える。また，丸括弧内に使う i.e. と e.g. の後ろに，コンマを使う。

The new material obtained with this procedure, that is, compound B, was evaluated.

Alkali metal derivatives of organic compounds are the aggregates of ion pairs, namely, dimmers, trimers, and tetramers, in solvents of low polarity.

Many antibiotics, for example, penicillins, cephalosporins, and vancomycin, interfere with bacterial peptidoglycan construction.

*コンマを挿入した場合に，「後ろのコンマ」を忘れてしまいがちです。後ろのコンマで「挿入を閉じる」ことを忘れないようにしましょう。

These oxides are more stable in organic solvents (e.g., ketones, esters, and ethers) than previously believed.

*丸括弧内でも，e.g. による例示の開始時に，コンマを使いましょう。

コロン

【詳細説明を加える─単語・句・文を続ける】

前の情報に説明を加えるのにコロンを使う。加える説明は，単語，句，文のいずれも可能。
コロンの直後の単語は通常小文字であり，独立した2文以上をコロンの後ろに置く場合には，各文の1文字目を大文字にする。

Transition-metal nitrides have many industrially advantageous properties: high wear resistance, high decomposition temperature, and high microhardness.

Transition-metal nitrides have three features that make them industrially advantageous: These metals have high wear resistance. They decompose at high temperatures. They have high microhardness.

*コロンの使用方法の注意点は，コロンの前までに，文章が独立していることです。動詞と目的語や補語の間などにコロンを使うのは不適切です。

例：×　The advantageous properties of this material include: high wear resistance, high decomposition temperature, and high microhardness.

⇒　○　This material has the advantageous properties: high wear resistance, high decomposition temperature, and high microhardness.

【図面の説明で詳しく述べるときに使う】

図面の説明において，記号などの導入に，コロンを使う

Figure 1. Variable-temperature spectra of compound I: top, 405 K; mid-

175

dle, 325 K; bottom, 270 K.

セミコロン

【セミコロンの2つの役割―①文どうしをつなぐ　②要素列挙のコンマの代わりをする】

> セミコロンの役割①
> 2つの独立した文章を，ピリオドに代わって関連づけてつなぐ。

Mosquitoes show unusual wing kinematics; their long and slender wings flap with lower stroke amplitudes than any other insect group.

*セミコロンの主な役割は，2つの文を関連づけてつなぐことです。関連づける2つの文の間には，文脈として，however, thus といった接続副詞がくることが多くなります。したがって，次のようにセミコロンの後に接続の言葉（P260 参照）を置くことがあります。

These phenomena have been investigated; <u>however</u>, the mechanism underling these phenomena remains unknown.

*なお，この種の接続の言葉（however, thus）の品詞は副詞であり，接続詞ではありません。誤って接続詞として使いそうになるときに，セミコロンを加えると，平易に正しくできて便利です（P114 参照）。

例：×　The intermediate was not easily accessible, thus the final product was observed.

⇒　○　The intermediate was not easily accessible; thus the final product was observed.（セミコロンを使えば平易に修正が可能）

> セミコロンの役割②
> 単語や句を羅列する際，羅列する要素の中にコンマが含まれる場合に，列挙するコンマの代わりに使う。

We thank Taro Yamada, XX University, for spectral data; George Smith, Harvard University, for comments on the manuscript; and the National Science Foundation for financial support (Grant XYZ 12345).

The compounds used in the experiment are methyl ethyl ketone; sodium benzoate; and acetic, benzoic, and cinnamic acids.

*列挙要素内にコンマが入ると，コンマで要素間を区切ると，視覚的に各要素がわかりにくくなります。

セミコロンを使って区切ることができます。

ダッシュ

【ダッシュの種類―エンダッシュ（en dash）とエムダッシュ（em dash）】

ダッシュは 2 種類ある。

●en（エン）ダッシュ（–）

*挿入方法：OS が Windows の場合，Ctl + " テンキーの -"，または「2013」と入力した後に，Alt + x を押すとエンダッシュが入力できます。

●em（エム）ダッシュ（—）

*挿入方法：OS が Windows の場合，Ctl + Alt + " テンキーの -"，または「2014」と入力した後に，Alt + x を押すとエムダッシュが入力できます。

*アルファベットの n（エヌ）は m（エム）の半分の長さ，ということに基づき，短いほうが en ダッシュ（エンダッシュ），長いほうが em ダッシュ（エムダッシュ）となります。

【エンダッシュ（–）の用途―値の範囲に使う】

数の範囲を表す際に，to の代わりにエンダッシュ（–）を使うことができる。エンダッシュと数値の間はスペースを入れない。

*なお，数値にマイナス符号がつく場合などにはエンダッシュの使用を控える。また，from や between を使って範囲を表す場合，エンダッシュは使えない。

Figures 1–3

10–50 kg

sections 1a–1c

× -100—20 ℃   ⇒ ○ -100 to -20 ℃

× from 100–200 mL ⇒ ○ from 100 to 200 mL

× between 3–5 days ⇒ ○ between 3 to 5 days

*from や between を使う場合，エンダッシュは使えません。

【エンダッシュ（–）の用途―単語どうしをつなぐ】

エンダッシュ（–）は，and または to または versus として使う。同じ重みをもった単語を 1 語につなぐ。

acid–base titration, bromine–olefin complex, carbon–oxygen bond
dose–response relationship

例外：色の組み合わせには，ハイフンを使う（例：blue-green solution, redblack precipitate など）。

> 人名をつなぐ表現に，エンダッシュを使う。

Bose–Einstein statistics

【エムダッシュ（—）の用途―補足説明を加える】

> 文への補足説明の挿入に使う。なお，他の句読点を使うよりも視覚的にわか
> りやすい場合にのみ使う。そうでなければ，ダッシュではなく他の句読点を
> 使う。

○　Three parameters—temperature, time, and concentration—were used in the experiment.

＊エムダッシュの使用例です。この場合，他の句読点，つまりコンマによる挿入を使うと，Three parameters, temperature, time and concentration, were used in the experiment. となり視覚的にわかりにくくなります。このような場合にダッシュの使用が許容されます。

×　Two parameters—temperature and time—were used in the experiment.

＊この場合，ダッシュを使用する利点（視覚的に理解しやすい）が特にないため，他の句読点であるコンマを使います。

例：Two parameters, temperature and time, were used in the experiment.

例：Two parameters, which are temperature and time, were used in the experiment.

（3）句読点２：ハイフン・丸括弧・角括弧・省略符

ハイフン
【ハイフンの役割は「1語にする」こと】

複数の関連ある単語どうしや語の部分をつなぎ，1語に近づけて見せる役割を
果たす。
決まりを知った上で，辞書またはスタイルガイド，ネット検索も含めて，そ
の都度確認するとよい。

【接頭辞と接尾辞に使うハイフン】

接頭辞には通常ハイフンを付さないが，接頭辞と単語の頭の文字が同じにな
る場合やハイフンがないと伝わりにくくなる場合には，ハイフンを使う。ま
たハイフンの有無に応じて意味が変わる場合にも注意する。

microcomputer（×　micro-computer）
multicolor（×　multi-color）接頭辞には通常ハイフンを付さない
anti-inflammatory　　　 antiinflammatory では i が重なり読みづらい
retreat と re-treat　　　 意味が変わる場合に注意。retreat ＝退却する，re-
　　　　　　　　　　　 treat ＝再処理する

倍数接頭辞（下に例示）には，ハイフン不要。
例：hemi, mono, di, tri, tetra, penta, hexa, hepta, octa, ennea, nona,
deca, deka など, semi, uni, bi, ter, quadri, quarter などにはハイフン不要。

hemihydrate
divalent
bidirectional　　　　 ハイフン不要

接尾辞も多くの場合ハイフンを付さないが，like（～のような）をはじめとし
た特定の接尾辞にはハイフンを使う。

stepwise　　　　　　 ハイフン不要
multifold　　　　　　 ハイフン不要

gel-like	ハイフン必要
transition-metal-like	ハイフン必要
20-fold	… fold（〜倍）の「〜」が数字（2桁以上）であれば ハイフン必要。1桁はハイフン不要（例：twofold）

2語以上の関連する単語を1語として表したい場合に，ハイフンを使う場合がある。ハイフンが必要か否かは辞書・ネット検索でその都度調べる。

---

half-life
back-reaction

2語または3語が名詞を修飾する場合，1語のように見せるためにハイフンを使う。なお，名詞を修飾する単語のうち，1語目が副詞であれば，例外を除いてハイフンは不要。

---

temperature-time relationship	
high-speed imaging	
first-order reaction	
signal-to-noise ratio	
root-mean-square analysis	いずれもハイフンの使用で，名詞への係りがわかりやすくなる
highly accurate results	ハイフン不要
recently developed system	ハイフン不要

*副詞の役割は「名詞以外を修飾すること」です。副詞 highly, recently がそれぞれ accurate, developed を修飾している，という副詞の通常の使用方法のため，ハイフンは不要です。

well-known technique
little-known method
* well, little は副詞の例外となります。ハイフンを入れると読みやすくなります。

lower-frequency measurements
least-squares analysis
*比較表現（比較級・最上級）の係りがわかりにくい場合も，ハイフンで明示することができます。

high-, medium-, and low-frequency measurements
*表現が重なる場合には，ハイフンのみ残して重なる単語は省略します。

three-dimensional imaging
five-step process
*スペルアウトした数字を含む修飾にもハイフンを使います。

丸括弧

【丸括弧は補足情報の追加に使う】

丸括弧は，補足情報を挿入するために使う。丸括弧内の情報は，文に必須の情報ではない。

The second step (drying) was performed in the furnace.

The solution (100 mL) was stirred by a stirrer with a rotation speed of 200 rpm.

The results (the spectra are shown in Figure 2) explain this phenomenon.

The results explain this phenomenon. (The spectra are shown in Figure 2.)

＊文中の挿入は，小文字で開始。括弧内の文を別文とする場合には，大文字で開始し，ピリオドは括弧内に置きます。

＊先に説明したコンマ（P173 参照）を使っても，同様に，付加情報を表すことができます。英語は付加情報を表す方法が複数あるのに対して，日本語には主に丸括弧しかない，という点に留意して表現を選ぶと，より適切になります（P186 ブレイク＆スキルアップ参照）。

【製造業者の情報を丸括弧で加える】

装置や薬剤の製造業者を，丸括弧内に加えることができる。

a mass spectrometer (ABC Corporation)

cobalt chloride (XX Chem Industries)

＊日本語では（XX 製造）とする傾向があるため，(manufactured by ABC Corporation) などと書いてしまいがちです。しかし，単に社名のみを丸括弧内に入れることができます。

【数字に丸括弧を使う】

箇条書きの数字に丸括弧を使う。丸括弧は常に両方に使う。片括弧にしない。

This reaction can have three applications: (1) isomerization of aryl radicals, (2) enol–keto transformation, and (3) sigmatropic hydrogen shift.

＊ 1), 2), and 3) ではなく，(1), (2), and (3) と列挙します。

角括弧

【角括弧の使用は主に 3 つ：①引用符内の追加説明，②化学分野の「濃度」，③数式の括弧】

①引用符内で，直接の引用部分ではない補足説明に使う。

"The important thing is to clarify it [the mechanism] by further investigation."

"The important thing is *to clarify the mechanism* [italics added] by further investigation."

*上の例では，代名詞が the mechanism であるという情報を，角括弧で追加しています。下の例では，clarify the mechanism がイタリック強調されていることを，角括弧で補足説明しています。

②化学分野で，化学式に角括弧を付すことで，濃度を表す。

$[H_2O]$
$[Ca^+]$

③数式で使う。角括弧の階層は {[()]} として決まっているので適切な位置に使う。

$[(2 + 3) \times 4]^2 = 400$
*丸括弧の外に角括弧を使います。

省略符 （Ellipsis Points）

【3 点による省略 （...） の使い方】

「3 つのピリオド」（省略符）を使って，言葉を省略することができる。3 つのピリオドは，他の必要な句読点やスペースに<u>加えて</u>使う。

Sixteen chemical elements are known to be important .... The 16 chemical elements are divided into two main groups: non-mineral and mineral.

n = 1, 3, 5, ...

x = 2, 4, 6, ..., 10　　　　　　　　　パターンが予測可能な数値の省略。

The system has failures that ...　　文中の省略。

182

*他の句読点に加えて使うため，はじめの例のように文末までを省略する場合には，文末のピリオド
と合わせてピリオドが4つ並びます。

（4）略語・スペース・フォント

略語

「略語」にまつわる決まりごとを紹介します。略語のスペルアウトの方法の基礎
事項から，略語を数えるのかといったことまで，略語の扱い方をとりあげます。

【略語の基本，初回にスペルアウト，2回目から略語】

> 略語は，はじめに使う箇所でスペルアウトする。2回目からは，略語を使う。
> スペルアウトを先に，略語を丸括弧内に書く。

an integrated circuit (IC)

a complementary metal oxide semiconductor (CMOS)

> 例外：化学元素の記号は略語として扱わず，定義する必要はない。

Li   *lithium (Li) とする必要はありません。

Al   *aluminum (Al) とする必要はありません。

【略語の「数」と「冠詞」】

> 略語は通常の名詞と同じように数える。可算名詞の略語の場合には a/an また
> 複数形 s を使用する。

a PC または PCs   *PC は personal computer を表します。可算です。

a PCB または PCBs   *PCB は printed circuit board を表します。可算です。

MRI   *MRI は magnetic resonance imaging を表します。不可算です。

> 略語に不定冠詞 a/an が必要なとき，発音に応じて選択する。

an NMR spectrometer   *「エヌ」と発音するので an となります。

a nuclear magnetic resonance spectrometer   *「ニュークリアー」と発音するの

183

でaとなります。

a Si substrate, a Au electrode　＊「シリコン」「ゴールド」と発音するのでaとなります。
エスアイやエイユーという発音ではないためです。

論文アブストラクトで略語を定義した場合（スペルアウトと略語を併記をした場合）でも，本文（イントロダクション以降）では，再度，初出の箇所で定義する（スペルアウトと略語を併記する）。

【略語のピリオドは文末のピリオドを兼ねる】

ピリオドを伴う略語で文を終えるとき，文末のピリオドは略語のピリオドを兼ねる。

The diagonal dimension of the display is 9 in.

＊The diagonal dimension of the display is 9 in.. のようにピリオドを2つ重ねるのは不適切です。

スペース
【演算子の前後にスペースを入れる】

基本ルール：+（プラス）や –（マイナス）他の演算子の前後には，基本的にスペースが必要。

a + b = c
a – b = c

例外：演算子ではなく，「–X」のように数値のマイナス・プラスの場合にはスペースを使わない。また，「/」（スラッシュ）はスペース不要。割合を表す場合の「:」（コロン），また「·」（中点）にもスペース不要。また，丸括弧の前または後ろに数値を置く場合の，数値と丸括弧の間。

–a + –B = C
a/b = c/d
a:b
a·b
5(xy)

(5x)y
*スペースを使わない例。

フォント
【英文フォントには Times New Roman または Arial】
パソコンを使って英文を作成する際，まずフォントの種類と大きさを迷うことがあります。投稿予定のジャーナルがある場合，フォントおよびフォントサイズについて，ジャーナルのスタイルに従います。

特に決まりがない場合，次のフォント（Times New Roman および Arial）のいずれかを標準として使用しましょう。理由は，多くのパソコンにて使用されているため，互換性の問題が生じにくいためです。フォントサイズについては，目的に応じて，10 ポイントや 12 ポイントなど，適宜選択をしましょう。

> Times New Roman（タイムズ・ニュー・ローマン）：イギリスのタイムズ紙が新聞用書体として開発した文字です。多くのパソコンにインストールされています。

10 ポイントの Times New Roman: Research Article
12 ポイントの Times New Roman: Research Article

> Arial（エイリアル，アリアルなど）：欧文用の書体です。マイクロソフトのWindows やアップルの Mac OS などに同梱されています。

10 ポイントの Arial: Research Article
12 ポイントの Arial: Research Article

なお，日本版 MS ワードの初期設定のフォントは，2010 年版で Century（Century でのタイプ例：Writing Research Article），2016 年版で Calibri（Calibri でのタイプ例：Writing Research Article）になります。MS ワードで作業をする場合，執筆中に使用フォントが意図しているフォントと異なるフォントになったり，途中で異なるフォントが混じったりすることがないよう注意が必要です。使用すると決めたフォントをソフトの初期設置として変更しておくのがおすすめです。

ブレイク & スキルアップ

表記にまつわるありがちな誤りと迷いをなくす

　日本語と英語の間で，表記が対応しない例は多くあります。日本語のままの表記を使わず，英語として正しい表現を使うように，注意をしましょう。
　疑問が生じるたびに英語表記の基本（P169参照）に立ち返りましょう。また，各種スタイルガイド（P34参照）やネット検索などで，表記の決まりを調べるようにしましょう。

●**日本語の「見出し」にありがちな角括弧や丸括弧は英語では使わない。**
日本語の見出し
　［ハードウェア構造］
日本語からの英訳でありがちな表現
　×　[Hardware Configuration]

日本語の見出し
　（ハードウェア構造）
日本語からの英訳でありがちな表現
　×　(Hardware Configuration)

＊英語の角括弧や丸括弧は使い方が決まっています（P181参照）。見出しに使用することはできません。

適切な英語の表現
　○　Hardware Configuration
＊見出しは，括弧をつけずに表します。

●**日本語に使われる単位につける角括弧は，英語では丸括弧に相当する。**

日本語からの英訳でありがちな表現

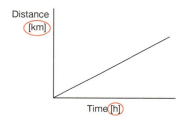

適切な英語の表現

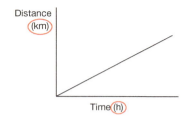

　日本語では，単位に角括弧を使うことが多くあります。例えば日本語のウィキペディアの「括弧」の項目内の「角括弧」の説明には，次の記載があります。

「自然科学において，表やグラフに単位を記載する場合に，単位であることを明示するためにつける。」（出典：Wikipedia 「括弧」）

　しかし同時に，日本語のウィキペディアの「角括弧」の説明文には，次の記載もあります。「日本語の文法においては補助記号に当たらず，決まった用途はない。」つまり，日本語の角括弧は，英語の角括弧（[ ]）のように，使用法が確立しているものではないと考えられます。
　一方，英語のスタイルガイドや Wikipedia の英語ページにも，「単位に角括弧を使おう」という記載は見当たりません。P182 に記載したとおり，角括弧の階層が {[()]} と決まっていることを考え，括弧の階層で一番はじめに使う丸括弧（役割は P181 参照）を使うようにしましょう。

● 「～」は範囲を表すためには使えない。エンダッシュ（–）または to を使う。
日本語からの英訳でありがちな表現
　　×　　The sample was heated at temperatures of 120～150 °C.
*全角～は使えません。
　　×　　The sample was heated at temperatures of 120~150 °C.
*半角 ~ も使えません。（半角の ~ はチルダ（tilde）と呼ばれる，別の記号となります。数学において **「ほぼ等しい（similar to）」を表す記号**として用いられます。）

適切な英語の表現
　　○　　The sample was heated at temperatures of 120–150 °C.

*エンダッシュ（P177 参照）を使うことが可能です。数値とエンダッシュの間のスペースは無しとなります。

  ○ The sample was heated at temperatures of 120 to 150 °C.

* to を使うことも可能です。

第4章

Clear & Concise のための表現の工夫

　本章では，各文を「簡潔」で「明確」に書くための具体的な英語表現の工夫を伝えます。英語独特の発想を学び，それを活かした明快な英文の組み立て技法を習得します。特に，無生物主語を活用した文，SVO（誰かが何かをする）を使った文，また能動態を使った文の組み立てについて，英訳練習と英文の例示を通じて学びます。

　「無生物主語の活用」「SVO 主義」「能動態主義」といった各技法は，それぞれ 1 つだけ使うことも，組み合わせて使うことも可能です。各項目には重複がありますが，習得項目のみに焦点を当てて解説します。つまり，例えば「無生物主語」の説明の際に使用する文が同時に「SVO 主義」も満たしているといったことがあります。

1. 無生物主語―日本語にはない英語の発想

(1) 単純に「モノ」を主語にする　(2) 動名詞で「動作」を主語にする

(3) 抽象的「概念」や「手法」を主語にする

2. 能動態主義―主語の工夫で能動態を使う

(1) 無生物主語による能動態（SVO・SVC）

(2) 自動詞の活用による能動態（SV）

(3) We（著者ら）を主語にする　(4) 具体的な「人」を主語にする

3. SVO のすすめ―「何か／誰かが何かをする」を作る便利な動詞

(1) 力強く明快な重要動詞　(2) 平易で万能な重要動詞

(3) 平易で便利な具体的動詞

(4)「～によると，～がわかった」を組み立てる重要動詞

4. 肯定主義・単文主義

(1) 否定の内容を肯定表現する技法

(2) if や when を使わないで単文で表す技法

第4章のねらい

● 英語の発想を学び，それを活かした明快な英文の組み立て技法を習得する

● 無生物主語・SVO・能動態を学ぶ

1. 無生物主語—日本語にはない英語の発想

（1）単純に「モノ」を主語にする

「モノ」を主語にして書きます。「モノが～をする」や「モノが～を有する」というモノが行う能動的な動作を表す表現は，英語独特の発想です。

英訳練習と英文の例示を通じて学びます。日本語を読む⇒英訳する⇒検討例（サンプル英訳）を検討する⇒リライト案を読む，という順で読み進めてください。検討例では，Correct は満たしている（つまり文法的に正しい）けれど，Clear & Concise へのリライトが必要な英文サンプルを提示します。

Let's write!

例1：ロボットにより，多くの産業，とりわけ製造業に変化がもたらされた。

検討訳例

Thanks to robots, many industries, most notably manufacturing, have been transformed.

▶▶▶リライト案

Robots have transformed many industries, most notably manufacturing.

解説：日本語は「～により」といった句が文頭に出やすい。Thanks to robots などと句で文を開始せず，主語から文を開始する。無生物 robots を主語にした SVO を使う。

例2：グラフェンは，新しいエレクトロニクス材料候補として，関心を集めてきた。

検討訳例

Graphene has been focused as a potential new electronics material.
Researchers have paid attention to graphene as a potential new electronics material.

▶▶▶リライト案

Graphene has received interest as a potential new electronics material.

解説：Graphene（モノ）を主語にすると受動態になりがち。モノを主語にした上で，能動態が使える動詞を探すとよい。人（Researchers）を主語にすることも可能ではあるが，主題である Graphene を主語にした上で，能動態で書けるとよい。アブストラクトの第 1 文目などに使える表現。

例 3：量子コンピューターによれば，従来のコンピューターよりも効率よく問題の解を導き出すことができる。

量子コンピューター＝ quantum computer

検討訳例

With quantum computers, we can solve problems more efficiently than with any conventional computer.

▶▶▶リライト案

Quantum computers can solve problems more efficiently than any conventional computer.

解説：日本語に逐一対応させると，句が文頭に飛び出すことが多い。モノである Quantum computers を主語に使い，主語から文を開始する。「コンピューター」が「問題を解決する」として，シンプルな能動態を使って表現する。

第4章

（2）動名詞で「動作」を主語にする

　動名詞 … ing（〜すること）で表す「動作」を主語に使い，「〜することが〜を〜する」というように表現します。「動作」を主語にすることは，日本語にはない英語独特の発想です。抜粋した例文について，実際の論文からの表現についても，続けて提示します。

例1：熱帯の気候の歴史を再構築することは困難であった。

熱帯の気候の歴史＝ the history of tropical climates

....

検討訳例

It has been difficult to reconstruct the history of tropical climates.

▶▶▶リライト案

Reconstructing the history of tropical climates **has been difficult**.

解説：「〜することは困難」という日本語に対しては，It is … to 構文を使いたくなる。It is … to 構文を避け，情報が伝わる主語から文を開始する。動名詞 Reconstructing を主語にすることで，平易な SVC で表現する（P205 ブレイク＆スキルアップ参照）。

【参考英文】

Reconstructing the history of tropical hydroclimates **has been difficult**, particularly for the Amazon basin—one of Earth's major centres of deep atmospheric convection.

（熱帯の水文気候の歴史を再構築することは難しく，地球の大気の深い対流の中心的な場所の1つであるアマゾン盆地については，特に困難であった。）

Nature 541, 204-207 (12 January 2017)

タイトル：Hydroclimate changes across the Amazon lowlands over the past 45,000 years

（アマゾン低地における過去4万5000年にわたる水文気候の変化）

192

解説：動名詞 Reconstructing を主語にした SVC を使っている。動名詞を主語に使うことにより，短く表すことができる。

例２：ヒトの大脳皮質を理解するためには，皮質領域のマップを得ることが重要である。正確なマップの開発は，神経科学における目標であった。

　ヒトの大脳皮質＝ human cerebral cortex，皮質領域＝ cortical area，神経科学＝ neuroscience

---

検討訳例

To understand the human cerebral cortex, it is important to obtain a map of its major cortical areas. It was an objective in neuroscience to create an accurate areal map.

▶▶▶リライト案

Understanding the human cerebral cortex **requires a map** of its major cortical areas. **Creating** an accurate areal map **has been an objective** in neuroscience.

解説：「～することは～である」という日本語に対しては，It is … to 構文を使いたくなる。動名詞を主語にして，平易な SVO で表現する（P205 ブレイク＆スキルアップ参照）。また，第 2 文も動名詞で開始し，現在完了時制による平易な SVC で表現する。

【参考英文】

Understanding the amazingly complex human cerebral cortex **requires a map** (or parcellation) of its major subdivisions, known as cortical areas. **Making** an accurate areal map **has been a century-old objective** in neuroscience.

（驚くほど複雑なヒトの大脳皮質を理解するためには，主な細別部分である皮質領域のマップ（局所的構造）を得ることが必要である。正確な皮質領域マップの開発は，神経科学において長年の目標であった。）

Nature 536, 171-178 (11 August 2016)
タイトル：A multi-modal parcellation of human cerebral cortex
（ヒト大脳皮質の多モードの区画分け）

解説：第1文では，「～を理解すること」を表す動名詞 Understanding を主語に使い，「主語」「動詞」「目的語」の順に並べる。Understanding … requires a map.（～を理解することはマップを必要とする）と平易に並べて文を組み立てている。動詞には，正式で明快な require（～を必要とする）を使用（P208参照）。第2文でも「～を作ること」を表す動名詞 Making を主語に使い，「主語」「動詞」「補語」（～は～である）の形で並べている。

（3）抽象的「概念」や「手法」を主語にする

「概念や手法が～する」という SVO で表現することができます。「概念」や「手法」に使える動詞はさまざまですが，主語と目的語を選ばずに使える万能動詞 require, allow などが便利です。他にもさまざまな動詞が使えます。例1～例3について，英訳とリライトの練習をします。

例1：三次元印刷方法によると，材料の高速設計および製造が可能になる。

三次元印刷方法＝ three-dimensional (3D) printing method

検討訳例

With three-dimensional (3D) printing methods, the rapid design and fabrication of materials become possible.

▶▶▶リライト案

Three-dimensional (3D) printing methods allow the rapid design and fabrication of materials.

解説：「～方法によると」は，With …, という前置詞句になりがち。主語が無生物の場合，つまり主語が we ではない場合にこの前置詞句を使ったパターンで書くと，動詞が文の終わりに位置する。無生物主語から開始し，便利な動詞 allow を使うことにより，英文構造を改善できる。動詞 allow の後ろにはどのような動作でも置くことができて便利。

例2：核イメージングによると，体内の微量の放射性トレーサーを検出できる。

核イメージング＝ nuclear imaging, 放射性トレーサー＝ radioactive tracer

検討訳例

By nuclear imaging, small quantities of radioactive tracers can be detected.

▶▶▶リライト案

Nuclear imaging can detect small quantities of radioactive tracers. または
Nuclear imaging enables small quantities of radioactive tracers to be detected.
または
Nuclear imaging provides the benefit of detecting small quantities of radio-active tracers.

解説：「～方法によると」は，By …，という前置詞句を作ってしまいがち。句の内容を主語に使い，その先の動詞を考えるとよい。「核イメージング」という手法を主語にし，今回は具体的な動詞 detect を使うことも可能。「imaging が detect する」という直接的な表現が読みづらいと感じる場合には，便利な動詞 enable（または allow も可）を検討する（P210, 215 参照）。またさらには，例えば provides the benefit of … ing（～という利点を提供する）というように，detect と small quantities の中間に表現を加えることも可能。

【参考英文】

Nuclear imaging using γ-ray cameras offers the benefits of using small quantities of radioactive tracers that seek specific targets of interest within the body.

（ガンマカメラを使ったは核イメージングによると，体内の対象とする具体的な標的の目印として用いられる微量の放射性トレーサーを検出できる。）

Nature 537, 652-655 (29 September 2016)

タイトル：A method for imaging and spectroscopy using γ-rays and magnetic resonance
（分子画像化法：γ線と磁気共鳴を使って画像化と分光を行う方法）

解説：無生物主語 imaging を主語にする。動詞には offer（提供する）という平易な動詞を使い，offers the benefit of … ing「～という利点を提供する」と書いている。offer の代わりに provide も可能（P220 参照）。

ブレイク & スキルアップ

指針をもとう―テクニカルライティングの原則に従い, スタイルガイドのルールに従う

　筆者が英語を書く指針としているのは,「スタイルガイド」と「テクニカルライティングの書籍」です。

　スタイルガイドとは,「出版物などにおいて統一した言葉使いを規定する手引き」のことです。例えば一般向けの The Chicago Manual of Style や科学技術系の The ACS Style Guide などがあります。「テクニカルライティングの書籍」は, 伝わる文章を書くための英語の工夫がつまった参考書のことです。例えば The Elements of Technical Writing (Gary Blake, Robert W. Bly 著) や The Elements of Style (William Strunk Jr., E. B. White 著) などがあります。

テクニカルライティングの原則を指針にする

　まずは, テクニカルライティングの書籍 "The Elements of Technical Writing" (Gary Blake & Robert W. Bly) より, 著者が出合った指針を示します。

Principles of Technical Communication (テクニカルコミュニケーションの原則)

- Use the active voice.
  （能動態を使おう）
- Use plain rather than elegant or complex language.
  （上品な言葉や複雑な言葉よりも, 平易な言葉を使おう）
- Delete words, sentences, and phrases that do not add to your meaning.
  （意味をもたない単語や文章, 句を削除しよう）
- Use specific and concrete terms rather than vague generalities.
  （曖昧な概念よりも明確で具体的な言葉を使おう）
- Use terms your reader can picture.
  （読み手が「頭に描ける」言葉を使おう）
- Use the past tense to describe your experimental work and results.
  （実験とその結果の説明には過去形を使おう）
- In most other writing, use the present tense.
  （それ以外には, ほとんどの場合, 現在形を使おう）

- Make the technical depth of your writing compatible with the background of your reader.

  （読み手の背景知識に合わせた技術説明をしよう）
- Break up your writing into short sections.

  （短い部分に区切ろう）
- Keep ideas and sentence structure parallel.

  （内容も文構造も「並列主義」を大切にしよう）

　このようなテクニカルライティングの指針を知ったとき，英語を書く上でのまっすぐな一本道が見えました。目の前には，霧が晴れたような，これまでとは異なる世界が広がっていました。それ以来，この指針に従い，どのような難解な内容も，平易な英語で表す工夫ができるようになりました。

スタイルガイドで細かいルールを学ぼう

　上のテクニカルライティングの「指針」に従いながら，さらに細かい点は，スタイルガイドを読み込み，参照してきました。特に，The ACS Style Guide は，記載が詳細で，どのような分野のライティングにも役に立つ内容が多く含まれています。アメリカ化学会が出版しているスタイルガイドです。

　筆者が参考にしたいと思った記載の一例を，以下にあげます。"Write economically"「節約して書こう」という項目です。

（出典：Chapter 4: Writing Style and Word Usage, Words and Phrases to Avoid）

節約して書こう（Write economically）

やめる表現 ▶▶▶	使ってもよい表現
a number of	many, several
a small number of	a few
at the present time	now
during that time	while

　簡単に表現するための工夫が教示されています。「a number of（数多くの，いくつかの）は many（数多く）や several（いくつか）でよい」や「at the present time（現在は）は now（今）でよい」などです。非ネイティブのみならず，ネイティブにも向けて書かれたスタイルガイドがこのようにすすめているのですから，私たち日本人がそれに従わない手はありません。スタイルガイドは，簡潔に表現しようとする非ネイティブに役立つ指針となります。

引き続き，見ていきましょう。

for the reason that	because
in view of the fact that	because
in spite of the fact that	although

　各種の長いフレーズも，接続詞1語で表現できるというものです。左の表現を非ネイティブが使うためには，フレーズの暗記と，高い英語力が必要になってきます。一方，右の接続詞1語（because や although）であれば，使いこなせる可能性が高まります。

in order to	to
by means of	by

　「〜するために」を表す in order to を，使わなくてはいけないと思っている人は多いでしょう。ACS スタイルガイドでは，in order は不要と説いています。to だけを使って，明快に「目的」を表していくことができます。

　なお，to 不定詞に詳しい人であれば，in order を除いてしまったら，「目的」を表すのか「結果」を表すのかがわからない，と考えるかもしれません。しかし，「目的」か「結果」かわからなくなってしまうという不明瞭な英文の構造自体が問題と筆者は考えます。in order を消すこと自体が問題ではありません。

round in shape	round
small in size	small

　"round"＝丸い，に in shape（形が）は不要です。例えば，The earth is round in shape.（地球は形が丸い）⇒ The earth is round.（地球は丸い）で十分な表現となります。

in the case of …	in …, for …

　この記載は非常に重要です。「〜の場合に」といった日本語に対して，for や in といった前置詞だけを使うことにより，複文の構造を解消できます（P237参照）。

it appears that	apparently
it is clear that	clearly
it is likely that	likely
it is possible that	possibly

　ここでは，it is … that 構文の簡単な解決法を提案しています。It is … that の … の位置にある表現，つまり上の例では appear, be clear, be likely, be possible を，「副詞」の形に変えることで，長い語句を避けて，1語で表すという手法です。

このように，スタイルガイドのルールを参考にすれば，複雑になりがちな英語表現を変えることができます。

　テクニカルライティングの原則を指針にし，スタイルガイドで詳細な決まりを知る，このことが，正確，明確，簡潔な英文を書くための近道となります。

2. 能動態主義—主語の工夫で能動態を使う

　英語は主に能動態を使います。能動態で書くことで，語数が減り，読み手に与えるインパクトが強くなります。また読みやすくなります（P42 参照）。受動態を使うべき特定の理由がある場合（P45 参照）を除いて，能動態を使って表現しましょう。

　能動態といえば「人」を主語にした文が頭に浮かぶかもしれませんが，主語は「人」ばかりではありません。「モノ」や「動作」を主語にした能動態を増やすことが大切です。主語がモノの場合と主語が人の場合の両方を習得します。

主語がモノ：（1）無生物主語による能動態（SVO・SVC），（2）自動詞の活用による能動態（SV）
主語が人：（3）We（著者ら）を主語にする，（4）具体的な「人」を主語にする

（1）無生物主語による能動態（SVO・SVC）

　能動態を作るために「無生物」の主語を活用することができます。先の「無生物主語」の項目とも重複しますが，「無生物」を主語にした「能動態」の技法を確認しておきましょう。

例1：食餌中のセリンとグリシンを制限することで腫瘍増殖を抑制できる。

　　　　　　食餌中の＝ dietary，　セリン＝ serine，　グリシン＝ glycine，　腫瘍増殖＝ tumor growth

検討訳例

Tumor growth can **be reduced by restricting** dietary serine and glycine.

▶▶▶リライト案

Restricting dietary serine and glycine can reduce tumor growth.

解説：受動態で組み立てた場合，「動作主を表す by」が存在すれば，それを主語にすることで単純に態の変換ができる。能動態で表現すれば，語数が減り，また自然に表現できる。

【参考英文】

Restriction of dietary serine and glycine can reduce tumour growth in xenograft and allograft models.

（異種移植片モデルと同種移植片モデルでは，食餌中のセリンとグリシンを制限することで腫瘍増殖を抑制できる。）

Nature 544, 372-376 (20 April 2017)

タイトル：Modulating the therapeutic response of tumours to dietary serine and glycine starvation

（食餌中のセリンとグリシンを枯渇させて腫瘍の治療応答を調節する）

解説：「食餌中のセリンとグリシンを制限すること」を無生物主語（Restriction of dietary serine and glycine）として使用している。動詞には「抑制する」を表す平易な動詞 reduce（＝減らす）を使用。

例２：輝度の時空間的な変化を処理するアルゴリズムが研究されてきた。

時空間的な変化＝ spatio-temporal change，　輝度＝ luminance

検討訳例

Researchers have focused their attention to the algorithms that process spatio-temporal changes in luminance.

▶▶▶リライト案

The algorithms that process spatio-temporal changes in luminance **have been the focus of research**.

解説：人（Researchers）を主語にすることも可能ではあるが，話題の中心である
「モノ」，今回は「アルゴリズム」を主語として使うことも可能。「研究されてきた」
という日本語は英語に表現しづらい。have been the focus of research は便利
な表現。主語が多少長くても，述部もある程度長いため主部と述部のバランスが保
てる。

（2）自動詞の活用による能動態（SV）

能動態を作るとき，「モノが何かをする」という SVO や「モノが〜である」と
いう SVC に加えて，主語と動詞のみ，つまり「モノが〜する」という SV を使う
ことが可能です。SV の文で使う動詞は「自動詞」です（自動詞・他動詞について
は P85 参照）。

例1：皮膚色のパターンは，細胞間相互作用の力学系に起因して生じる。

細胞間相互作用＝ cell interaction，　力学系＝ dynamical system

検討訳例

Skin color patterns **are caused by** dynamical systems of cell interactions.

▶▶▶リライト案

Skin color patterns emerge from dynamical systems of cell interactions.
または
Skin color patterns result from dynamical systems of cell interactions.

解説：「〜により引き起こされる」は受動態になりやすい。自動詞 emerge from
を使うことで，「〜に起因して生じる」を平易な能動態で表す。emerge from と
よく似た表現に result from（〜から生じる）があり，そちらも広く使用が可能。
なお，検討訳例から態をそのまま変換して，Dynamical systems of cell inter-
actions cause skin color patterns. と SVO で表現することも可能。

【参考英文】

In vertebrates, **skin colour patterns emerge from** nonlinear dynamical micro-scopic systems of cell interactions.
（脊椎動物では，皮膚色パターンは，細胞間相互作用の微視的な非線形力学系に起因して生じる。）

Nature 544, 173-179 (13 April 2017)
タイトル：A living mesoscopic cellular automaton made of skin scales
（皮膚の鱗で構成される，生きたメゾスコピック・セルオートマトン）

解説：自動詞の用法しかない動詞 emerge を使用。emerge from …（〜から生じる）を使い，SV にて能動態で表現。

例2：エタン濃度は，今世紀初頭から 1980 年代にかけて上昇した。

エタン濃度＝ ethane level

検討訳例

Ethane levels **were increased** from early in the century until the 1980s.

▶▶▶リライト案

Ethane levels increased from early in the century until the 1980s. または
Ethane levels rose from early in the century until the 1980s.

解説：自他両用の動詞 increase の場合には，他動詞ではなく自動詞で使うことで能動態で表現できる。また，自動詞 rise（過去形 rose）を使うことも可能。

（3）We（著者ら）を主語にする

　一人称の主語を論文で使うかどうかという議論には，終わりがありません。モノを主語にすることが適切である一方で，主語をすべてモノにした場合に，受動態が増えてしまいます。その結果，誰が何をしたかが不明確になる場合は，人の主語も検討することが可能になります（P52 ブレイク＆スキルアップ参照）。なお，We を主語にすると，論文の「著者」の意味と理解されます。一般の人を we で表すことは，論文では不可となります。

例1：本論文の手法についての2種類の用途を紹介する。

検討訳例

Two uses for our approach **are presented**.

▶▶▶**リライト案**

We demonstrate two uses for our approach. または
We show two uses for our approach. または
We present two uses for our approach.

解説：一人称 we を使って短く表すことが可能。動詞には we demonstrate, we show, we present が可能。一人称の主語の使用は，アブストラクトを中心に昨今は許容度が増している。

【参考英文】

Here **we demonstrate** two uses for our approach: as an alternative to protein microarrays for the identification of drug targets, and as an expression cloning system for the discovery of gene products that alter cellular physiology.
（ここでは，この方法の2種類の用途を紹介する。1つは，タンパク質マイクロアレイの代わりに利用した薬剤の標的の同定であり，もう1つは細胞の生理的性質を変化させる遺伝子産物を見つけるための発現クローニング系である。）

Nature 411, 107-110 (3 May 2001)
タイトル：Microarrays of cells expressing defined cDNAs
（決まった cDNA を発現する細胞のマイクロアレイ）

解説：Here we demonstrate … は自然科学誌 Nature では，著者の研究内容を導入する定例表現。このように一人称の主語の使用は，アブストラクトを中心に許容度が増している。

例2：将来の研究においてこれらの領域を自動的に確認できるようにするため，機械学習型の識別装置を訓練し，各皮質領域の「指紋」を認識できるようにした。

検討訳例

To enable identification of these areas in future studies, a machine-learning classifier **was trained** to recognize the fingerprint of each cortical area.

▶▶▶リライト案

To enable identification of these areas in future studies, **we trained** a machine-learning classifier to recognize the fingerprint of each cortical area.

解説：受動態の使用も可能ではあるが，一人称 we を主語に使った能動態で表すことで短くなる。また「誰が行ったか」を明示できる利点がある。「先行研究」の内容なのか「本研究」の内容かが伝わりにくいような場合，一人称主語を使い，「本研究」の内容であることを明示する。受動態を使うと文の組み立てが読みづらくなる場合に，一人称の使用の許容度が増している（P52 ブレイク＆スキルアップ参照）。

（4）具体的な「人」を主語にする

　We を主語にする一人称主語に加えて，具体的な「人」を主語にすることが可能です。

例：石炭の代わりとなる天然ガスによって CO_2 排出量を削減できると考えられている。

検討訳例

It is believed that natural gas substituting for coal can reduce CO_2 emissions.

▶▶▶リライト案

Some researchers have observed that natural gas substituting for coal can reduce CO_2 emissions.

解説：適切な「人」の主語を置くことで受動態を避ける。「考えられている」の主体が「一般の人」の場合，We を使って表すことができない。論文で We を使うと「著者」の意見と理解される可能性が高い。したがって，具体的な「人」である「研究者」を主語に使う。また，動詞は「個人的意見である」ことが強調される believe を避け，より客観的な observe を使う，また時制を工夫する。

ブレイク & スキルアップ

It is … to 構文を避けよう

　主語を代名詞（仮主語）で開始する It is … to 構文（〜することは〜である）は，文の構造を複雑にします。また，It is … to まで，文頭から数語を読んでも，伝えるべき情報が1つも出てきません。

　It is … to 構文とは，仮主語 It を使うことにより，頭でっかちな文になってしまうのを避けることを目的とした構文です。その役割を果たすことができる場合には，使用が許容されます。しかし，日本語に便利にぴったりと対応するため，不要な使用が増えてしまう構文でもあります。「動名詞」を主語にすることで，It is … to 構文をリライトすることができます。語数が減るだけでなく，文頭から「情報」がどんどん読み手に届く英文になります。It is … to 構文の使用を減らすようにしましょう。

　ACS スタイルガイドにも，It is … to 構文をやめることを示唆する次の記載があります。

簡潔に（Be brief.）
次のような「空っぽフレーズ」を省きましょう（Omit empty phrases）
　It has been found that　　　　　　（意味「わかってきたことは」）
　It is interesting to note that　　　　（意味「興味深いことに」）

　It is … to の類の構文を，「空っぽフレーズ」と呼んでいます。It is interesting to note that（興味深いことに）という，一見「重要」にも見える表現を「空っぽフレーズ（empty phrases）」と呼んでいるのは，とても「興味深い」ことです。

　It is … to 構文のリライトを練習しましょう。

例1 標的音声を周囲のノイズから高精度に分離することは技術的に難しかった。

ありがちな英訳：**Is has been technically difficult to** separate the target voice accurately from ambient noise.（14 ワード）

＊It is … to の後ろに続く動詞を「動名詞」の形に変えて，主語に使う。つまり separate → separating に変更して主語に使う。

▶▶▶

Separating the target voice accurately from ambient noise **has been technically difficult**.（12 ワード）

＊主語が少し長くなりますが，許容範囲です。
＊また実際には，「難しかった（has been difficult）」という情報が特に重要でなければ，後半をさらにリライトすることが可能です。つまり，「～するためには～が必要である」という具体的な内容を，後半に置くことが可能です。

▶▶▶

後半の情報を差し替える：

Separating the target voice accurately from ambient noise **requires** intelligent microphone technology.（12 ワード）

　標的音声を周囲のノイズから高精度に分離するためには，スマートマイクロフォン技術が必要である。

＊先の「難しかった（has been difficult）」という表現を含む英文とワード数は同じ（12 ワード）で，具体的に「スマートマイクロフォン技術が必要」というところまで，読み手に情報を与えることができます。
＊その先は，さらに自由に，後半に説明を加えて具体化することも可能になります。関係代名詞の非限定用法（, which）を使って，後半の intelligent microphone technology に情報を加えます（P130 参照）。

▶▶▶

Separating the target voice accurately from ambient noise **requires** intelligent microphone technology, **which determines** the directions in which different sounds are coming and obtains the frequencies of the sounds.

　標的音声を周囲のノイズから高精度に分離するためには，種々の音がどこから聞こえるかを判断して音声の周波数を得ることができるスマートマイクロフォン技術が必要である。

＊このような発想により，前から情報をどんどん読み手に与える文を書くことができるようになります。各部分を「簡潔」に表すことで，文全体が多少長くなっても，「部分ごと」に平易に読める文を組み立てることができます。

もう一例，練習しましょう。

例2　1つの製品のライフサイクルコストの約80%が設計段階で決まるといわれている。したがって，製品開発を効率的に行うために，製品段階での要件を明確化することが重要である。

ありがちな英訳：**It is said that** about 80% of the life cycle cost of one product is determined in the product designing stage. **It is therefore necessary to** clarify the requirements in the design stage **in order to** develop products efficiently.（39ワード）

＊2ヶ所の It is to … 構文を削除する。また，in order to もやめる。

▶▶▶

About 80% of the life cycle cost of one product can be determined in the product designing stage. **Efficient product development thus involves clarification** of the requirements in the design stage.（31ワード）

＊It is … that 構文もリライトが可能です。 It is … that の部分を削除し，that 節の中の動詞部分にそのニュアンスを加えます。 具体的には，助動詞を入れました。
＊第2文の It is … to 構文では，無生物主語を使い，動詞 involve を使った SVO 構文を組み立てました（P219参照）。 語数は39ワードから31ワードに減り，「つながり良く」2つの文を表現することができました（文と文の「つながり」については第5章参照）。

　忙しい読み手に対して，前から前から順に，情報を与えることが大切です。It is … to 構文や It is … that 構文では早期に情報が伝わりません。別の書き方ができないかを検討しましょう。

3. SVO のすすめ―「何か／誰かが何かをする」を作る便利な動詞

　「主語が何か動作をする」，つまり「誰かが何かをする」や「何かが何かをする」は，最もインパクトが強く，伝わりやすい英文の組み立てパターンです。
　「主語（人またはモノ）」→「動詞（動作を表す）」→「目的語（動作の対象）」を並べる SVO を使うことで，簡潔で明快な英文を組み立てることができます。
　このパターンの文には，力強い印象を与える「他動詞」が必要です。SVO 構文を作る便利な他動詞を紹介します。英訳とリライトの練習を通じて，英文を組み立てる練習をしましょう。次の動詞を順にとりあげます。

力強く明快な重要動詞：require, enable

平易で便利な万能動詞：use, show, have, allow, permit, cause

平易で便利な具体的動詞：contain, involve, provide, advance, undergo

（1）力強く明快な重要動詞

明快で強い印象を与える require

「～を必要とする」を表す require は，明快で便利な動詞です。「～には～が重要である」「～には～が必要である」といった文脈で，動詞 require を使えば SVO で書くことができます。アブストラクトの 1 文目にもおすすめの動詞です。

例 1：航空が気候に及ぼす影響をモデル化する研究には，エアロゾルの微物理特性に関する詳細な情報が必要である。

航空＝ aviation，エアロゾル＝ aerosol，微物理特性＝ microphysical property

検討訳例

For modelling studies of the effects of aviation on climate, detailed information about the microphysical properties of aerosols is necessary.

▶▶▶リライト案

Modelling studies of the effects of aviation on climate require detailed information about the microphysical properties of aerosols.

解説：「～のために～が必要である」を直訳すると For …, XX is necessary. となってしまいがち。主語→力強く明快な動詞 require →目的語，と並べることで，平易に表現が可能。

【参考英文】

Modelling studies of the present and future effects of aviation on climate require detailed information about the number of aerosol particles emitted per kilogram of fuel burned and the microphysical properties of those aerosols that are relevant for cloud formation.

（航空が気候に及ぼす現在および将来の影響をモデル化する研究には，燃焼燃料 1 kg 当たりの排出エアロゾル粒子の数や，雲形成に関係するエアロゾルの微物理特性に関する詳細な情報が必要である。）

Nature 543, 411-415 (16 March 2017)

タイトル：Biofuel blending reduces particle emissions from aircraft engines at cruise conditions

（巡航状態の航空機エンジンからの粒子排出はバイオ燃料混合によって削減される）

解説：無生物の主語（modelling studies）が「～を必要とする」として，動詞 require を使って組み立てた SVO の文。アブストラクトの第 1 文で，「～が大切である」「～が必要である」といった文脈に使える。

例 2：光シート顕微鏡で高画質を得るには，照射光シートと対物レンズの焦平面とが完全に重ならなければならない。

光シート顕微鏡＝ light-sheet microscopy，照射光シート＝ illuminating light sheet

対物レンズ＝ objective lens，焦平面＝ focal plane

検討訳例

To obtain high image quality in light-sheet microscopy, the illuminating light sheet and the focal plane of the objective lens **are required to be overlapped perfectly**.

▶▶▶リライト案

High image quality in light-sheet microscopy requires a perfect overlap between the illuminating light sheet and the focal plane of the objective lens.

解説：「～するためには，～する必要がある」は To …, XX is required to … となってしまいがち。力強く明快な動詞 require を能動態で使う。

209

【参考英文】

Optimal image quality in light-sheet microscopy requires a perfect overlap between the illuminating light sheet and the focal plane of the detection objective.

（光シート顕微鏡で理想的な画質を得るには，照射光シートと検出用対物レンズの焦平面とが完全に重ならなければならない。）

Nature Biotechnology 34, 1267-1278 (2016)

タイトル：Adaptive light-sheet microscopy for long-term, high-resolution imaging in living organisms

（生きている生物の長時間高分解能画像化のための適応的光シート顕微鏡）

解説：無生物主語＋ require を使い，「～には～が必要である」と表している。

例3：医療用 X 線画像化においては，低線量で動作するデジタル平面検出器の開発が重要である。

医療用 X 線画像化＝ medical X-ray imaging，デジタル平面検出器＝ digital flat detector

検討訳例

For medical X-ray imaging, digital flat detectors operating at low doses need to be developed.

▶▶▶リライト案

Medical X-ray imaging requires digital flat detectors operating at low doses.

解説：「～のためには，～しなければならない」は For …, XX need to be … となってしまいがち。For … で表す句の部分を主語にして，力強く明快な動詞 require を使った SVO で表す。「～には～が必要である」と表すことで，「開発しなければならない」という内容を簡潔に表すことができる。

プラスの意味を表す enable

enable は「～を可能にする」という明快な動詞です。アブストラクトの最終文などで，研究テーマが可能にすることを伝えるために使えます。書き手の「意志」を加えたい場合には，will ＋ enable を使います。助動詞を使わずに enable のみ

を使い，普遍的に表す（P89 参照）ことも可能です。

例１：設計と迅速な製作を一体化した今回の手法によって，複数材料のプログラム可能な組み立てができるようになった。

検討訳例

> **By our integrated design and rapid fabrication approach**, the programmable assembly of multiple materials **has become possible**.

▶▶▶リライト案

> **Our integrated design and rapid fabrication approach enables** the programmable assembly of multiple materials.

解説：前置詞句 By …, XX become possible. は，シンプルな SVO を使った… enables XX. に置き換えが可能。「〜が可能になる」ことを，現在形を使って，普遍的事実として表すことができる。

例２：新しいアルゴリズムにより，頑強で効果的な自律型ロボットの構築が可能になる。

頑強な＝ robust，自律型＝ autonomous

検討訳例

> **With the new algorithm**, more robust and effective autonomous robots **can be designed**.

▶▶▶リライト案

> **The new algorithm will enable the design** of more robust and effective autonomous robots. または
> **The new algorithm will enable** more robust and effective autonomous robots.

解説:「〜により」を表す With …, という前置詞句が文頭に出ないように工夫する。動詞 enable の後ろには,動作(design)を置くことができる。または,モノ(robots)を動詞 enable の目的語に置く。will ＋ enable で「本研究が〜を可能にする」を強く表す。

【参考英文】

This new algorithm will enable more robust, effective, autonomous robots, and may shed light on the principles that animals use to adapt to injury.
(新しいアルゴリズムにより,頑強で効果的な自律型ロボットの構築が可能になる。それにより,動物が怪我をしたときに適応する原理が解明されるかもしれない。)

Nature 521, 503-507 (28 May 2015)
タイトル：Robots that can adapt like animals（動物のように適応できるロボット）

解説:アブストラクトの最終文での動詞 enable の使用例。will ＋ enable で,「本研究が〜を可能にする」を強く表す。ここでは enable の後ろに動作ではなく,モノ単体をおいて文を終えている（The algorithm will enable robots）。モノ単体を置く例は使用頻度が少ないが,文の組み立ての都合によっては可能。

(2) 平易で万能な重要動詞

use, show, have ─平易な動詞を使う

use（〜を使う），show（〜を示す），have（〜を有する）は,いずれも平易で便利な動詞です。主語には「人」も「モノ」も使えます。目的語も自由で,さまざまな文脈で使えます。

●**Use**
例:この工程においては,光硬化性シリカナノコンポジットを用い,このナノコンポジットを溶融シリカガラスに変化させる。

光硬化性シリカナノコンポジット＝ photocurable silica nanocomposite
溶融シリカガラス＝ fused silica glass

検討訳例

In this process, a photocurable silica nanocomposite is used, and this photo-curable silica nanocomposite is converted to fused silica glass.

▶▶▶リライト案

The process uses a photocurable silica nanocomposite that is converted to fused silica glass.

解説：「～においては，」が文頭に飛び出す日本語の場合，「～」を主語として使う。主語を決めたら，続く動詞を考える。便利で万能な動詞 use を使う。動詞 use は主語が「人」でも「モノ」でも使える。

【参考英文】

The process uses a photocurable silica nanocomposite that is 3D printed and converted to high-quality fused silica glass via heat treatment.
（この工程では，光硬化性シリカナノコンポジットを用い，このナノコンポジットを 3D 印刷し，熱処理によって高品質溶融シリカガラスに変化させる。）

Nature 544, 337-339 (20 April 2017)
タイトル：Three-dimensional printing of transparent fused silica glass
（透明溶融シリカガラスの三次元印刷）

解説：無生物の主語である process（工程）が「～を使う」と表している。万能動詞 use を使い，平易に表している。photocurable silica nanocomposite（光硬化性シリカナノコンポジット）には関係代名詞限定用法による修飾 that is 3D printed and converted を使うことで平易に表現している（関係代名詞については P127 参照）。

●Show（Have）

例：本技術は，細粒化した物体の可変処理に利用できる可能性がある。

細粒化した物体＝ fine-grained object，　可変処理＝ variable task

検討訳例

There is a possibility that this technique can be used for variable tasks across fine-grained object categories.

▶▶▶リライト案

This technique shows potential for variable tasks across fine-grained object categories. または

This technique **has** potential for variable tasks across fine-grained object categories.

解説：There is a possibility that … といった複雑な文は，適切な主語を置くことで改善が可能。This technique shows potential for …, This technique has potential for … は便利な表現。

【参考英文】

Deep convolutional neural networks (CNNs) show potential for general and highly variable tasks across many fine-grained object categories.
（深層畳み込みニューラルネットワークは，多くの細粒化した物体の一般的な処理および高度に可変な処理に利用できる可能性がある。）

Nature 543, 205-210 (09 March 2017)

タイトル：Dermatologist-level classification of skin cancer with deep neural networks
（深層ニューラルネットワークによる皮膚科専門医レベルの皮膚がん分類）

解説：無生物の Deep convolutional neural networks（深層畳み込みニューラルネットワーク）が「可能性（potential）を示す（show）」として SVO で表している。平易な動詞 show を使用。なお，代わりに have を使うことも可能。つまり Deep convolutional neural networks (CNNs) have potential for … も可能。

●Have

例：グリッド細胞は，瞬間速度情報に継続的にアクセスできなければならない。

グリッド細胞＝ grid cell，瞬間速度情報＝ instantaneous running speed

検討訳例

Grid cells must be able to continuously access information about instantaneous running speed.

▶▶▶リライト案

Grid cells must have continuous access to information about instantaneous running speed.

解説：状態を表す動詞 have（～を有している）を活用することで，have continuous access ＝「継続的にアクセスできる状態」として平易に「主語が備える能力」を表す。

【参考英文】

When animals move, activity is translated between grid cells in accordance with the animal's displacement in the environment. For this translation to occur, **grid cells must have continuous access** to information about instantaneous running speed.

（動物が移動すると，環境内での動物の位置の変化に従って，活動はグリッド細胞間で変換される。この変換が起こるためには，グリッド細胞は走行の瞬間速度情報に継続的にアクセスできなければならない。）

Nature 523, 419-424 (23 July 2015)
タイトル：Speed cells in the medial entorhinal cortex
（内側嗅内皮質のスピード細胞）

解説：continuous access を「有する（have）」という表現を選択することで，～である能力（や状態）を有する，と表すことができる。

主語・目的語を選ばない allow, permit, cause

先の enable と並んで便利な動詞は，allow, permit, cause です。allow と permit は「～を許容する」，cause は「～を引き起こす」を意味します。

例１：音響ホログラムで生成された複雑な三次元の圧力分布と位相分布によって，新しい方法を実証できた。

音響ホログラム＝ acoustic hologram

検討訳例

By the complex three-dimensional pressure and phase distributions produced by these acoustic holograms, **we could demonstrate** new approaches.

▶▶▶リライト案

The complex three-dimensional pressure and phase distributions produced by these acoustic holograms **allow us to demonstrate** new approaches. または
The complex three-dimensional pressure and phase distributions produced by these acoustic holograms **permit us to demonstrate** new approaches.

解説:By …, we could … のように句が飛び出す文を改善。また, we could … は, 「できた」のか「できる可能性があった」のかが不明瞭（P106 参照）。「allow + us + to …」で, 「主語が私たちが~することを可能にする, 許容する」を表す。permit（許容する）の意味は allow と同じ。permit は allow よりも堅い言葉であるとともに, allow よりも積極的に「許可する」。

【参考英文】

The complex three-dimensional pressure and phase **distributions** produced by these acoustic holograms **allow us to demonstrate** new approaches to controlled ultrasonic manipulation of solids in water, and of liquids and solids in air.

（音響ホログラムで生成された複雑な三次元の圧力分布と位相分布によって, 水中の固体, そして空気中の液体や固体を超音波で制御して操作する新しい方法を実証できた。）

Nature 537, 518-522 (22 September 2016)
タイトル: Holograms for acoustics
（音響学用のホログラム）

解説:「allow + us + to …」で, 「主語が私たちが~することを可能にする, 許容する」を表す。

例2:特定の方向に動きが生じると, 次の処理工程において, これらの輝度信号が

同時に到着する。

動き＝ motion，輝度信号＝ luminance signal

検討訳例

If motion occurs in a particular direction, these luminance signals arrive simultaneously at a subsequent processing step.

▶▶▶リライト案

Motion in a particular direction causes these luminance signals **to arrive** simultaneously at a subsequent processing step.

解説：「〜が〜すると」という if 節にあたる部分を主語に使って，SVO で表す。便利な動詞 cause 〜 to … （〜が…することを引き起こす）を使用。cause は広く使えて便利な動詞。

第4章

ブレイク ＆スキルアップ

There is/are 構文を避けよう

　論文の冒頭などにありがちな There is/are 構文（「〜がある」を意味する）は，文の構造を複雑にします。また，There is/are までの 2 語を読んでも，情報がまったく出てきません。筆者は，技術文書全般のライティングにおいて There is/are 構文を使いません。とくに使用を強く禁止しているわけではありませんが，使わなくても書けるためです。There is/are 構文を避けることで，語数が減り，文頭から「情報」を読み手に与える英文を書くことができます。

　例えば ACS スタイルガイドにも，There is/are 構文をやめることを示唆する次の記載があります。余分な単語を省こう，と記載しています。

　余分な単語を省こう（Omit excess words.）

やめる表現   ▶▶▶   使ってもよい表現

There are seven steps that must be completed.　　　Seven steps must be completed.

　次のようにして，There is/are 構文を避けることができます。There is/are の部分をまず削除して，「主語」を決めることから開始するとよいでしょう。

例１：フィルタには色々な種類がある。例えば，ローパスフィルタ，ハイパスフィルタ，バンドパスフィルタなどがある。

ありがちな英訳：**There are** various kinds of filters. For example, there are low pass filters, high pass filters, band pass filters and so on.

＊There is/are 構文を英文の第１ドラフトで使ってしまった場合には，まず There is/are を削除し，具体的な「主語」を出します。そのあとで，その主語に合う動詞を考えます。つまり，次のように，書き出しを決め，動詞を考えます。

▶▶▶

Various filters _____.

＊使える動詞を考える。

▶▶▶

リライト完成

Various filters **are available**, for example, low pass filters, high pass filters, and band pass filters.

　もう一例，練習してみましょう。

例２：デジタルデータを格納する媒体には，半導体記録媒体，磁気ディスク，光ディスク，光磁気ディスクなど，多くの種類がある。

ありがちな英訳：**There are** many different media for storing digital data, e.g., semiconductor storage media, magnetic disks, optical discs, and magneto-optical disks.

＊「〜がある」という日本語に対して，There is/are 構文を使わずには書けない，と思ってしまいがちです。同じ要領で，まずは There is/are を消してみます。その先，自由な発想で，英文を組み立て直します。

▶▶▶

Many different media _____.

＊使える動詞を考える。述部を組み立てる。１つの文で書くことが難しい場合には，２つの文に区切る。

▶▶▶

Many different media **are now used to** store digital data. Examples include semiconductor storage media, magnetic disks, optical discs, and magneto-optical disks.

There is/are 構文を使わない，と決めることで，読み手に対して，前からどんどん情報を与えることができるようになります。

（3）平易で便利な具体的動詞

平易で便利な具体的意味をもつ動詞を紹介します。

意外に便利な contain, involve

「含む」を表す contain, involve があります。contain は「包含する」という意味であり，「内部に含む」という意味です。involve は「巻き込む」という意味で，「含む」というよりは，「伴う」といったニュアンスになります。involve は「必要とする」といった場合にも使用が可能です。

例1：神経活動のパターンでは，その時間構造の中に情報が織り込まれている。

神経活動のパターン＝ neuronal activity pattern，時間構造＝ temporal structure

検討訳例

In neuronal activity patterns, information is integrated into their temporal structure.

▶▶▶リライト案

Neuronal activity patterns contain information in their temporal structure.

解説：日本語に逐一対応させずに，主語と動詞の関係を考えて動詞を決める。日本語にありがちな「～においては」「～では」という句が飛び出る文では，飛び出た句の内容を主語に使える。平易な動詞 contain（～を含む）を使用。SVO，能動態で表すことができる。

219

【参考英文】

Neuronal activity patterns contain information in their temporal structure, indicating that information transfer between neurons may be optimized by temporal filtering.

（神経活動のパターンでは，その時間構造の中に情報が織り込まれている。このことは，ニューロン間の情報移送が時間的フィルタリングによって最適化されている可能性を示している。）

Nature 479, 493-498 (24 November 2011)
タイトル：Neuronal filtering of multiplexed odour representations
（多重化されたにおいの表現の神経フィルタリング）

解説：平易な動詞 contain（〜を含む）を使用。SVO，能動態で表すことができる。

例２：大地震では，プレートの境界で岩塊がすべる現象が生じることが多い。

大地震＝ great earthquake，岩塊＝ rock mass

検討訳例

In great earthquakes, sliding of rock masses usually occurs at a boundary between plates.

▶▶▶リライト案

Great earthquakes usually involve sliding of rock masses at a boundary between plates.

解説：「〜が生じる」を表す動詞 occur の使用は許容ではあるが，より平易に SVO で表すことを検討する。Great earthquakes を主語に使い，動詞 involve を使うことが可能。便利な動詞 involve（〜を含む，伴う）は，「〜には〜が必須である」といった文脈にも使える。

広く使える provide

動詞 provide（与える，提供する）も平易で便利な動詞です。

例1：磁気共鳴画像法（MRI）は，優れた空間分解能のために，医療分野での診断ツールになっている。

磁気共鳴画像法＝ magnetic resonance imaging

検討訳例

Because of its fine spatial resolution, magnetic resonance imaging (MRI) can be used for diagnostic medical applications.

▶▶▶リライト案

Magnetic resonance imaging (MRI) provides fine spatial resolution for diagnostic medical applications.

解説：「手法」を主語にした場合に，目的語との関係が表しにくい場合がある。そのような場合に，動詞 provide は万能に使えて便利。無生物の主語 imaging（撮像）を使い，「～を提供する」を表す provide を使用。動詞 provide は主語を選ばず，目的語も自由であるため，便利に使える。

【参考英文】
Magnetic resonance imaging (MRI) provides fine spatial resolution, spectral sensitivity and a rich variety of contrast mechanisms for diagnostic medical applications.
（磁気共鳴画像法（MRI）は，空間分解能に優れ，画像中の個々の特徴を峻別でき，医療の分野で貴重な診断ツールになっている。）

Nature 537, 652-655 (29 September 2016)

タイトル：A method for imaging and spectroscopy using γ-rays and magnetic resonance
（分子画像化法：γ線と磁気共鳴を使って画像化と分光を行う方法）

解説：無生物の主語 imaging（撮像）を使い，動詞には「～を提供する」を表す provide を使用。動詞 provide は主語を選ばず，目的語も自由であるため，便利に使える。

例2：我々の結果により，アンギオテンシン受容体の機能の構造基盤に関する手掛かりが与えられる。

アンギオテンシン受容体＝ angiotensin receptor，空間分解能＝ spatial resolution

検討訳例

Based on our results, insights into the structural basis of the functions of the angiotensin receptors can be provided.

▶▶▶リライト案

Our results provide insights into the structural basis of the functions of the angiotensin receptors.

解説：「〜の結果，〜である」は，「結果」を主語にすると，SVO での組み立てが可能になる。動詞には平易な provide（〜を提供する，与える）が使用できる。アブストラクトの最終文で，Our results（我々の結果）が provide insights into …（洞察を与えている）と表すことができる。

「（理解などを）進める」に使う advance

例：物質の構造を三次元で表すことにより，我々の自然界に対する理解が進んだ。

物質＝ matter，自然界＝ nature

検討訳例

By determining the structure of matter in three dimensions, our understanding of nature has advanced.

▶▶▶リライト案

Determining the structure of matter in three dimensions has advanced our understanding of nature.

解説：「～により，～の理解が進む」という文脈に無生物主語＋ advance ＋ our understanding を使うことができる。

【参考英文】

The ability to determine the structure of matter in three dimensions **has profoundly advanced our understanding** of nature.
（物質の構造を三次元で表すことにより，我々の自然界に対する理解が大幅に進んだ。）

Nature 463, 214-217 (14 January 2010)
タイトル：Three-dimensional structure determination from a single view
（単一像からの三次元構造の決定）

解説：The ability to … （～できること，～する能力）という「概念」を主語に使い，それが our understanding（我々の理解）を advance（前進させる）という SVO が使われている。無生物主語を活用した明快な表現。

動作対象が主語の SVO を作る undergo
例：鳥類の多様性が増加した。

多様性＝ diversification rate

検討訳例

The diversification rate of birds has increased.

▶▶▶リライト案

Birds have undergone an increase in diversification rate.

解説：話題の主体（birds）を明示したい場合に，主体（birds）を主語に使い，その先に動詞 undergo（～を経験する）を使うことができる。動詞 undergo の目的語には，主語が受ける「動作」や主語の「経験」を置くことができる。主語を短く構成できる利点がある。

（4）「〜によると，〜がわかった」を組み立てる重要動詞

使いこなそう demonstrate, reveal, indicate, imply, suggest, 加えて highlight と point to

　論文では，「本研究によると〜がわかった」や「実験結果により〜がわかった」などのパターンで，研究の結果得られた知見を記載します。P105 および 115 で述べた「ぼやかし表現（Hedging expressions）」の１つです。

　「〜によると，〜がわかった」を表す SVO に使える動詞を習得しましょう。自然科学誌 Nature から，色々な動詞の使用例を見てみましょう。

　主語と動詞を並べたら，その先の目的語は，that 節を置く場合，直接名詞を置く場合，の両方が可能です。つまり，【S ＋ V ＋ that 節】というように that からはじまる名詞節「〜が〜であること」を使う，または【S ＋ V ＋ 目的語（単語）】というように目的語に直接名詞を置く場合の両方が可能です。

　ここでは，動詞のみに着目します。 四角囲み に入っている動詞に着目をして，英文が伝えているニュアンスをとらえましょう。Nature の原文がどのような動詞を使っているかを見ることで，「〜によると，〜がわかった」（P366 も参照）に使える動詞を学びます。（P228 ブレイク＆スキルアップも合わせてご参照ください。）

① demonstrate：立証する

Our results | **demonstrate** | that autophagy actively suppresses haematopoietic stem-cell metabolism by clearing active, healthy mitochondria to maintain quiescence and stemness, and becomes increasingly necessary with age to preserve the regenerative capacity of old haematopoietic stem cells.
（我々の結果は，オートファジーは活性をもつ健常なミトコンドリアを除去することで造血幹細胞の代謝を能動的に抑制し，造血幹細胞の休止状態と幹細胞性を維持していることを明らかにしており，また老化した造血幹細胞の再生能力を維持するためにオートファジーの必要性が老化とともに増大していくことを示している。）

Nature 543, 205-210 (09 March 2017)

タイトル：Autophagy maintains the metabolism and function of young and old stem cells
（オートファジーは若い幹細胞と老化した幹細胞の両方で代謝と機能を維持する）

解説：demonstrate ＝「例示して見せて立証する」。高い確信の度合いを表します。

② reveal：明らかにする

Genomic and epigenomic classification of these lncRNAs ｜**reveals**｜ that most intergenic lncRNAs originate from enhancers rather than from promoters.
（ゲノムおよびエピゲノムの観点より分類すると，タンパク質コード遺伝子の間に位置する lncRNA のほとんどは，プロモーターではなくエンハンサーから生じることが明らかになった。）

Nature 543, 199-204 (09 March 2017)
タイトル：An atlas of human long non-coding RNAs with accurate 5′ ends
（正確な 5′ 末端をもつヒト長鎖ノンコーディング RNA のアトラス）

解説：reveal ＝「明らかにする」「暴露する」を使っています。これまでわからなかったことがわかったときに使います。

③ indicate：解釈を示す

Our study ｜**indicates**｜ that cellular automata are not merely abstract computational systems, but **can** directly correspond to processes generated by biological evolution.
（今回の研究結果は，セルオートマトンは抽象的な計算上の系であるばかりでなく，生物進化によって生じる過程に直接対応する可能性があることを示している。）

Nature 544, 173-179 (13 April 2017)
タイトル：A living mesoscopic cellular automaton made of skin scales
（皮膚の鱗で構成される，生きたメゾスコピック・セルオートマトン）

解説：indicate ＝「解釈を示す」を使っています。indicate の元の意味は「指し示す」です（P228 ブレイク＆スキルアップ参照）。「研究が指し示す」という文脈では，「研究により～ということが理解できた」という意味を表します。that 節の中には，助動詞 can も使用しています。

225

④ highlight：くっきりさせる・強調する

> **Our experiments** | **highlight** | the advantages of cooperative behaviour even at the molecular stages of nascent life.
> （この実験から，生命誕生期の分子レベルの段階でも，協同的な挙動が有利に働くことが明確になった。）
>
> Nature 491, 72-77 (01 November 2012)
> タイトル：Spontaneous network formation among cooperative RNA replicators
> （協同的な RNA 自己複製子の間での自発的なネットワーク形成）

解説：highlight ＝「くっきりさせる・強調する」を表します。highlight the advantages of … ＝「～の利点を強調する」で，アブストラクトの最終文を力強く印象づけています。

⑤ imply：ほのめかす・示唆する

> **Our results** | **imply** | that the formation of double-track volcanism is transitory and can be used to identify and place temporal bounds on plate-motion changes.
> （今回の結果は，二重火山列の形成は一時的なものであり，これを用いて，プレート運動の変化を特定し，時間的な制限を与えることができることを示唆している。）
>
> Nature 545, 472-476 (25 May 2017)
> タイトル：The concurrent emergence and causes of double volcanic hotspot tracks on the Pacific plate
> （太平洋プレートの二重ホットスポット火山列の同時出現とその原因）

解説：imply ＝「ほのめかす・示唆する」を表します。意味は先の indicate に似ていますが，起こりえる確率は indicate より随分低く，suggest に近いと考えるとよいでしょう。

⑥ suggest：考えを持ち出す

Our findings | suggest | that reduced fugitive fossil fuel emissions account for at least 10-21 teragrams per year (30-70 per cent) of the decrease in methane's global emissions, significantly contributing to methane's slowing atmospheric growth rate since the mid-1980s.

（今回の知見は，メタンの全球排出量の減少のうち，少なくとも年間 10 ～ 21 テラグラム（30 ～ 70％）が化石燃料の漏洩排出の減少に起因し，1980 年代の中頃以降に起こったメタンの大気中の増加速度の鈍化に大きく寄与していたことを示唆している。）

Nature 488, 490-494 (23 August 2012)

タイトル：Long-term decline of global atmospheric ethane concentrations and implications for methane

（全球における大気中のエタン濃度の長期的な減少と，メタンとの関連）

解説：suggest ＝「考えを持ち出す」を表します。

⑦ point to：「～を～として特定する」「～としてあげる」

Our observations | point to | speed cells as a key component of the dynamic representation of self-location in the medial entorhinal cortex.

（今回の観察結果は，スピード細胞が，内側嗅内皮質内で動物の自己位置を動的に表現するための鍵となる要素であることを示している。）

Nature 523, 419-424 (23 July 2015)

タイトル：Speed cells in the medial entorhinal cortex

（内側嗅内皮質のスピード細胞）

解説：point to は，point to ＋「名詞」＋ as … で，「～を～として特定する」という意味になります。後ろには that 節ではなく，名詞を置きます。point to の元の意味は「～を指し示す」ですので indicate と似ていますが，point to のほうは「～を特定する」という意味になります。便利に使える表現です。

第4章

227

ブレイク & スキルアップ

ネットの活用—「画像検索」のすすめ

英単語の意味は，例えば英和辞書で引くだけでは，理解しづらい場合があります。特に，日本語には「漢字」がありますので，難しい漢字でその意味を示されると，一体それがどのようなニュアンスを表すのか，わからなくなってしまいがちです。

各単語がどのように違うのかわからない，と思ったときには，検索エンジン Google などを使った，画像検索で「意味を視覚的にとらえる」ことをおすすめします。これまでにも解説をしてきた hedging words の一種である「動詞」から，demonstrate, reveal, show, indicate を選んで例示します。

例えば次のような文脈で，demonstrate, reveal, show, indicate のそれぞれの意味を知りたい，といった場合に画像検索を使います。

シミュレーション結果によると，本手法の効果が<u>示された</u>。
The simulation results <u>demonstrate</u> the effectiveness of this method.
The simulation results <u>reveal</u> the effectiveness of this method.
The simulation results <u>show</u> the effectiveness of this method.
The simulation results <u>indicate</u> the effectiveness of this method.

Google	demonstrate

　　　すべて　（画像）　ショッピング　動画　地図　もっと見る　設定　ツール
　　　　　　↑これをクリック

動詞の画像検索
demonstrate

demonstrateで画像検索をすると,「実際にやってみて見せる」という画像が多く出てきました。The simulation results demonstrate the effectiveness of this method. は「シミュレーションによって,実際にやってみて,確認ができた」というような意味になることがわかります。

reveal

　revealでは,「カーテンを開ける」動作の画像が出てきました。これまでは隠されていたものが明るみに出る,という意味になります。The simulation results reveal the effectiveness of this method. は,「シミュレーション結果により,明らかになる」という意味です。

show

　showはさまざまな「ショー」の画像が出てきました。「見せる」という意味です。The simulation results show the effectiveness of this method. は,「シミュレーション結果により,示される」という文字通りの意味になります。

indicate

　indicate は「指し示す」画像が多く出てきました。The simulation results indicate the effectiveness of this method. は，「シミュレーション結果により，そのことがピンポイントに指し示された」というニュアンスです。

　画像検索をすれば，これらの動詞 demonstrate, reveal, show, indicate は，それぞれが異なる意味をもっていることが，一目でわかります。

　英単語は「丸暗記」する必要はありません。例えばこのような画像検索により細かいニュアンスを理解したり，画像検索でイメージとして記憶に残したりしながら，単語を使い続けましょう。

　理解できる，使いやすいと感じる単語を使い続けることにより，1つずつ，単語を習得することができます。この積み重ねにより，自分の研究に関連する単語，必要な単語を取り込み，蓄積していくことができます。ボキャブラリーの足りなさに悩んだり，英語を習得するために苦しい暗記の過程を経たりする必要性がなくなります。

4. 肯定主義・単文主義

(1) 否定の内容を肯定表現する技法

　英語は日本語と異なり，not を使わずに肯定的に表現をする表現が豊富にあります。また，技術論文に書く内容は，「〜ではない」「〜しない」という否定的な描写ではなく，「〜である」「〜する」という肯定的な描写により表現するべきです。次の項目を順に見ていきます。

【no を使う】

【まだできていないことを表す remain unknown, unexplored, un…】

【否定の表現を使う― lose, limit】

no を使う

例1：従来の燃料の使用に関する観測データは十分ではなく，その新しい燃料の使用については，既存のデータがない。

バイオ燃料＝ biofuel

検討訳例

Observational data is not enough for traditional fuel use, and data has not been previously reported for use of the new fuel.

▶▶▶リライト案

Observational data is sparse for traditional fuel use, and no data has previously been reported for use of the new fuel.

解説：「十分ではない」を sparse ＝「まばらな，乏しい」を使い，「ない」は no を使い，否定の内容を not を使わない肯定文で表す。

お役立ちメモ

データは可算か複数形扱いか

　データ（data）は，辞書には「datum の複数形」とあります。現在では，datum（単数）を使うことはありません。したがって，data は現実には，不可算または複数形で扱います。多くの場合，情報 information と同様に，基本的に不可算で扱うとよいでしょう。

"Data" can be a singular or plural noun.（データは単数または複数形で扱える）
例：After the data is printed and distributed, we can meet to discuss it.
(Refers to the whole collection of data as one unit.) 集合体として見る場合には不可算

Experimental data that we obtained are compared with previously reported results.
(Refers to the data as individual results.)　個々の結果として見る場合には複数形

（出典：ACS スタイルガイド）

まだできていないことを表す remain unknown, unexplored, un…

例2：学習の際に神経シーケンスが発達する仕組みについてはまだよくわかっていない。

神経シーケンス＝ neural sequence

検討訳例

The mechanisms by which neural sequences develop during learning are not known.

▶▶▶リライト案

The mechanisms by which neural sequences develop during learning remain unknown.

解説：not を使わずに，remain unknown で代用する。remain unknown の他にも，remain unclear，remain unexplored などいくつかの表現が可能（P322参照）。

例3：硝酸塩輸送タンパク質の構造は明らかになっておらず，硝酸塩の輸送機構もほとんど解明されていない。

硝酸塩輸送タンパク質＝ nitrate transport protein

検討訳例

The structure of any nitrate transport protein is not available, and the mechanism by which nitrate is transported has not been largely known.

▶▶▶リライト案

No structure is available for any nitrate transport protein, and the mechanism by which nitrate is transported remains largely unknown.

解説：no を使って肯定表現する。remain unknown で代用する。unknown（解明されていない）の程度は，副詞 largely（ほとんど）を使って調整することができる。

【参考英文】

Despite decades of effort no structure is currently available for any nitrate transport protein and the mechanism by which nitrate is transported remains largely unknown.
（数十年にわたって研究されているものの，硝酸塩輸送タンパク質の構造が現時点では明らかになっておらず，硝酸塩の輸送機構もほとんど解明されていない。）

Nature 497, 647-651 (30 May 2013)
タイトル：Crystal structure of a nitrate/nitrite exchanger
（硝酸塩 / 亜硝酸塩交換輸送体の結晶構造）

解説：no を使って否定を肯定の形で表している。また，remains largely unknown を使っている。

　なお，自然科学誌 Nature では，コンマの使用がやや少ない傾向がある。実際の執筆時には，次の 2 ヶ所にコンマを入れることで，明確性が増す。

　Despite decades of effort, no structure is currently available for any nitrate transport protein, and the mechanism by which nitrate is transported remains largely unknown.

否定の表現を使う— lose, limit

例 4-1：老化により，造血幹細胞は血液系を再生することができなくなる。

造血幹細胞＝ haematopoietic stem cell，血液系＝ blood system

検討訳例

With age, **haematopoietic stem cells will not be able** to regenerate the blood system.

▶▶▶リライト案

With age, **haematopoietic stem cells lose their ability** to regenerate the blood system.

解説：「できなくなる」を，not を使わずに，「能力を失う」というように言い換えて表す。動詞 lose ＝〜を失う，を使う。

例 4-2：エピタキシャル成長は，半導体産業において重要な手法である。しかし，2 つの異なる物質系の格子を整合させる必要性があるため，その技術は十分に利用することができなかった。

エピタキシャル成長＝ epitaxy，半導体産業＝ semiconductor industry
格子の整合＝ lattice matching

検討訳例

Epitaxy is crucial for the semiconductor industry, but **has not been used fully because of** the need for lattice matching between the two material systems.

▶▶▶リライト案

Epitaxy is crucial for the semiconductor industry, but **is often limited by** the need for lattice matching between the two material systems.

解説：not を使わずに，動詞 limit ＝限界を設ける，を使って肯定形の発想で，言

い換える。アブストラクトのはじめに記載する「現状」と「問題」の例。事実をまず描写し，直後に limited を使う。

【参考英文】

Epitaxy—the growth of a crystalline material on a substrate—is crucial for the semiconductor industry ^{（事実の描写）}, but **is often limited by** the need for ^{（「しかし～の} ^{必要性により制限されることが多い」）} lattice matching between the two material systems.

（エピタキシャル成長，つまり結晶材料を基板の表面に成長させることは，半導体産業において重要な手法である。しかし，2つの異なる物質系の格子を整合させる必要性により，その技術には限界があった。）

Nature 544, 340-343 (20 April 2017)

タイトル：Remote epitaxy through graphene enables two-dimensional material-based layer transfer

（グラフェンを介したリモートエピタキシーによって二次元の材料ベースの層転写が可能になる）

解説：アブストラクトのはじめに記載する「現状」と「問題」の例。事実をまず描写し，直後に limited を使う。

（2）if や when を使わないで単文で表す技法

英語では，「～すると，～である」や「～であるとき，～である」という条件を含む文を，単文（シンプルセンテンス），つまり「主語と動詞を1セットのみ含めて構成する文」で書く方法があります。対する複文とは，主語と動詞が2セット登場し，主節と従属節から構成される文です。日本語では，「～すると，～である」や「～であるとき，～である」という構造を単文で表すことが難しいため，日本語から英語に直訳すると，必要以上に複文の使用が増えます。複文の使用数を減らしましょう。複文を減らす3つの方法【不定冠詞の主語を活用する】【動名詞主語を活用する】【前置詞を活用する】を紹介します。

不定冠詞の主語を活用する
例：接続パッドに欠陥があると，溶接強度が落ちたりワイヤー固定針が折れてしまったりする。

検討訳例

If a defect exists on the landing pad, the weld strength is reduced, or the bonding needle will be broken.

▶▶▶リライト案

A defect on the landing pad will reduce the weld strength or cause the bonding needle to break.

解説：主語の不特定表現（不定冠詞・無冠詞）により，if や when のニュアンスを出すことができる。複文の構造を避けることができる。

動名詞主語を活用する

例：これらゲート列を再構成することができれば，ハードウェアを変更せずに種々のアルゴリズムを実装できる。

検討訳例

If these gate sequences can be reconfigured, a variety of algorithms will be implementable without altering the hardware.

▶▶▶リライト案

Reconfiguring these gate sequences allows a variety of algorithms to be implementable without altering the hardware.

解説：動名詞主語＋動詞 allow の使用により，if 節を使わずに「条件」を表すことができる。

【参考英文】

Reconfiguring these gate sequences provides the flexibility to implement a variety of algorithms without altering the hardware.

（これらゲート列を再構成することにより，ハードウェアを変更せずに，種々のアルゴリズムの実現が可能になる。）

Nature 536, 63-66 (04 August 2016)
タイトル：A small programmable quantum computer
（プログラムの書き換えができる小型量子コンピューター）

解説：動名詞 reconfiguring（〜を再構成すること）を主語に使う SVO により，when や if による複文ではなく，単文で書くことができる（複文とは，主語・動詞のセットが 2 回出てくる文）。動名詞主語により，シンプルな英文の重要ポイントである SVO・単文・能動態が可能になる。

前置詞を活用する

例：200 nm 以下の波長の露光用の光を使用する場合には，その露光用の光が進行する光路空間内に，水，酸素あるいは有機物質などの吸収物質が存在すると，露光用の光は吸収物質によって大きく減衰する。

検討訳例

When exposure light having a wavelength of 200 nm or shorter is used, if light absorbing materials including water, oxygen, and an organic material are present on the optical path of the exposure light, the exposure light can be attenuated greatly by these materials.

▶▶▶リライト案

At wavelengths of 200 nm or shorter, exposure light can be attenuated greatly by light absorbing materials on its optical path, including water, oxygen, and an organic material.

解説：「条件下」を表す at を使用。「〜の場合に」「〜すると」というように 2 つの条件を表す場合であっても，一方に前置詞，もう一方を不定冠詞で表すことで，単

文で表すことができる。

ブレイク ＆ スキルアップ

ネットの活用ー「画像」の次は「動画検索」のすすめ

　P228 ブレイク＆スキルアップでは，便利な「画像検索」について紹介しました。単語のニュアンスが知りたいとき，各単語の意味の違いを理解したいとき，また英単語を覚えたいときにも，ネット上の検索エンジン（例えばGoogle）の「画像検索」でイメージをとらえることが役に立ちます。

　次に紹介するのは，「動画検索」です。研究分野の技術についての概要を知る，概要を説明する英語を知る，といった目的で利用します。

　一例として，particle filter（粒子フィルタ）という技術について書く場合を考えます。例えば，論文のイントロダクション（導入）部分で，技術の概要を書く場合に，どのように表現をすればよいかを「動画検索」で知ることができます。

　「画像検索」と同じ要領で，英単語を検索エンジンに入力し，検索します。例えば Google の動画検索では，particle filter（粒子フィルタ）と入れます。

Google　｜ particle filter

　　　すべて　画像　ショッピング　（動画）地図　もっと見る　設定　ツール
　　　　　　　　　　　　　　　↑これをクリック

　次のような YouTube 動画が出てきます。これらを見ることで，大まかな技術の概要を，英語で知ることができます。

検索結果の例
- ●Particle Filter Explained without Equations - YouTube
- ●Particle Filter Algorithm - YouTube
- ●Particle Filters Basic Idea - YouTube

　検索の単語を例えば「技術を表す単語＋ tutorial（入門説明）」（例：particle filter tutorial）や「技術を表す単語＋ basics（入門説明）」（例：particle filter basics）などと，各種工夫をすることも可能です。「動画検索」は，論文を書きはじめる，というときだけでなく，執筆よりも前，つまり実験のデザ

インの段階や，先行研究を調べる段階など，単純に技術について知りたいときにも有効です。YouTube により，多くの技術情報を英語で無料で，入手できる環境が整えられています。特に，海外では日本よりも早くから YouTube を使う人が多かったためか，良質な技術情報の英語での説明が容易に入手できます。うまく活用することで，音声と映像で「技術」について知ることで，英語で説明できる力をつけることができます。また，自分の研究について説明するのに必要な単語を，吸収していくことが可能になります。

第 5 章

文と文のつなぎかた

　各文が正しく書けるようになれば，次に練習をするのは，文と文の接続方法です。文を接続するためには，例えば Therefore や Accordingly といった接続を表す言葉を使えばよいと考えている方がいるかもしれません。本章では，そのような接続の言葉を最小限に減らし，代わりに英文を「内容」で接続する方法を提案します。

　はじめに，複数文が集まった情報の単位である「パラグラフ」について説明します。パラグラフの特徴（トピックセンテンスとサポーティングセンテンス）とパラグラフ内のセンテンスの並べ方（論理的順序）を示します。

　パラグラフの内容を効果的に展開できるようになれば，次に文と文のつなぎ方を習得します。「つなぎ方」とは具体的に，まずは「既出の情報を文の前に置く」という英語の主語の工夫です。その次には，実際に 2 つの文を 1 つの文にまとめることができます。

　そのような工夫により，接続の言葉，例えば Therefore や Accordingly を使わなくても，文と文が論理的につながるようになります。

　次の項目を説明します。

1. 複数文を論理的に並べる技法
　（1）パラグラフライティング術
　（2）既出情報を前に置く
　（3）接続の言葉を減らす
2. 文と文を「内容」でつなぐ技法
　（1）「視点」を定めてつなぐ
　（2）文と文の意味をつなぐ
3. 文と文を実際につなぐ技法
　（1）接続詞でつなぐ
　（2）文をつなぐコンマ表現（関係代名詞非限定と文末分詞）

第 5 章のねらい
●主語をそろえる・既出の情報を主語に置く，という工夫により接続の言葉を減らし，論理的につながる複数文を書く
●文と文を接続する方法を学ぶ

240

1. 複数文を論理的に並べる技法

（1）パラグラフライティング術

　センテンスが複数集まった単位であるパラグラフを効果的に構成できれば，「必要な情報がどこにあるか」を読み手が容易に特定できるようになります。まずはパラグラフを構成する「センテンス」について，続いて「パラグラフ」について説明します。

> **好ましいセンテンスを組み立てるポイント**
> - 1つのセンテンスには1つの「メイン」情報のみを含める。
> - はじめに短いセンテンスを組み立て，リライト過程でセンテンスどうしを必要に応じてつなぐ。

1つの「メイン」情報のみを含める

　1つのセンテンスには1つの「メイン」情報のみを含めることが重要です。短いセンテンスを組み立てることに加えて，短く組み立てた文どうしを，1つの「メイン」情報のみを含めるようにしてつなぐ方法を説明します。

　英訳を通じて，1つのセンテンスに1つの「メイン」情報を含めるとはどういうことかを説明します。長い和文は2つに区切り，まずは短い2つのセンテンスを英語で組み立てましょう。その後で，必要に応じてつなぎましょう。

Let`s write!

例：硝酸塩は，窒素代謝の中心的存在であり，二電子還元反応により亜硝酸塩（NO_2^-）へと還元される。

　　　　二電子還元反応＝ two-electron reduction reaction，硝酸塩＝ nitrate，亜硝酸塩＝ nitrite

検討訳例

　△　Nitrate is central in nitrogen metabolism, and is first reduced to nitrite（NO_2^-）through a two-electron reduction reaction.

解説：和文に対応させて英語を組み立てると，「2種類の情報」が含まれる1つの文になります。検討訳例では，1つの文に「硝酸塩」に関する2つの異なる種類の

241

情報が含まれています。つまり，「①窒素代謝の中心的存在である」という特徴と「②二電子還元反応により亜硝酸塩（NO_2^-）へ還元する」という事実が1つの文に含まれています。

Let's rewrite!

【はじめに短いセンテンスを組み立て，リライト過程でセンテンスどうしを必要に応じてつなぐ】

ステップ①　1つのセンテンスに1つの情報だけを含めるように，区切りましょう。

1つの情報を含む2つの文に区切る

Nitrate is central in nitrogen metabolism. Nitrate is first reduced to nitrite (NO_2^-) through a two-electron reduction reaction.

解説：区切ることで，1つのセンテンスに1つの情報だけが含まれるようになりました。このままでリライトを終えても問題ありません。一方，文が短く途切れて並ぶことが好ましくないと考える場合には，次のステップに進みます。

ステップ②　短いセンテンスどうしを適切な方法でつなぎましょう（「つなぐ」ための各種方法については P275，285 参照）。1つのセンテンスに1つの「メイン情報」を含めた文を作成することができます。

▶▶▶

1つの「メイン情報」が含まれる1つの文を作成する

Nitrate**, which is central in nitrogen metabolism,** is first reduced to nitrite (NO_2^-) through a two-electron reduction reaction.

（窒素代謝の中心的存在である硝酸塩は，まず二電子還元反応により亜硝酸塩（NO_2^-）へと還元される。）

Nature 497, 647-651 (30 May 2013)
タイトル：Crystal structure of a nitrate/nitrite exchanger
（硝酸塩/亜硝酸塩交換輸送体の結晶構造）

解説：自然科学誌 Nature からの引用です。関係代名詞の非限定表現を使い，読みやすく表現しています。文の「メイン」情報は，関係代名詞の非限定の部分を除いた文の外側，つまり Nitrate is first reduced to nitrite (NO_2^-) through a two-electron reduction reaction. です。コンマによる挿入部分，which is central in nitrogen metabolism, は，文にとって必須ではない「付加情報」となります（関

係代名詞の非限定用法については P130 参照)。このように情報の「重さ」を文中で調整することで,「**1 文に 1 メイン情報のみを含める**」という,好ましいセンテンスの原則を満たすことができます。

次はパラグラフです。決まりごとを習得しましょう。

パラグラフの決まりごと
- 1 つのパラグラフには 1 つの主題(トピック)のみを含める。
- 主題を明示するトピックセンテンスと,詳細を説明する 1 つから複数のサポーティングセンテンスで構成する。
- トピックセンテンスに続くサポーティングセンテンスは,決まった論理的順序で並べる。

「決まった」順序で,情報を展開する

各パラグラフでは,トピックセンテンスを,はじめの 1 文目,2 文目,などを使って明示します。トピックセンテンスを置いた後に並べるサポーティングセンテンスは,次のいずれかの論理的順序で並べます。

(1) 概要から詳細
　一般的なことから特定のことへ順に説明する。
(2)「知られているもの」から「知られていないもの」
　従来の説や既存の技術について述べてから,新しい説や新しい技術を説明する。
(3) 重要度順
　重要度の高いことから低いことへ順に説明する。
(4) 時間順
　作業や使用手順などを,時間軸に沿って説明する。または,過去の出来事を,起こった順に説明する。
(5) 空間順
　「上から下」「左から右」「1 つの処理に沿って」などの一定の空間的順序に沿って説明する。構造物の説明などに使用する。
(6)「何」から「どのように」
　説明するものが何かを述べてから,その方法やメカニズムを説明する。

ここに,パラグラフの「トピック」と「論理展開」順序の例を見てみましょう。論文の「イントロダクション」で使用することが多い (1)「概要から詳細」を使っ

たパラグラフ例，(2)「知られているもの」から「知られていないもの」を使った
パラグラフの一例を示します。

「概要から詳細」を使ったパラグラフ例

トピック：誘電材料の蒸着方法（ALD と CVD）
順序：概要から詳細

第1文 **Various methods have been developed** for depositing dielectric materials across semiconductor substrates. 第2文 **Such methods include atomic layer deposition (ALD) and chemical vapor deposition (CVD)**. 第3文 **In ALD**, precursor materials react at a surface, rather than in a vapor phase above the surface. 第4文 **In CVD**, precursor materials react in a vapor phase above the surface to form the deposit that accumulates on the surface. 第5文 **ALD processes** allow successive, controlled formation of monolayers across a substrate surface, with the monolayers building up to form the desired deposit to a desired thickness. 第6文 **CVD processes** do not allow such controlled formation of monolayers, and instead form a thick bulk deposit across a substrate surface in a single deposition step.

dielectric material ＝誘電材料，deposit ＝蒸着させる
atomic layer deposition ＝原子蒸着法，chemical vapor deposition ＝化学蒸着法
precursor ＝前駆体，vapor phase ＝気相
（出典：米国特許 7,737,047 を一部改変）

解説：第 1 文と第 2 文で，このパラグラフのトピックを導入しています。第 1 文
で「誘電材料にはさまざまな方法がある」という概要を述べています。第 2 文では，
such methods（そのような方法）を主語にして，「蒸着方法には ALD と CVD
がある」と，第 1 文の内容を詳しく述べます。その先，第 3 文では，ALD という
手法の具体的な説明，第 4 文は，CVD という手法の具体的な説明です。ALD で
は「前駆体が表面上方の気相中ではなく表面で反応する（react <u>at</u> a surface,
rather than <u>in</u> a vapor phase <u>above</u> the surface)」と説明しています。CVD
では，「前駆体が表面上方の気相中で（react <u>in</u> a vapor phase <u>above</u> the surface)」と説明しています。表現を揃え，対比を出しています。その後，第 5 文で
ALD の特徴，第 6 文で CVD の特徴を述べます。「ALD は連続して制御された単
層を形成するために望みの厚さの層を基板表面に形成できる」のに対し「CVD は
ALD のような制御された単層形成はできず，1 回の工程で膜を一度に基板表面に

蒸着させる」，という各手法の特徴を説明しています。「概要から詳細」へと情報を展開します。第 3 文と第 4 文，第 5 文と第 6 文の形をそれぞれそろえることで，2 つの手法「ALD と CVD」を対比させて説明しています。なお，このようなパラグラフライティング術により，例えば「一方」を意味する On the other hand といった接続の言葉は不要になっています。

「知られているもの」から「知られていないもの」を使ったパラグラフ例

トピック：温冷自動販売機
順序：「知られているもの」から「知られていないもの」

第 1 文 **Hot and cold vending machines are common** in certain countries. 第 2 文 **Such vending machines** are particularly popular in Japan. 第 3 文 **These vending machines** typically have several compartments that can be run either hot or cold. 第 4 文 **The vending machines** may use a Rankine cycle refrigeration system. 第 5 文 **The refrigeration system** may include evaporators in each compartment connected to the Rankine cycle device by valves and refrigeration lines. 第 6 文 **These valves** may control which evaporators are on, thus controlling which compartments are cold. 第 7 文 **Each of the compartments** also may have a heater. 第 8 文 **The heater** may be turned on in any compartment with products that are to be vended hot.

vending machine ＝自動販売機，compartment ＝区分室，
Rankine cycle refrigeration system ＝ランキンサイクル冷却システム，evaporator ＝蒸発器
（出典：米国特許 7,117,689 を一部改変）

解説：第 1 文で，このパラグラフのトピックである「温冷自動販売機」を導入しています。その先，全体を通して「知られているもの」から「知られていないもの」に話が展開します。各文の主語の工夫に着目すると，文と文をつなげるために主語を工夫し，接続を表す言葉の使用は 1 つもありません。情報の流れと主語の使い方を見てみましょう。

第 1 文は，「温冷自動販売機が普及している国がある」というように「読み手が知っている」と考えられる情報から文を開始します。第 2 文で，Such vending machines を主語に使い，前文の Hot and cold vending machines を指しています。また「特に日本では一般的（Such vending machines are particularly popular in Japan.）」というように，読み手にとって予測可能な詳細情報を含めています。続く第 3 文と第 4 文では，These vending machines, The vending machines

245

といずれも「自動販売機」を主語に使い，自動販売機の詳細な構造について，話を展開しています。文の後半では，読み手が知らない可能性のある Rankine cycle refrigeration system（ランキンサイクル冷却システム）といった情報が登場します。

　続く第5文以降は，徐々に，読み手が「知らない」と思われる詳細情報へと話題が展開します。第5文以降の各文では，前文で出した新しい情報を主語に使っています。第5文の主語は，第4文の後半に出てきた Rankine cycle refrigeration system を受けた The refrigeration system です。そして第5文の後半で valves という情報を出したら，第6文の主語は These valves，第6文の後半で compartments という情報を出したら，第7文の主語は Each of the compartments，また a heater の次は The heater，といった具合に前文の情報を次の文の主語に使っています（P253参照）。

Let's write!

練習：英文パラグラフを作成しましょう

　次の和文を英文50ワード程度で書いてみましょう。和文との逐一の対応にこだわらず，簡潔に書いてください。また，トピックセンテンスを第1文に出すことを検討してください。工業英検2級[1]（P384 ブレイク＆スキルアップ参照）の「日英要約」の過去問題です。英語で簡潔に表現することを目的とした問題です。

石炭，石油，天然ガスなど，火力発電の燃料となる化石燃料を燃やすと，二酸化炭素（CO_2）を排出します。CO_2排出量の増加は，現在，世界的に問題となっている地球温暖化の原因とみなされています。それらの燃料に対し，核分裂のエネルギーを利用する原子力発電は，発電の過程で CO_2 を排出しません。これは，原子力発電の大きな利点の1つです。発電時に CO_2 を排出しない原子力発電は，温暖化対策の切り札の1つとなっています。

---

[1] 工業英検とは公益社団法人日本工業英語協会が実施している，文部科学省後援の検定試験です。2級がテクニカルライティングの実務者レベル，1級は指導者レベルです。

まとまった文を英語で簡潔に書こう。トピックを意識しよう：

　次に，検討用の要約例とそのリライト案を記載します。「3つのC」の観点から，不具合の修正を考えましょう。ご自分で英文を作成し終えたら，次の「検討用英文」を読んで，リライトを考えてみましょう。検討用英文は，筆者の授業への参加者の英訳例です。それぞれ，名詞と動詞の基礎といった点の正確性，文構造とつながりに関する明確性，簡潔性の観点から，リライト案を提示します。また，本練習問題への解答例（工業英検の解答）も下に示します。

Let's rewrite!
検討用英文1

> **The** thermal power generation using fossil fuels emits carbon dioxide. The increase of the carbon dioxide is considered as **one of causes of the** global warming. **The** nuclear power generation using the energy of **the** nuclear fission does not emit carbon dioxide **and,** thus is **considered** as **a trump card**.
>
> （50ワード）

検討用英文では，赤字は Correct，青字は Clear，Concise の観点からのリライト箇所を示しています。

リライトコメント

・thermal power generation, global warming は不可算扱い。不可算として扱う名詞については，他の同類のものと異なる現象として表したい場合（「他の火力発電とは異なる今回の火力発電」「他の地球温暖化とは異なるその地球温暖化」としたい場合）を除くと，the の使用は不可。また，全体的に不要な the が多い点を改善（the carbon dioxide, the nuclear power generation, the nuclear fission いずれも the は不可）。

・はじめの第1文と第2文を関係代名詞非限定を使ってまとめることで，読み手に早期に情報を伝えることが可能。文のメイン情報を1つに絞りながら，2つの文を1つの文にまとめる。また，第1文と第2文で主語を等価なもの（power generation）にそろえることにより，2つの発電方法である Thermal power gener-

247

ation と Nuclear power generation をわかりやすく対比させることができる。

・one of causes of ⇒ one cause of と変更して語数を減らす。one of ＋ 複数形は，one ＋ 単数形と同義。

・「切り札」の直訳 a trump card は伝わらないため，具体的に書く。

▶▶▶リライト案

Thermal power generation using fossil fuels emits carbon dioxide, which can be one cause of global warming. Nuclear power generation using the energy of nuclear fission emits no carbon dioxide and is expected to solve global warming.

(37 ワード)

*リライトにより，語数が減ります。指定ワード数が 50 ワード以内である場合でも，無駄に語数を増やすよりも，短く端的に表現することが大切です。また，実務の英語では常に語数の制限が存在すると想定して英語を組み立てると，いつでも簡潔に書けます。

お役立ちメモ

アブストラクトは２文だっていい？！

ACS スタイルガイドの「アブストラクト」の説明に，「最適な長さは１パラグラフである。しかし２文という可能性さえもありえる (The optimal length is one paragraph, but it could be as short as two sentences.)」という興味深い記載があります。以下が該当箇所です。

Abstract

Although an abstract is not a substitute for the article itself, it must be concise, self-contained, and complete enough to appear separately in abstract publications. Often, authors' abstracts are used with little change in abstract publications. **The optimal length is one paragraph, but it could be as short as two sentences**. The length of the abstract depends on the subject matter and the length of the paper. Between 80 to 200 words is usually adequate.

(出典：Standard Format for Reporting Original Research, The ACS Style Guide, 3rd Edition)

この ACS スタイルガイドの原文では，助動詞の過去形（could）による仮定法を使っています（助動詞の過去形については P105 参照）。このことから，単に「２文でアブストラクトを書こう」と伝えているわけではなく，「だらだらと長く不要語を並べるくらいであれば，短い方がよい」と ACS スタイルガイドが主張していることが読み取

れます。不要に単語を増やして指定の語数に近づけるという発想ではなく，端的に表せるのであれば 2 文だってよい，と考えることで，簡潔で伝わりやすく，読み手に親切な英文が書けることを示唆している，重要な記載です。

検討用英文 2

Fossil fuel, which is used for thermal power generation, produces carbon dioxide when burned. The increased CO_2 may have caused global warming. Nuclear power generation using nuclear fission produces no CO_2 during power generation, making it one of promising solutions against global warming.

(43 ワード)

リライトコメント

・第 1 文の主語を Fossil fuel とすると，本パラグラフ全体が「化石燃料」と読めてしまう。「化石燃料」の話ではなく，2 つの発電方法，特に「原子力発電が温暖化対策の切り札となる」ことが本パラグラフのトピックであると考えられるため，この英文ではトピックに近い「CO_2」に話題を整える。
・fossil fuel は「石炭，石油，天然ガス」と複数例があがっているため，複数形にする。fuel（燃料）は可算・不可算の両方があり，種類を表したい場合には可算扱いする。
・CO_2 の増加は，increas<u>ed</u> CO_2（増加させられた CO_2：increase は他動詞で使用）⇒ increas<u>ing</u> CO_2（増加している CO_2：increase は自動詞で使用）へと変更すると読みやすい。
・make it X（= it を X にする）といった SVOC の構造は難しいため避けたい。
・不要語を 1 語でも省く。

▶▶▶リライト案

Carbon dioxide is produced when fossil fuels are burned for thermal power generation. The increasing CO_2 is considered to have caused global warming. Nuclear power generation using nuclear fission produces no CO_2 during power generation, thus providing a promising solution to global warming. （43 ワード）

検討用英文 3

Thermal power plants, which use fossil fuels, emit carbon dioxide **that can be** a possible cause of global warming. **On the other hand**, nuclear power plants, which use atomic energy, do not emit carbon dioxide during power generation. Thus, nuclear power generation is one of the promising measures **to prevent** global warming. (53 ワード)

リライトコメント

・Thermal power plants と Nuclear power plants を形をそろえて並べているため，On the other hand を削除しても問題なく読むことが可能。On the other hand を削除すれば，指定ワード数内に収まる。なお，On the other hand は語数が多く，どのような場合にも不要（P268 参照）。

・which use fossil fuels, … that can … のように，関係代名詞節の中にさらに関係代名詞節がある点を改善したい。

・plants を使うことで可算扱いしている点はわかりやすい。そのまま保持する。

・語数を減らしたい。① that can be a possible cause of ⇒ ,which can possibly cause（非限定用法への変換，名詞形の使用を減らして動詞で使う），② is one of the promising measures to prevent global warming ⇒ is one of the promising measures against global warming.（measures to prevent の冗長を減らして 1 語減）⇒ can be a promising solution to global warming（one of … s を a ＋ 単数形に変更してさらに 1 語減）。

▶▶▶リライト案

Thermal power plants using fossil fuels emit carbon dioxide, which can possibly cause global warming. Nuclear power plants, which use atomic energy, emit no carbon dioxide during power generation. Thus, nuclear power generation can be a promising solution to global warming. (41 ワード)

工業英検 2 級の解答

Nuclear power generation is one of the key countermeasures against global warming. Unlike thermal power generation that uses fossil fuels such as coal, oil, and natural gas, nuclear power generation that uses fission energy does not emit carbon dioxide, which has been believed to cause global warming. (47 ワード)

解答のポイント

「原子力発電（nuclear power generation）が温暖化対策の切り札であること」
をトピックセンテンスとして出す。その理由を説明するために，詳細な情報を続け
る。原子力発電（nuclear power generation）と火力発電（thermal power
generation）を並列に書くことで，対比がわかりやすくなる。

要約問題を通じて，語数制限のある中で練習することで，簡潔に書く力，また直
訳にならずに自分の表現で書く力をつけることができる（P384 ブレイク＆スキル
アップ参照）。

【パラグラフライティング術】のポイント

● **パラグラフの原則─1 パラグラフ，1 トピック**
パラグラフとは，1 つのトピック（主題）について説明する複数文の集まり
である。

● **トピックセンテンスとサポーティングセンテンス**
主題を明示するトピックセンテンスと，詳細を説明する 1 つから複数のサ
ポーティングセンテンスでパラグラフを構成する。

● **論理展開の順序を選ぶ**
トピックセンテンスを置いたあと，サポーティングセンテンスを，概要から
詳細，「知られているもの」から「知られていないもの」，重要度順，時間順，
空間順，「何」から「どのように」，のいずれかの順序で並べる。

● **限られた語数で書くことでパラグラフライティング力をつける**
限られた語数でパラグラフライティングの練習をすると，「書く力」がつく。
忙しい読み手に最小限の時間で情報を提供すべき論文では，常に語数制限が
設けられていると考えるとよい。また，制限語数まで語数を満たすのではな
く（つまり不要に長く書くのではなく），端的で明確に表せるのであれば思
い切って短く書くことが大切。

（2）既出情報を前に置く

パラグラフライティング術（P241）では，情報の展開方法，つまり内容を工夫
することで「文と文をつなぐ」方法を説明しました。本項目では，文と文をつなぐ
英語表現の工夫を説明します。

英文の組み立ての大原則は「既出の情報を前に置く」ことです。そしてそのため

に，次の2つの方法があります。

大原則：既出の情報を前に置く
　方法①　主語をそろえる
　方法②　前文で出した情報を主語に使う

　これらの2つの方法①②を使った複数文では，文と文を「内容」で接続していくことが可能になります。また，実際に接続詞などを使って2つの文を1つの文にまとめることが可能になることもあります。

　英語では，はじめに主語を置いて動作の主体を明示し，その直後に動詞を置いて文の構造を決めます。主語を何にするかによって，英文全体が読みやすくなったり，また文どうしのつながりがわかりやすくなったりします。
　一方，日本語では「主語を何にするか」はあまり重要ではなく，何を主語にしてもよいばかりか，主語を省略することすら常用的に可能です。日本語と同じ発想で英文を組み立てると，複数の英文の主語が，決まりなしにばらついた視点で展開され，読みづらくなってしまうことがあります。
　上の大前提「既出の情報を前に置く」の具体的な技法である「方法①　主語をそろえる」「方法②　前文で出した情報を主語に使う」について，詳しく説明します。

方法①　主語をそろえる
　既出の情報を前に出すための具体的な方法として，第2文以降の主語を，第1文の主語にそろえることができます。主語をそろえることで，1つの主題に視点をそろえて書きます。例を見てみましょう。

Radiation Basics（放射線の基礎）
^{第1文}**Radiation** is energy. ^{第2文}**It** can come from unstable atoms that undergo radioactive decay, or **it** can be produced by machines. ^{第3文}**Radiation** travels from **its** source in the form of energy waves or energized particles.

　（出典：アメリカ合衆国環境保護庁 HP　https://www.epa.gov/radiation/radiation-basics）

（参考和訳：放射線はエネルギーであり，放射性崩壊を起こした不安定な原子から放出することにより生成したり，機械により生成したりできる。放射線源から発せられた放射線は，エネルギー波または励起粒子として移動する。）

解説：Radiation（放射線）を主語にして，第1文を開始しています。第2文では，

代名詞 It を使用して同じ radiation を主語にしています。第 2 文の後半でも，同様に it ＝ radiation を主語にしています。第 3 文では，再度 Radiation を主語に出しています。また，Radiation travels from <u>its source</u>（放射線は，その線源から）というように，its を使い，主語である Radiation に視点をそろえています。

　なお，本英文で使われている代名詞 it の使用は，真似をせずに減らすほうがよいでしょう。また，主語がそろっていれば，文どうしをつないでいくことも可能です。原文から，次のようにリライトしてもよいでしょう。

▶▶▶リライト案 1：代名詞を避ける

Radiation is energy. Radiation can come from unstable atoms that undergo radioactive decay, or can be produced by machines. Radiation travels from its source in the form of energy waves or energized particles.

▶▶▶リライト案 2：つなぐ

Radiation, which is energy, can come from unstable atoms that undergo radioactive decay or can be produced by machines. Radiation travels from its source in the form of energy waves or energized particles.

方法②　前文で出した情報を主語に使う

　もう 1 つの方法は，前の文の後半で出てきた情報を，次の文の主語に使うことです。第 2 文以降の主語は，必ず前の文章で出てきた情報を使うと決めておくことで，新しい情報が文のはじめに置かれることがなくなります。既出の情報を主語に使い，前文との「つながり」を示しながら英文を組み立てることが可能になります。例を見てみましょう。

Effects on Infants and Children（乳幼児や子供への影響）

^{第 1 文}**Infants** in the womb <u>can be exposed</u> to methylmercury when their mothers eat fish and shellfish that contain methylmercury. ^{第 2 文}**This exposure** can adversely affect unborn infants' growing <u>brains and nervous systems</u>. ^{第 3 文}**These systems** may be more vulnerable to methylmercury than the brains and nervous systems of adults are.

（出典：アメリカ合衆国環境保護庁 HP
https://www.epa.gov/mercury/health-effects-exposures-mercury）

第 5 章

253

（参考和訳：母親がメチル水銀を含有する魚貝を食べると，母親の子宮内の胎児がメチル水銀に暴露される可能性がある。このことにより，胎児の脳や神経系の発達に悪影響がもたらす可能性がある。胎児の脳や神経系は，大人よりもメチル水銀の影響を受けやすいことがある。）

解説：Infants（胎児）を主語にして，第 1 文を開始しています。第 1 文の動詞部分に can be exposed（暴露の可能性がある）があります。第 2 文の主語は，第 1 文に出てきた can be exposed を言い換えた This exposure を使っています（P280 参照）。また第 3 文では，第 2 文の後半に登場する brains and nervous systems を These systems と指して主語として使用しています。

　これら①と②の方法は，1 つのパラグラフの中で，組み合わせることも可能です。

「つながり」の練習：既出情報を前に出して英文を組み立て，文と文をつなぐ
　「主語の決め方」を意識して，複数の英文を書く練習をしましょう。正確・明確・簡潔に書けるよう，練習（1）〜（3）までの複数文を英訳しましょう。
　指定の主語を使い，まずは手を動かして，英訳しましょう。英訳した後で解答と解説を読んでください。

Let's write!

練習（1）　主語に metal（金属）か superconductivity（超伝導）のいずれかを選び，英語で書いてみましょう。主語を選んだら，視点をそろえるようにしましょう。また，既出情報を前において英文を組み立てることが可能になれば，その先，文と文をつなぐことも検討してみましょう。

超伝導は，低温にした大抵の金属で生じる。しかし，いくつかの単純な系は，この状態をとりにくいように見え，その一例がリチウムである。
（主語は「超伝導」または「金属」）

（1）-1【金属】を主語にして書きましょう

Most metals

（1）-2【超伝導】を主語にして書きましょう

Superconductivity

解答と解説

（1）-1

^{第1文}**Most metals** show superconductivity at low temperatures. ^{第2文}However, **some simple systems** may disfavor this state. ^{第3文}**One such example** is lithium.

解説：第1文の主語を metals，第2文の主語は，metals と等価な内容である systems にそろえました。第3文の主語は，Some simple systems の一例として，One such example としました。このように，①主語をそろえて書けば，次は文をつなぐことが可能になります。

さらに文をつないでみましょう

主語がそろったら，2つの文を適宜つなげる（入れこむ）ことも容易になります。変更部分を下線と太字で強調します。

▶▶▶リライト案

Most metals show superconductivity at low temperatures. However, some simple systems **including lithium** may disfavor this state.

解説：先の第 3 文を第 2 文に入れこむことで，後半の 2 つの文をつなぎます。その結果，視点が metal および simple systems，つまり等価なものにそろい，理解しやすい 2 つの文となります。また，各文に SVO を使い，簡潔に書けます。

（1）-2

第 1 文 **Superconductivity** occurs in most metals at low temperatures. 第 2 文 However, **this phenomenon** may not easily occur in some **simple systems**. 第 3 文 **Such systems** include lithium.

解説：第 1 文の主語を Superconductivity にし，第 2 文の主語は，第 1 文の主語と合わせます。ここでは，superconductivity を this phenomenon として指します。くり返しを避けたい場合，単に代名詞 it を使うのではなく，明確性のために this phenomenon というように具体的に書くことが大切です。

　第 3 文では，第 2 文の終わりに出した情報 simple systems を使い，Such systems として主語を整えました（P278 参照）。このように主語の使い方を工夫し，①主語をそろえる，または②前文で出した情報を主語に使う，のいずれかの工夫をすれば，次は，文をつなぐことが可能になります。

さらに文をつないで改善しましょう

　視点を整えることができれば，文をつなぐことが可能になります。変更部分を下線と太字で強調します。

▶▶▶

Although superconductivity occurs in most metals at low temperatures, this phenomenon may not easily occur in some simple systems **including lithium**.

解説：第 1 文と第 2 文を接続詞 Although を使ってつなぎました（P285 参照）。第 2 文と第 3 文は，分詞を使ってつなぎました。

Let's write!

練習（2）　視点をそろえて，複数文を英訳しましょう。第 1 文から第 3 文まで，主語はすべて Ozone にして視点をそろえます。

^{第1文}オゾンは酸素原子3個からなり，短時間に酸素や水に変化する極めて不安定な物質である。^{第2文}電気があれば空気からオゾンを直接生成できるので，必要な場合だけ，オゾンを利用することが可能になっている。^{第3文}強い酸化力があることから，殺菌や脱色，有機物の除去などにオゾンを用いることができ，パルプ工場や食品工場，病院，半導体工場，上下水処理で利用されている。

酸素原子＝ oxygen atom，不安定＝ unstable
殺菌＝ sanitization，脱色＝ discoloration
（出典：工業英検2級　英訳問題）

^{第1文}Ozone

^{第2文}Ozone

^{第3文}Ozone

解答例

第1文 Ozone, which consists of three oxygen atoms, is highly unstable and changes to oxygen or water in a short time. 第2文 Ozone can be generated directly from air simply using electricity and thus can be used as needed. 第3文 Ozone, as a powerful oxidizer, has applications including sanitization, discoloration, and organic matter removal at pulp factories, food factories, hospitals, semiconductor factories, and water and sewage treatment plants.

解説：第1文から第3文まで，Ozone を主語にして書きます。第1文では，「オゾンは酸素原子3個からなる」「短時間に酸素や水に変化する極めて不安定な物質」という2つの異なる情報が含まれているため，関係代名詞非限定用法を使うことにより，2つの情報のうちの1つを「サブ情報」，1つを「メイン情報」に整えています（P241参照）。第2文は，「～であるので，～である」という因果関係を示す和文ですが，Ozone に視点をそろえて，単純に and thus で平易につなぐことで自然に因果関係を描写しています（P266参照）。第3文は，SVO で構成することで，やや複雑な内容も平易に表現することができます。

Let's write!

練習（3） 文と文のつながりを意識して，複数文を英訳しましょう。第1文の主語は The surface heat balance of urban areas（都市部の地表面における熱収支）とします。続けて英文を書きましょう。

都市部の地表面における熱収支が，都市化に伴う人工排熱の増加や地表面被覆の改変（舗装，建築物等）などにより変化し，都心の気温が郊外に比べて高くなる現象をヒートアイランド現象という。ヒートアイランド現象によって引き起こされる問題としては，夏季における昼間の高温化や夜間の熱帯夜等とそれに伴う熱中症などの健康影響，冷房用エネルギー消費の増大に伴う二酸化炭素排出量の増加，冬季における逆転層の形成による大気汚染などがあげられる。

都市部の地表面における熱収支＝ the surface heat balance of urban areas
ヒートアイランド現象＝ the heat island effect

（出典：工業英検1級　英訳問題）

The surface heat balance of urban areas

解答例

第1文 **The surface heat balance** of urban areas changes when human-caused waste heat increases or natural land cover is replaced with pavement, buildings, and other structures in the process of urbanization. 第2文 **Such changes cause downtown areas to have higher temperatures than their surrounding areas.** 第3文 **This phenomenon** is referred to as the heat island effect. 第4文 **Problems associated with the heat island effect** include extremely high daytime temperatures and sweltering nights in summer, which cause health problems such as heat stroke. 第5文 **Another problem** is the increased energy consumption for air-conditioning, which increases carbon dioxide emissions in turn. 第6文 Even in winter, **the heat island effect** increases air pollution through formation of an inversion layer.

解説：解答例では，和文の1文を，英文では3文に解体しています。英文の第1文の主語は The surface heat balance です。第1文の後半で「都市化に伴う人工排熱の増加や地表面被覆の改変（舗装，建築物等）などにより変化すること」を述べ，その情報を，第2文の主語に Such changes（そのような変化）として使います。第3文では，第2文の後半で述べた「都心の気温が郊外に比べて高くなること」を，This phenomenon として受けています。第4文と第5文は，第3文の後半に出した the heat island effect を含めた「Problems associated with the heat island effect」と「Another problem (associated with the heat island effect)」が主語です。最終文では，再度 the heat island effect を主語にしています。文と文が英語の表現上で「つながる」ように組み立てることで，例えば Therefore, や Accordingly, といった接続の言葉は不要となります（P273 参照）。

259

> 【既出情報を前に置く】のポイント
> ●英語の特徴：「既出の情報を前に置く」
>   英語はすでに出した情報を前に置く特徴がある。日本語は，主語が重要で
>   はなく，視点がばらつく。元の日本語によらず，次の2つの方法で英文の
>   主語を整える。
> ●既出情報を前に置く2つの方法
>   方法①主語をそろえる：複数文の主語を同じまたは等価なものにそろえる
>   ことで，視点をそろえて描写する。
>   方法②前文に出た情報を主語に使う：前文の後半に出た情報を主語にして，
>   文と文を順につなげながら説明する。
>   *方法①と②は，1つのパラグラフ中で組み合わせることができる。

（3）接続の言葉を減らす

文と文は接続の言葉によらず，内容で接続するべき

　文と文をつなぐにあたり，文頭に置く接続の言葉を減らす方法を提案してきました。「内容」が正しくつながっていれば，接続の言葉を使わなくても伝わります。

　次の英文アブストラクトを読んでみましょう。英文の提供者は，筆者による論文英語の授業を通じて，正確，明確，簡潔に書く手法を学んだ大学院生です。リライトをくり返して自分の力で仕上げられた英文アブストラクトです。読んでみてください。

大学院生による完成英文アブストラクト

Our present work is to develop an all-fiber coherent beam combining system to achieve a high energy pulse fiber laser beyond pulse energy limits due to non-linear effects in rare-earth-doped fibers. However, the coherent beam combining using optical fibers is technically difficult, because the optical phases in optical fibers fluctuate due to disturbances. Therefore, we have developed a novel all-fiber coherent beam combining system that can precisely control optical path lengths. Then, the system achieved a beam-combining efficiency of 97.5% when the optical path-length differences were minimized by using an ACF. In addition, the system successfully regulated the beam-combining-efficiency changes to less than 1.0% in full width.

正しく明快，簡潔な英語で書けました。さて，あと一歩改善するとすれば，この
アブストラクトの文どうしの「つながり」です。各文の文頭に，それぞれ前文との
「つながり」を表す言葉 However, Therefore, Then, In addition が入っていま
す。これら接続の言葉をすべて削除してみましょう。再度，アブストラクトを読ん
でください。

接続の言葉をすべて削除する

▶▶▶

Our present work is to develop an all-fiber coherent beam combining system to
achieve a high energy pulse fiber laser beyond pulse energy limits due to non-
linear effects in rare-earth-doped fibers. The coherent beam combining using
optical fibers is technically difficult, because the optical phases in optical fibers
fluctuate due to disturbances. We have developed a novel all-fiber coherent
beam combining system that can precisely control optical path lengths. The
system achieved a beam-combining efficiency of 97.5% when the optical path-
length differences were minimized by using an ACF. The system successfully
regulated the beam-combining-efficiency changes to less than 1.0% in full
width.

　いかがでしょう。意外とスムーズに読めたのではないでしょうか。むしろ接続の
言葉を使わないほうが，英文の中身が直接伝わり，読みやすくなったのではないで
しょうか。完成した英文が論理的に書かれている，つまり読み手が予測する順序で，
過不足なく情報が並べられていれば，接続の言葉がなくても内容が伝わります。
　このように，いったんすべての接続の言葉を削除してみます。その際，情報の欠
落や論理構成の不具合があれば，内容を修正するとよいでしょう。
　最後に，読み手の助けになると判断する部分にのみ，接続の言葉を戻します。今
回であれば，例えば However があったほうがわかりやすい，と判断する場合には，
However を元の場所に挿入しましょう。また，最終文の冒頭に使われていた In
addition の代わりに，also を文中に加えると，読みやすくなるでしょう。

　接続の言葉を 2 ヶ所に加えます。再度，読んでみましょう。

▶▶▶

Our present work is to develop an all-fiber coherent beam combining system to
achieve a high energy pulse fiber laser beyond pulse energy limits due to non-

linear effects in rare-earth-doped fibers. **However**, the coherent beam combining using optical fibers is technically difficult, because the optical phases in optical fibers fluctuate due to disturbances. We have developed a novel all-fiber coherent beam combining system that can precisely control optical path lengths. The system achieved a beam-combining efficiency of 97.5% when the optical path-length differences were minimized by using an ACF. The system **also** successfully regulated the beam-combining-efficiency changes to less than 1.0% in full width.　　　　　　　　　　　　　　　　　　　　　　　　　　(完成)

*読み手の理解を助けるため，However, を戻し，最終文に also を加えました。

「接続の言葉」をうまく使うためのポイントは，次の通りです。

> 【接続の言葉】のポイント
> ● 接続の言葉をいったんすべて消してみて，論理関係に破綻がないかを確認する。情報の欠落があれば，情報を補い，また必要に応じて論理構成を変更する。
> ● 全体的にうまく構成できたことを確認する。その上で，読み手が全体の流れを把握するための助けになると判断する部分にのみ，接続の言葉を加える（戻す）。

減らしたい接続の言葉と許容する接続の言葉

「接続の言葉」について，特にどれを減らせばよいか，どの接続の言葉を許容するかについて説明します。なお，この「接続の言葉」については，スタイルガイドによる決まりごとは特に見つかりません。筆者の経験則による，日本語の特徴に基づく指針として理解してください。

減らしたい接続の言葉	許容できる接続の言葉
Therefore	Thus
Conventionally, Recently, Generally	However, Unfortunately
Accordingly	Additionally, Subsequently

減らしたい接続の言葉

① Therefore

> Therefore は因果関係不足になりがちなので避ける。削除する，または代わりに Thus（文中，文頭）が使えることがある。

「必然」を表します。論理に基づく記載が先行する場合に，「そのために必然的に〜である」という意味で使用します。英英辞書の定義は次の通りです。

You use therefore to introduce a logical result or conclusion.（COBUILD English Dictionary（P19 参照））

「そのため」といった軽い因果関係の日本語に対して使うべきではありません。一方でうまく使えば，「記載が重要である」ことを演出することも可能です。

Therefore の使用が不適切な例

× Motors consume electric power constituting 50% of the total energy generated in Japan. **Therefore**, reducing the energy loss of motors is important.

モータは，日本のエネルギーの 50％を消費している。したがって，モータのエネルギーロスを減らすことは重要である。

問題：2 つの文が Therefore（＝論理的結論）で接続できる因果関係かどうかを考えます。「モータが日本のエネルギーの 50％を消費していること」と「モータのエネルギーロスを減らすことが重要」は，「必然的な結果」とはいえません。情報に飛びがあります。Therefore を使用せず，自然に文と文を羅列するほうが適切です。文と文の「つながり」を明示したい場合には，therefore よりも因果関係が弱い thus を 2 文目の文中に入れます（thus の定義については P266 参照）。

▶▶▶リライト案 1

Motors consume electric power constituting 50% of the total energy generated in Japan. Reducing the energy loss of the motors is important.

（接続の言葉を使わずに，内容だけを並べる）

263

▶▶▶リライト案2

Motors consume electric power constituting 50% of the total energy generated in Japan. Reducing the energy loss of motors is thus important.
(thus を文中に置く)

② Conventionally, Recently, Generally

Recently と Conventionally は，文中に入れる。または現在完了形の時制で代用も可能。

「近年」や「従来」と日本語で文頭にあっても，Recently, … や Conventionally, … と文頭に出すことはできるだけ避けます。これらの副詞は，本来の係り先である動詞に近づけるために文中に入れるのが好ましい使い方です。または，現在完了形でこれらの副詞を代用することも可能です。

文中に入れる例，現在完了形の時制で代用する例

△　Recently, semiconductor devices have been miniaturized.
　　近年，半導体は小型化が進んでいる。

問題：日本語とぴったり対応している。In recent years, という確立した句が別途あるため，副詞 Recently, の文頭使いは定着しにくい。

▶▶▶リライト案

○　Semiconductor devices have been miniaturized recently.
○　Semiconductor devices have been miniaturized.

Generally は文中に入れる。または別のわかりやすい表現に変更する。

Recently, Conventionally と同様に，文頭ではなく文中の使用を検討します。文頭に出す場合には In general, を使います。また，generally が表す「一般」の意味がとらえにくいと感じる場合には，typically, commonly, usually といったよりイメージしやすい単語に変えます。

264

わかりやすい言葉に変えて文中に入れる例

△ Generally, electric vehicles use electric motors and motor controllers, instead of internal combustion engines.
一般的に，電気自動車は，内燃機関の代わりにモータとモータ制御部を備えている。

▶▶▶リライト案

Electric vehicles commonly use electric motors and motor controllers, instead of internal combustion engines.

* generally は commonly や typically に置き換えられることが多い。文中に入れると読みやすくなります。

③ Accordingly

> **Accordingly は「つながり」不足になりがち。**

* 文末で使う副詞の accordingly は効果的に使える場合があります。

Accordingly は，単に「したがって」ではなく，<u>それにしたがって～する</u>」「<u>それにしたがって～である</u>」を表します。前文との結びつきが強い場合にのみ使用可能です。文頭での使用は，たいてい不適切になります。

なお，文頭で「文全体を修飾する副詞（P112 参照）」としてではなく，文末で動詞を修飾する副詞として使うと，効果的に使えることがあります。

accordingly の使用が効果的な例（文末）

The controller monitors the charging voltage of the capacitor, and controls the transistor **in accordance with the monitored voltage.**
制御部は，キャパシタの充電電圧を監視し，その電圧にしたがってトランジスタを制御する。

▶▶▶文末で accordingly を活かす

○　The controller monitors the charging voltage of the capacitor, and controls the transistor <u>accordingly</u>.
制御部は，キャパシタの充電電圧を監視し，<u>それにしたがって</u>トランジスタを制御する。

＊このように文末で accordingly を使うことにより，上の文の in accordance with the monitored voltage の意を簡潔に表すことができます。

許容できる接続の言葉
① Thus

thus は因果関係を表すために便利。前文と主語をそろえてつなぐときに文中に入れて使うとよりよい。so（したがって）を使いたくなる場合に，thus を使う。接続詞 so は略式なので使用不可。

　thus は，「先に言ったことに言及する」ときに使います。「したがって」という日本語に使える正式な言葉です。therefore ほど強い論理ではないため，比較的使いやすい単語です。

＊参考：英英辞書 COBUILD English Dictionary の定義：You use thus to show that what you are about to mention is the result or consequence of something else that you have just mentioned.

　また，… and thus のように文中副詞で使うと論理の流れがよくなり効果的です。文中での thus の使用は，ネイティブも常用しています。

使用例

Current global patterns of biodiversity result from processes that operate over both space and time **and thus** require an integrated macroecological and macroevolutionary perspective.
現代の全球レベルでの生物多様性のパターンは空間的および時間的な過程により生じるものであり，その理解には，生態系を巨視的および微視的の双方の観点を統合する必要がある。

＊自然科学誌 Nature のアブストラクト第 1 文より抜粋（Nature 491, p444-p448）。前半・後半の主語を Current global patterns にそろえることで，and thus を使い，スムーズに情報を展開しています。

② However と Unfortunately

> **However は読み手の理解を助けるため，残してもよい。**

「逆説」を表す表現です。文字通り「しかし，ところが」を表します。逆説の内容は，読み手にとって話の流れが変わる文脈となるため，However, を入れることで読み手の理解が進みます。したがって，使用の許容度は高いといえます。

使用例

> **However**, glass is difficult to machine and etch.
> しかし，ガラスは加工やエッチングが難しい。

> **Unfortunately は「しかし」に対して使えることがある。**

「しかし」という日本語に対応します。「問題」について述べるときに使えます。逆説ではなく，前文の内容を強める場合にも使えます。

使用例

> **Unfortunately**, such products can crack under mechanical loading.
> しかし，これらの製品は機械的負荷によりひび割れを起こすことがある。

③ Additionally, Subsequently

> **Additionally は便利。意味は also と同じ。また in addition to とは使い分ける。**

・「また，～である」として前文全体に情報を加えます。意味は also と同じです。also は文中に入れます。Additionally は，文頭に出して注意を喚起します。
・「～に加えて」という文脈で，前文の情報を「～に」の箇所に入れたい場合には，In addition to the＿＿＿，と表現します。それ以外の場合，In addition, ではなく Additionally, を使います。

Additionallly を活かす例：また（その利点に加えて），電子制御を採用したエン

ジンは，運転中に燃料噴射タイミングを最適に調整することができるため，低負荷時の性能が改善される。

Additionally, electronically controlled engines can optimize the fuel injection timing during operation, and show higher performance at a low load.

＊文頭に「また（その利点に加えて），」の意味で使う。

Electronically controlled engines can **also** optimize the fuel injection timing during operation, and show higher performance at a low load.

＊also の場合は，文中に入れる。

In addition to that advantage, electronically controlled engines can optimize the fuel injection timing during operation, and show higher performance at a low load.

＊前文の具体的な情報「その利点（that advantage）」などとつなげる場合には，In addition to（または this や that …）が使える。情報を足すことができる。

Subsequently は便利に使える。

「時の流れ」を出す接続の言葉。「その後」という日本語に対して便利に使えます。

使用例

Subsequently, the sample was heated at 65 °C for 5 min and cooled slowly to room temperature.
その後，サンプルを 65℃で 5 分間加熱し，常温まで徐冷した。

他の接続の言葉や接続詞—【Since と Because】，【On the other hand と While】

迷いがちな他の接続の表現である【因果関係を表す Since と Because】と【対比を表す On the other hand と While】についても説明します。それぞれの解決法を提示します。

因果関係を表す Since と Because — Because を使用，または因果関係を解消

「〜のために」という因果関係を表すのに使われがちな接続詞 since は，「〜以来」

という時間的意味もあるため避けましょう（P274 ブレイク＆スキルアップ参照）。
まずは because に修正をした上で，次に because が表す因果関係が正しいかど
うかを検討しましょう。

　because は強い因果関係を表します。日本語の「～のため」に対応させて使うと，
誤ってしまうことがあります。「～であることにより，～である」という日本語が
表す因果関係について，因果関係の正しさを調べましょう。具体的には，情報の「抜
け」がないかどうかを調べるとよいでしょう。因果関係が弱い場合には，より平易
に流れる別の表現への変更，例えば「単に and でつなぐ」，「関係代名詞の非限定
用法（, which）を使う」，といった変更を検討しましょう。

　例を見てみましょう。

例 1

> ×　**Since** the conductivity of CFRP panels is anisotropic, lightning strikes
> may cause accidents.
> CFRP パネルの導電性は異方性を有しているため，落雷により事故が起こる
> 可能性がある。

解説：はじめに Since ⇒ Because に変更する。Since には「～以来」という時間
的意味もあるため，紛らわしい。また因果関係を確認し，不適切であれば他の表現
に変更する。

Let's rewrite!
▶▶▶

> ×　Because the conductivity of CFRP panels is anisotropic, lightning strikes
> may cause accidents.

解説：「導電性が異方性であること」と「落雷により事故が起こること」には，情
報の抜けがあります。because で表すと因果関係が不明なので，内容を改善する
必要があります。

269

▶▶▶

○　With their anisotropic conductivity, CFRP panels are susceptive to lightning strikes that may cause accidents.
CFRP パネルは異方性導電性を有しているため，落雷に弱く，事故が起こる可能性がある。

解説:「～を有する」を表す with を使いました。また後半に「パネルが落雷に弱い」ことを追記しました。

▶▶▶

○　CFRP panels have anisotropic conductivity and are susceptive to lightning strikes that may cause accidents.

解説：さらに平易に描写するために，視点（主語）を CFRP panels に整え，「異方性伝導性を有する」と「落雷に弱く，事故が起こる可能性がある」を併記しました。主語をそろえて書くことができれば，because を使用せずに，単純に等位接続詞（P285 参照）and を使ってつなぐことが可能です。

▶▶▶

○　CFRP panels, which have anisotropic conductivity, are susceptive to lightning strikes that may cause accidents.

解説：最後にもう一例，関係代名詞非限定（, which）を使った表現です。1 文の中で，「サブの情報」を関係代名詞節を使って表すことで，1 つの文の「メイン」の情報を 1 つに見せることができます。

例2

×　This system can be designed to meet customer needs because of high flexibility in its magnet shape and magnet placement.
このシステムは，磁石の形状と配置に柔軟性があるため，顧客のニーズを満たすことができる。

解説:「磁石の形状と配置に柔軟性がある」ことと「顧客のニーズを満たす」ことは，情報の抜けがあるために論理的でない。

270

Let's rewrite!

▶▶▶単に and に変える

○　This system is highly flexible in its magnet shape and magnet placement and can be designed to meet customer needs.

*文が平易で読みやすい。より「つながり」を明示したい場合には，thus を入れるとよい。

▶▶▶

○　This system is highly flexible in its magnet shape and magnet placement, and can **thus** be designed to meet customer needs.

*接続の言葉 thus により，読み手の理解を助ける。

▶▶▶関係代名詞非限定を使う

○　This system, which is highly flexible in its magnet shape and magnet placement, can be designed to meet customer needs.

*情報の重きが整えられ，文のメイン情報が 1 つに整うため，読みやすくなる。

「対比」を表す On the other hand と While を改善する

> ### On the other hand はやめよう。

　文と文の形をそろえることで，「対比」を文の形により，読み手に伝えることができます。そうなれば，On the other hand は削除できます。On the other hand を残したい場合には，In contrast, に変えます。

　平易な改善方法として，まず On the other hand, を In contrast, に置き換えます。そこで対比の文脈に違和感があれば，In contrast も消します。対比に違和感がなければ，In contrast を残します。または，whereas を使って対比を表す 2 つの文をつなぎます。

　例を見てみましょう。

例

△　Traditional power plants produce electricity from fossil fuels like gas or coal. **On the other hand**, solar power plants produce all energy from the sun.
（On the other hand を使用）
従来の発電所では電気はガスや石炭とした化石燃料から得ている。一方，太陽光による発電所では，すべてのエネルギーを太陽から得ている。

▶▶▶解決法①　単に区切る

○　Traditional power plants produce electricity from fossil fuels like gas or coal. **Solar** power plants produce all energy from the sun.

＊2つの文の形がそろっていれば，並べるだけで，対比を表すことができる。

▶▶▶解決法②　区切って，In contrast, を入れる

○　Traditional power plants produce electricity from fossil fuels like gas or coal. **In contrast**, solar power plants produce all energy from the sun.

＊対比を視覚的に強調したい場合には，In contrast を入れる。

▶▶▶解決法③　whereas でつなぐ

○　Traditional power plants produce electricity from fossil fuels like gas or coal, **whereas** solar power plants produce all energy from the sun.

＊つなぐことができる長さの場合，接続詞 whereas を使って2つの文をつなぐ。

「一方」の意味での while は whereas に修正する。

　「〜である一方」という意味で使われる while の使用は避けましょう。「〜である一方」の意味では，whereas を使いましょう。

例

×　Traditional power plants produce electricity from fossil fuels like gas or coal, **while** solar power plants produce all energy from the sun.

（while を使用）
従来の発電所は電気はガスや石炭とした化石燃料から得ている。一方，太陽光
による発電所では，すべてのエネルギーを太陽から得ている。

▶▶▶解決法

Traditional power plants produce electricity from fossil fuels like gas or coal,
whereas solar power plants produce all energy from the sun.

【接続の言葉を減らす】のポイント
- 「パラグラフライティング術」で内容をうまく展開し，「既出の情報を前に
  置く」2 つの手法（①主語をそろえる，②前文に出た情報を主語に使う）に
  より，文と文をつなげる。
  文と文の「内容」をつなげることができれば，Therefore, Accordingly と
  いった接続の言葉が不要になる。接続の言葉を消して論理的なつながりが
  不足している場合には，加筆する。
- 目指すのは接続の言葉*ゼロ。いったん取り除き，必要箇所だけに加える。
*接続の言葉とは，ここでは Therefore, Accordingly といった接続副詞，Recently, Conventionally,
などの副詞を指しています。

  英文が完成する
  ↓
  接続の言葉をすべて削除してみて，論理的に読めるかを確認する。情報の
  不足がないか，論理の破綻はないかを確認する
  ↓
  情報の不足があれば補う。論理の破綻があれば論理構成を変更する。接続
  の言葉なしでも読めることを確認する
  ↓
  最後に，読み手に対して親切と考える場所に接続の言葉を加える（完成）

- 因果関係を表す Because と Since，対比を表す On the other hand と
  While も改善する。

第5章

273

ブレイク ＆ スキルアップ

「一方」の while と「理由」の since は使わない

　読み手を迷わせないために，１つの意味だけを明快に伝える英文を書くことが大切です。そのために，いつも「一意に定まる」表現を使うことが大切です。

　例えば「一方」の意味では，while ではなく whereas を使います。また，「理由」を表す since の使用を避け，because，またはさらに別の表現を使います（P268 参照）。

　これら while ⇒ whereas，since ⇒ because への変更について，ACS スタイルガイドに記載があります。以下に引用します（和訳と下線は筆者）。

Use the proper subordinating conjunctions. (Conjunctions join parts of a sentence; subordinating conjunctions join subordinate clauses to the main sentence.) "While" and "since" have strong connotations of time. Do not use them where you mean "although", "because", or "whereas".

適切な従属接続詞を使いましょう（接続詞は文の各部を接続し，従属接続詞は主節に従属節を接続する）。while と since は，時間の意味が強いため，although, because, whereas の意味では使わないようにしましょう。

悪い例　×

Since solvent reorganization is a potential contributor, the selection of data is very important.

溶媒再配列が要因の１つとなる可能性があるため，データの選択は非常に重要である。

良い例　○

Because solvent reorganization is a potential contributor, the selection of data is very important.

悪い例　×

While the reactions of the anion were solvent-dependent, the corresponding reactions of the substituted derivatives were not.

アニオンの反応は溶媒に依存するが，その置換誘導体の反応は溶媒に依存しなかった。

274

良い例　○

<u>Although</u> the reactions of the anion were solvent-dependent, the corresponding reactions of the substituted derivatives were not.

The reactions of the anion were solvent-dependent, <u>but</u> (or <u>whereas</u>) the corresponding reactions of the substituted derivatives were not.

（出典：ACS スタイルガイド）

　このように，ACS スタイルガイドでは，since の代わりに because を使うことをすすめています（なお，その先 because の因果関係を確認して，必要に応じてさらにリライトします。P269 参照）。また，while の代わりに although や but，また whereas を使うことをすすめています。このような使い方により，読み手にとってよりわかりやすく，１つの意味だけを明快に伝えることができます。

　英語を書くにあたっては，指針を明確にして表現を選ぶことが大切です。例えばスタイルガイドを指針とすることができます。それにより，書き手が英文を決める際の迷いが消え，気持ちよく執筆を進めることが可能になります。そのようにして書いた英語論文は，読みやすいものとなっているでしょう。

2. 文と文を「内容」でつなぐ技法

　文と文を関連づけ，「内容」でつなぐ技法を紹介します。２つの文を実際に１つの文にまとめる方法，また独立した２つの文のままで意味を関連づけておく方法があります。次の項目を説明します。

（1）「視点」を定めてつなぐ
　　① the, these を主語に加える
　　② the の意味を含む each で文と文をつなぐ
　　③数えない名詞の総称表現を並べる
（2）文と文の意味をつなぐ
　　① such で文と文の意味をつなぐ
　　② This（このこと）を主語にしてつなぐ，This ＋具体語を主語にしてつなぐ
　　③文中に thus を挿入して論理の流れを助ける

（1）「視点」を定めてつなぐ

① the, these を主語に加える

主語をそろえる，または前文で出した情報を主語に使う，という工夫ができれば，第2文の主語に The を使う（単数・複数の場合），または These を使う（複数の場合）ことが可能になります。最も簡単な，文どうしの意味をつなぐ方法です。

なお，主語がそろうと，第2文の主語に It や They といった代名詞を使いたくなるかもしれません。しかし，文中にないものを指す代名詞を単体で使用することは，できるだけ避けましょう（P49参照）。何を指すのか，読み手にわかりにくくなるためです。例えば A control system を次の文の主語で The control system とすると長いというような場合には，It とするのではなく，The system や This system というように単語を減らして前の単語を指すようにしましょう。英文にとって主語は重要です。多少語数が増えても，具体的に書くことで，読みやすさを優先しましょう。

例1：the を使った主語で前文の内容を表す

> Epithelial tissues (epithelia) remove excess cells through **extrusion**, preventing the accumulation of unnecessary or pathological cells. **The extrusion process** can be triggered by apoptotic signalling, oncogenic transformation and over-crowding of cells.
>
> epithelial tissue ＝上皮組織，epithelia ＝上皮，extrusion ＝押し出し
> pathological ＝病的な，apoptotic ＝アポトーシス（細胞死）の，oncogenic ＝発がん性の
> （上皮組織（上皮）は，過剰な細胞を押し出しにより取り除き，不要な細胞や病的な細胞の蓄積を防いでいる。この押し出し工程は，アポトーシスに関連するシグナル伝達，細胞の発がん性形質転換および過密状態が引き金となって生じる。）
>
> Nature 544, 212-216（13 April 2017）
> タイトル：Topological defects in epithelia govern cell death and extrusion
> （上皮のトポロジカル欠陥が細胞の死や押し出しを決定している）

解説：extrusion ＝押し出し，が前文の後半で登場し，次の文で The extrusion process（この押し出し工程）として主語に使っている。

例2：these を使った主語で前文の内容を表す

The development of the nervous system involves a coordinated succession of events including **the migration of GABAergic (γ-aminobutyric-acid-releasing) neurons from ventral to dorsal forebrain and their integration into cortical circuits**. However, **these interregional interactions** have not yet been modelled with human cells.

nervous system＝神経系，ventral＝腹側の，dorsal＝背側の，forebrain＝前脳
interregional＝領域間の，cortical＝皮質の

（神経系の発達は複数の事象が協調的に連続して起こり，その例として，GABA作動性前脳（γ-アミノ酪酸放出）の腹側から背側へのニューロンの移動および皮質回路への統合があげられる。しかし，これらの領域間相互作用について，ヒトの細胞でモデル化された例はない。）

Nature 545, 54-59 (04 May 2017)
タイトル：Assembly of functionally integrated human forebrain spheroids
（機能的に統合したヒト前脳由来スフェロイドの合体）

解説：文の後半の内容「前脳の腹側から背側へのニューロンの移動および皮質回路への統合」のことを，次の文では these interregional interactions ＝「これらの領域間相互作用」として表し，次の文の主語に使っている。

② the の意味を含む each で文と文をつなぐ

each は，先に出てきた「複数」のものについて，個々に焦点を当てて表します。each には，「既出の the」の意味が含まれています。したがって，each を使うことで，**先行する記載との「つながり」を表すことができます。**

Recent work in Drosophila has identified **two parallel pathways** that selectively respond to either moving light or dark edges. **Each of these pathways** requires two critical processing steps to be applied to incoming signals: differential delay between the spatial input channels, and distinct processing of brightness increment and decrement signals.

Dorsophilia＝ショウジョウバエ

（ショウジョウバエの最近の研究において，移動する明るい外縁と暗い外縁のどちらかに選択的に応答する2つの平行経路が見つかっている。これらの経路はそれぞれ，入力信号に対する2つの重要な処理，すなわち2つの空間的入力チャネルの時間差の処理と，輝度の増加信号および減少信号の別個の処理を必要としている。）

> Nature 512, 427-430 (28 August 2014)
> タイトル：Processing properties of ON and OFF pathways for Drosophila motion detection
> （ショウジョウバエの動き検出を担う ON 経路と OFF 経路の処理特性）

解説：前文で出した情報（two parallel pathways）を，次の文で Each of these pathways として主語に使っている。each は the の意味を含み，「つながり」も表すことができる。

③数えない名詞の総称表現を並べる

「主語をそろえる」という文どうしの視点をそろえる工夫をする場合に，総称表現「～というもの」を使い続けるということが可能です。「数えない」無冠詞単数形の総称表現は，無冠詞のまま並べます。

Secondhand smoke is the third leading cause of lung cancer and responsible for an estimated 3,000 lung cancer deaths every year. **Smoking** affects non-smokers by **exposing them to secondhand smoke**. **Exposure to secondhand smoke** can have serious consequences for children's health, including asthma attacks, affecting the respiratory tract (bronchitis, pneumonia), and may cause ear infections.

（二次喫煙は，肺がんの第 3 の主な原因であり，毎年 3000 件の肺がん死の要因であるとされる。喫煙により，非喫煙者が二次喫煙に暴露され，影響を受ける。二次喫煙に暴露されることで，子供の健康にも悪影響がある。ぜんそくの発作や呼吸器への影響（気管支炎や肺炎），耳感染症などの可能性も生じる。）

（出典：米国環境庁 HP　https://www.epa.gov/radon/health-risk-radon#head）

解説：Secondhand smoke ⇒ Smoking ⇒ exposing them to secondhand smoke ⇒ Exposure to secondhand smoke というように，いずれも無冠詞の主語（不可算名詞の総称表現）を使いながら内容を展開している。The は使わず，内容で文どうしをつなげている。

（2）文と文の意味をつなぐ

① such で文と文の意味をつなぐ

such は「そのようなもの」として，先行する記載との「つながり」を表します。

前に出した単語から表現を変える場合や，前に出した部分から少し離れているような場合にも，such を使うことで意味を適切に「つなぐ」ことができます。the や these で表すと直接的すぎてわかりにくい場合，指すものから一部を言い換えて表す場合などに便利に使えます。

Integrating intermittent renewable-energy supplies into existing electricity grids in a stable way will depend on artificial intelligence. **Such a system** could process massive volumes of consumption data and adjust power usage almost instantly, giving real-time control over supply and demand.
（断続的な再生可能エネルギー供給を既存の電力系統に安定的に組み込めるかどうかは，人口知能にかかっている。そのようなシステムでは，電力消費の大量データを処理し，即座に電力使用を調整することにより，需要と供給をリアルタイムに制御できるようになる。）

Nature 544, 161 (13 April 2017)
タイトル：Outsmart supply dips in renewable energy
（再生エネルギーのスマートな供給）

解説：第 2 文の主語に such を使い，such a system（そのようなシステム）として，前文の情報を集約している。

② -1 This（このこと）を主語にしてつなぐ

前文の内容全体を「このこと（This）」と表現することで，「つながり」を明示することができます。この「This を主語にすること」は，とても便利で重要です。特に，This（このこと）を主語にした SVO 構文を作ることで，明快に，文と文をつなげることが可能になります。また，SVO 以外の文の組み立て（SVC 他）も可能です。

A computer combines data from the lenses to form an image that has increasing resolution towards the middle. **This** $\boxed{\text{mimics}}$ the vision of predators, which is more sharply focused in the centre and allows them to quickly spot prey.

Resolution ＝解像度，mimic ＝～とよく似ている，predator ＝捕食者，prey ＝獲物

（コンピュータはレンズから得られるデータを使い，中心部に向かうにつれて解像度があがる画像を形成する。このことは，捕食者の視覚とよく似ている。捕食者の視覚では，中心部でより鮮明に焦点が合うことで，獲物をすばやく見つけることができる。）

Nature 542, 395 (23 February 2017)
タイトル：3D-printed camera sees like an eagle

（三次元印刷カメラはワシのように物体を見る）

解説：第2文の主語に This（このこと）を使い，「このこと（This）が，捕食者の視覚（the vision of predators）を真似ている（mimics）」というように，単純な SVO を組み立てている。

② -2 This ＋具体語を主語にしてつなぐ

「このこと」を表す This 単体の主語だけではなく，「この〜」というように，This ＋ 具体語を主語にすることも可能です。This ＋ 具体語で，「つながり」を明快に表すことができます。前文で出てくる情報を具体的に集約します。

Digital production, transmission and storage have revolutionized how we access and use information but have also made archiving an increasingly complex task that requires active, continuing maintenance of digital media. **This challenge** has focused some interest on DNA as an attractive target for information storage because of its capacity for high-density information encoding, longevity under easily achieved conditions and proven track record as an information bearer.

（デジタル情報の生成，伝送，記憶により，情報の入手や利用には大変革が起こったが，そのことによりデータ保管がますます複雑な作業となり，デジタルメディアの積極的かつ継続的なメンテナンスが必要になった。この課題のために，情報記憶の対象としての DNA に注目が集まっている。DNA は，高密度情報を符号化でき，容易に実現可能な条件下で寿命が長く，情報担体としての確かな実績がある。）

Nature 494, 77-80 (07 February 2013)

タイトル：Towards practical, high-capacity, low-maintenance information storage in synthesized DNA

（合成 DNA で実用的な大容量低メンテナンス情報記憶を目指す）

解説：第1文ではデジタル時代の課題が具体的に記載されている。第1文では，それを This challenge（この課題）として主語に集約し，This challenge has focused some interest（この課題のために〜に着目がされている）という SVO 構文を作っている。

③文中に thus を挿入して論理の流れを助ける

「したがって」を表したいときには，文中に thus を加えることが効果的です（thus

の定義は P266 参照）。他にありがちな接続の言葉である therefore（therefore の定義は P263 参照）よりも，自然につながりを表すことができます。thus を使うことで，読み手に対して，論理の流れの理解を助けることができます。

　なお，文頭や文中に「したがって」を表す接続詞の so を使用することは控えましょう。接続詞 so は，略式な表現です。論文では不適切です。接続詞 so を使いたいと感じる場合にも，代わりに thus を使うことができます。

　thus は文頭，文中のいずれも可能ですが，文中に入れることで，より自然に論理の流れを助けることができます。

Our study **thus suggests** that the pre-plate-tectonics Archean Earth operated globally in the Plutonic squishy lid regime rather than in an Io-like heat-pipe regime.

（したがって，今回の研究によると，プレートテクトニクス前の始生代地球では，全球がイオに似たヒートパイプ型ではなく深成柔軟リッド型で動いていたということが示唆されている。）

Nature 545, 332-335 (18 May 2017)

タイトル：Continental crust formation on early Earth controlled by intrusive magmatism
（貫入性火成活動が制御していた初期地球の大陸地殻形成）

解説：接続を表す言葉を使いたい場合には，thus（副詞）を文中に置く。つまり，修飾先である動詞の近くに置いて使う。

【文と文を「内容」でつなぐ技法】のポイント
- 文と文を，その「内容」によりつなぐことができる。前文の主語，または前文で出した情報を主語にして視点をそろえて書けば，the や these，each を加えた主語，または数えない名詞の無冠詞総称表現により，前文と「つなげて」書くことができる。
- また，such や This を使って文と文の意味をつなぐ，また流れをよくする thus を使う，などの技法がある。

第5章

281

ブレイク & スキルアップ

Nature アブストラクトから表現を吸収する

　ライティング力をつけるためには，英語を書き続けることに加えて，よい英語を読んで吸収することも大切です。研究者の方々は，関連技術を調べるために英語を読む機会があると思います。それをうまく活用し，効率的に英語表現を吸収することが可能です。

　一例として，自然科学誌 Nature のアブストラクトを精査することを提案します。Nature の英語は，3C（正確・明確・簡潔）表現の宝庫です。250 ワード程度のアブストラクトの中から，良い英語表現を効率よく見つけることができます。着目する文法事項や表現を自由に設定して読んでみるとよいでしょう。

　英文アブストラクトを読むとき，日本語に訳そうとせずに英語のまま読むことが大切です。知らない単語があっても，どうしても意味を知りたいとき以外は調べず，大まかに内容を理解します。ひと通り読んで内容を理解し終えたのち，英語表現に着目して読みましょう。全体像を眺めたり，文ごとに細かく表現を精査したり，動詞や名詞に着目したり，良い表現や使えそうな表現を探しながら，自由に読みましょう。

　一例として，次のポイントに着目します。

着目ポイントの例
- 動詞の種類（自動詞 result, remain, 他動詞 require, advance, identify, limit）（前半）
- 文どうしのつながり（後半）

動詞の種類に着目（前半）
　「鳥類の全球レベルでの空間的および時間的な多様性」を邦題とするアブストラクトを読んでみましょう。まず，冒頭部分の第 1 文から第 4 文まで（107 ワード）に使われている「動詞」に着目します。

Nature 491, 444-448 (15 November 2012)
タイトル：The global diversity of birds in space and time
（鳥類の全球レベルでの空間的および時間的な多様性）

第1文 Current global patterns of biodiversity **result from** processes that operate over both space and time and thus **require** an integrated macroecological and macroevolutionary perspective. [第2文] Molecular time trees **have advanced** our understanding of the tempo and mode of diversification and **have identified** remarkable adaptive radiations across the tree of life. [第3文] However, incomplete joint phylogenetic and geographic sampling **has limited** broad-scale inference. [第4文] Thus, the relative prevalence of rapid radiations and the importance of their geographic settings in shaping global biodiversity patterns **remain** unclear.

着目ポイント：効果的な自動詞の使用

自動詞（直後に目的語が不要）として，第1文に result from，第4文に remain が使われています。動詞 result は，result in … （結果，〜となる）という使用法ではなく，result from … として「〜の結果生じる」という内容を平易に表現しています。便利で効果的な自動詞の使用例です。

次に remain を使うことで，「まだ明らかになっていない（have <u>not</u> become clear）」といった否定の意味を表したい場合にも，not を使うことなく，remain unclear として，簡潔に表現しています（P230 参照）。

着目ポイント：他動詞による SVO 表現

他動詞（直後に目的語を置き，SVO を作る）として，require, advance, identify, limit が使われています。第1文の require … （＝〜を必要とする）では，強い強制力を表す動詞 require により明快に表現しています。第2文の have advanced our understanding（＝われわれの理解が進んだ），さらには have identified … （＝〜を特定した）も，力強く具体的な表現です。第3文の has limited … （＝〜に限界を加えてきた）も同様に，明快な表現です。

文どうしのつながりに着目

次に，続く第5文から終わりにかけて，文どうしのつながりを見てみましょう。文どうしの接続を表す単語，文頭に置かれている単語を太字にして着目します。

[第5文] **Here** we present, analyse and map the first complete dated phylogeny of all 9,993 extant species of birds, a widely studied group showing many unique adaptations. [第6文] **We** find that birds have undergone a strong increase in diversification rate from about 50 million years ago to the near present. [第7文] **This**

283

acceleration is due to a number of significant rate increases, both within song-birds and within other young and mostly temperate radiations including the waterfowl, gulls and woodpeckers. 第8文 **Importantly**, species characterized with very high past diversification rates are interspersed throughout the avian tree and across geographic space. 第9文 Geographically, **the major differences** in diversification rates are hemispheric rather than latitudinal, with bird assemblages in Asia, North America and southern South America containing a disproportionate number of species from recent rapid radiations. 第10文 **The contribution** of rapidly radiating lineages to both temporal diversification dynamics and spatial distributions of species diversity illustrates the benefits of an inclusive geographical and taxonomical perspective. 第11文 Overall, **whereas** constituent clades may exhibit slowdowns, the adaptive zone into which modern birds have diversified since the Cretaceous may still offer opportunities for diversification.

第5文は，著者の研究についての内容を開始するサインである Here we … で文を開始しています。第6文でも，引き続き一人称 we を主語に使っています（一人称主語の使用については P202 参照）。その後の第7文では，This acceleration is due to … として既出の内容を受けて文をつなげています。第8文は，副詞 Importantly, を効果的に使って文を開始しています（副詞の使用については P108 参照）。第9文，第10文では the major differences in diversification rates, The contribution of rapidly radiating lineages … と，既出の the で開始する文が増えています。いわゆる接続の言葉を使わず，「内容」によって文どうしを接続しています。第11文では，接続詞 whereas（＝～である一方）を使っています（whereas については P287 参照）。

このほかにも，色々な着目ポイントが含まれています。例えば明快な前置詞（over, across, throughout）が使われています。無生物主語の使用（Current global patterns, Molecular time trees …）も数多く見られます。時制の流れも興味深く，「現在形 → 現在完了形 → 現在形 → 助動詞表現」へと移行しています。これらのポイントにも自由に着目し，読んでみるとよいでしょう。

3C【正確・明確・簡潔】英語から学び，純粋に英語を楽しむ時間，英語表現を味わい，吸収する時間を，例えば1日30分など作るとよいでしょう。

284

3. 文と文を実際につなぐ技法

　文どうしをこれまで取りあげた手法にて「関連づける」ことができれば，次は２つの文を実際に１つの文にまとめることが可能になります（P254 練習参照）。「１つのセンテンスにメイン情報は１つ」という原則（P242 参照）を保持しながら，短い文どうしをつなぎます。

　主な方法として，（1）接続詞でつなぐ，（2）文をつなぐコンマ表現（関係代名詞非限定と文末分詞）を説明します。

（1）接続詞でつなぐ

接続詞（等位接続詞・従属接続詞）でつなぐ

　文と文をつなぐための最も一般的な方法は，「接続詞」でつなぐことです。接続詞には，「等位接続詞」と「従属接続詞」があります。文法用語は苦手という方も，一度理解してしまうとあとは簡単ですので，この「等位」と「従属」について，知っておきましょう。それぞれの種の接続詞から，必要なものだけを説明します。例えば知っておくべき等位接続詞は，and と but です。従属接続詞としては，「文の内容をつなぐ」ことに着目し，although, whereas, because の３つを取りあげます（他の従属接続詞 when や if については，複文構造ではなく単文構造を選択することで，使用を控えることができる場合があります。したがって，ここでは扱いません）。

お役立ちメモ

等位接続詞と従属接続詞

　等位接続詞 and と but は，ＡとＢを「等しい」関係でつなぐときに使用します。ＡとＢは，「名詞と名詞」「文と文」「節と節」，などの「等位」なものとなります。A and B や A but B というとき，読み手は，ＡとＢに同じ比重をおきながら読みます。

　従属接続詞で２つの文をつなぐ場合，２つの文のうちの一方が主節，他方が従属節となります。つまり，従属接続詞は，情報の比重を変えて２つの文をつなぎます。なお，従属接続詞を使った複文といえば when や if を使った文が思い浮かぶかもしれません。しかし，when や if は最小限にして，できるだけ「単文」で書くこと（P235参照）を本書では説明しました。

　一方，although と whereas は，便利に使えることがあります。いずれも「〜である一方で〜」を表し，１つの文に存在する２つの情報について，一方に重きを置いて

285

表すことができます。メインの情報を「主節」に含めることで，1つの文で伝えたいこと，つまり「メイン情報」が何であるかを明示することができます。また whereas を使う場合には，2つの文の「対比」を表すことができます。

　等位接続詞と従属接続詞を使って，2つの文をつなぐ過程を見てみましょう。

例：Vegetables contain vitamins and minerals. Vegetables have low fat.
　　野菜には，ビタミンやミネラルが含まれている。野菜は低脂肪である。
⇒ 主語がそろった短い 2 つの文をまとめる

等位接続詞 and/but でつなぐ
ステップ①

Vegetables contain vitamins and minerals and vegetables have low fat. / Vege-tables contain vitamins and minerals but vegetables have low fat.

*そのまま and と but でつなぎました。未完成です。

ステップ②　重複している後半の主語を省略する

⇒ Vegetables contain vitamins and minerals and have low fat. /Vegetables have low fat but contain vitamins and minerals.

*うまく 2 つの文をつなぐことができました。「ビタミンやミネラルが含まれていること」と「低脂肪であること」は，いずれも「野菜の性質」であるため，1 センテンスに 1 種類の情報だけを入れるという好ましいセンテンスの原則も満たしています。
*なお，前半および後半の各部分が長い場合には，and や but の前にコンマを入れるのが適切です。

⇒ Vegetables contain vitamins, minerals, and other nutrients that can help our health, and have low fat.
Vegetables contain vitamins, minerals, and other nutrients that can help our health, but have low fat.

従属接続詞 although でつなぐ
ステップ①

Although vegetables contain vitamins and minerals, vegetables have low fat.

*そのままつなぎました。未完成です。

ステップ② 後半の主語を代名詞に置き換える。なお，代名詞の使用について，1文の中に「指すもの」が存在する場合には使用しても問題ありません。

⇒ Although vegetables contain vitamins and minerals, <u>they</u> have low fat.

従属接続詞 whereas でつなぐ

例文の内容をここで変更します。次の 2 つの文を従属接続詞でつなぎます。

Yellow and orange color vegetables are rich in vitamin A and carotenes.
黄色やオレンジ色の野菜にはビタミン A やカロチンが多く含まれている。
Dark-green vegetables are a very good source of minerals and anti-oxidants.
深緑色の野菜は，ミネラルや抗酸化物質の供給源となる。

⇒ Yellow and orange color vegetables are rich in vitamin A and carotenes, whereas dark-green vegetables are a very good source of minerals and anti-oxidants.

*このように whereas を使って，2 つの文を対比させながら「つなぐ」ことが可能です。ありがちな On the other hand を使う下の文に比べ，読み手に情報が素早く届きます。

ありがちな On the other hand を使う例

× 　Yellow and orange color vegetables are rich in vitamin A and carotenes. On the other hand, dark-green vegetables are a very good source of minerals and anti-oxidants.

⇒ Yellow and orange color vegetables are rich in vitamin A and carotenes. Dark-green vegetables are a very good source of minerals and anti-oxidants.

* On the other hand を使うよりも，そのまま並べて「対比」を表現するほうがよい。

等位接続詞のもう 1 つのポイントは，次の通りです。例を見てみましょう。

第5章

ポイント① A and B や A but B（＝ A と B はそれぞれ文章）というときには，
A と B の主語を，できるだけそろえましょう。主語をそろえたら，B の主語
を省略することが可能になります。
ポイント②主語がそろわない場合には，A_1 and B や A_1 but B というように，
and や but の前に，コンマを入れましょう。

次は，例を自然科学誌 Nature から見てみましょう。

等位接続詞でつなぐ・主語がそろっている場合

Previous simulations of the growth of cosmic structures have broadly repro-
duced the 'cosmic web' of galaxies that we see in the Universe, **but failed to
create** a mixed population of elliptical and spiral galaxies, because of numeri-
cal inaccuracies and incomplete physical models.
（宇宙構造の成長に関する今までのシミュレーションは，我々が宇宙内で観測
している銀河の「宇宙のクモの巣」構造を大まかに再現しているが，数値精
度が不十分で物理モデルが不完全なため，楕円銀河や渦巻銀河が混在する集
団を作り出せていない。）

Nature 509, 177-182 (08 May 2014)
タイトル：Properties of galaxies reproduced by a hydrodynamic simulation
（流体力学的シミュレーションによって再現された銀河の性質）

解説：文の主語「今までのシミュレーション」を後半の文の主語は省略し，前半の
主語を引き続き使用しています。なお，前半が長いため，but の前にはコンマを入
れています。

等位接続詞でつなぐ・主語がそろっていない場合

Mantle plumes are buoyant upwellings of hot rock that transport heat from
Earth's core to its surface, generating anomalous regions of volcanism that are
not directly associated with plate tectonic processes. The best-studied example
is the Hawaiian–Emperor chain, **but** the emergence of two sub-parallel volcanic
tracks along this chain, Loa and Kea, and the systematic geochemical differ-
ences between them have remained unexplained.
（マントルプリュームは，地球の核から表面へ熱を輸送する高温岩石の浮力に
よる上昇流であり，プレートテクトニクス過程とは直接関係しない異常な火

山活動地帯を生成している。ハワイ−天皇海山列は，最もよく調べられている例であるが，この海山列に沿ってほぼ平行なロアとケアという 2 つの火山列があり，その間に系統的な地球化学的な違いが存在することはまだ説明されていない。)

Nature 545, 472-476 (25 May 2017)

タイトル：The concurrent emergence and causes of double volcanic hotspot tracks on the Pacific plate
（太平洋プレートの二重ホットスポット火山列の同時出現とその原因）

解説：前半の主語と後半の主語がそろっていないため，後半にも主語を使っています。単に but でつないでいます。この場合，but の前には必ずコンマを入れて読みやすくします。

whereas で対比を表す

Furthermore, some regions affect parental care broadly, **whereas** others affect specific behaviours, such as nest building.

（親による子の保護に広く影響を与える領域がある。一方で，巣作りなどの特定の行動に影響を与える領域もある。）

Nature 544, 434-439 (27 April 2017)

タイトル：The genetic basis of parental care evolution in monogamous mice
（一夫一婦型のマウスでの子育て形態の進化の遺伝的背景）

解説：whereas を使って 2 つの並列な情報を対比させています。On the other hand, の登場を避けることができます。

（2）文をつなぐコンマ表現（関係代名詞非限定と文末分詞）

関係代名詞非限定でつなぐ

　関係代名詞非限定で 2 つの文をつなぎ，メイン情報を調整することが可能です（P241 参照）。

M dwarf stars, **which have masses less than 60 per cent that of the Sun**, make up 75 per cent of the population of the stars in the Galaxy.

（M 型矮星は質量が太陽の 60％未満であり，銀河系の恒星の 75％を占めている。）

M dwarf star ＝ M 型矮星

> Nature 544, 333-336 (20 April 2017)
> タイトル：A temperate rocky super-Earth transiting a nearby cool star
> （近傍にある低温の恒星をトランジットする岩石質の温暖なスーパーアース）

解説：2つの文 M dwarf stars have masses less than 60 per cent that of the Sun. と M dwarf stars make up 75 per cent of the population of the stars in the Galaxy. を，関係代名詞の非限定用法を使って1つの文にまとめています。M dwarf stars <u>have masses less than 60 per cent that of the Sun</u> and <u>make up 75 per cent of the population of the stars in the Galaxy.</u> のように and を使ってつなげて書いてしまうと，文に2つの異なる種類の情報「① M 型矮星は質量が太陽の60％未満である」と「② M 型矮星は，銀河系の恒星の75％を占めている」が入ってしまいます。関係代名詞非限定で①をサブ情報，②をメイン情報へと整えます。

文末分詞（コンマ＋ing）でつなぐ

最後に文末の分詞（, … ing）を使って，2つの文をつなぐ方法を紹介します。文法の「分詞」の項目でも紹介した方法です（P125 参照）。

> This work widens the choice of materials for 3D printing**, enabling** the creation of arbitrary macro- and microstructures in fused silica glass for many applications in both industry and academia.
> （今回の研究によって，3D 印刷用の材料の選択肢が広がり，産業界と学術界の両方の多くの用途向けに溶融シリカガラスで任意の巨視的構造体や微視的構造体を形成できるようになる。）
>
> Nature 544, 337-339 (20 April 2017)
> タイトル：Three-dimensional printing of transparent fused silica glass
> （透明溶融シリカガラスの三次元印刷）

解説：文末の分詞を使うことで，文の内容を，後半の分詞に続く内容へと，自然につなげています。プラスのニュアンスを示す動詞 enable を組み合わせて「〜が可能になる」ことを示しています。

コンマありの because の存在

コンマのあるなしで，関係代名詞の「非限定」と「限定」の別が示されることを説明しました（P130 参照）。英文法は，1つひとつを断片的に「覚える」のではなく，すべてに共通する規則としてとらえることが大切です。関係代名詞以外であっても，コンマを置くことにより，「非限定」の意味になります。つまり，文にとっ

ては「必須」ではなく「付加」的な情報となります。この文法事項を使用したのが
「コンマありの because」の表現となります。

P269 で記載した通り，because は強い因果関係を表します。そこで，because
以下を，コンマを使って「非限定」，つまり文にとって「補足情報」というように
することで，因果関係を弱めて表すことができます。そのことにより，because
が使える文脈が増えます。

Molecular crystals cannot be designed in the same manner as macroscopic
objects**, because** they do not assemble according to simple, intuitive rules.
（分子結晶は，単純な直観的法則に従って組み上がるわけではないので，巨視
的物体と同じように設計することはできない）

Nature 543, 657-664 (30 March 2017)
タイトル：Functional materials discovery using energy-structure-function maps
（エネルギー–構造–機能マップを用いる機能性材料の発見）

解説：コンマ＋ because により，因果関係を弱めて表しています。

【文と文を実際につなぐ技法】のポイント

● 主語が整えば，接続詞（等位接続詞・従属接続詞）を使って実際に文をつ
なぐことができる。短い文どうしをまとめる。

● また，関係代名詞の非限定用法，文末に使う分詞，またコンマを使った
because など，各技法により文と文を実際につなぐことができる。

ブレイク ＆ スキルアップ

和英辞書を引いたら，知っている単語を選びましょう

和英辞書は英訳に便利ではあるものの，誤った単語を使ってしまう危険性が
あると筆者は考えています。和英辞書では，あまりにも簡単に単語を調べるこ
とができ，考えずに単語を選んでしまうということがあるためです。

和英辞書に頼って英語を書くのではなく，英訳時のサポート役にとどめるこ
とが大切です。つまり，英文作成者自身が英語の意味を「考え」，注意深く表
現を選択することが大切です。また和英辞書の使用を控え，知っている単語の
中から表現することも大切です。

技術英語の基礎を教える大学講義の中で，次のような英訳をした受講生がいました。授業中の会話を再現します。極端な例ですが，実際の授業の1シーンです。

例①和英辞書に頼り，「考える」ことをおろそかにしてしまった例

英訳用課題文：あらゆる金属は電気を伝える。

受講生の英訳：　×　All metals **tell** electricity.（「金属が，言う」…？）

私：なぜ動詞に tell を使いましたか？　どういう意味ですか？
受講生：えっと，tell ではだめですか？　辞書にあったのですが…。
私：「伝える」を辞書で引いたのですね。ダメです。辞書を引いたら，いくつか単語が出てくると思いますが，そこから「その文脈の意味が適切に伝わる単語」を選んでください。英訳中は頭が固くなりがちです。tell が何を意味するかを気持ちを楽にして考えると，tell が「言う」を意味するとわかるのではないでしょうか。例えば Can you <u>tell</u> me the way to the station?（駅への道，教えてくれない？）といった例文を，思い出してみてください。
受講生：確かに…。
私：辞書を引いても，探している単語にうまく到達できないときは多くあります。日本語を自由に言いかえて表現してみて，知っている単語が使えないかを探してください。辞書の中ではなく，頭の中を，探してください。「電気を<u>通す</u>」「電気を<u>通過させる</u>」でどうですか？
受講生：「通過」ですか。pass（パス）が浮かびました。
私：いいですね。それを動詞に使って，英文を完成させてください。

▶▶▶
○　All metals **pass** electricity.（平易でわかりやすい）
＊単語がわからなったら，知っている単語でなんとか表現する。「考える」という行為が，英訳ではいつも重要。

　その後，この受講生は，「伝導する」という日本語に到達し，次の単語を選ぶところまで，自分で進みました。
▶▶▶
○　All metals conduct electricity.（完成）

292

辞書を使わずに到達したこれら2つの表現は，いずれもわかりやすく，適切です。

例②和英辞書から抜き出して，異なる意味になってしまった例

英訳用課題文：すべての従業員は就業規則を守らなければならない。

受講生の英訳：　×　All employees must **protect** the company rules.

私：動詞 protect は確かに「守る」を表しますが，「保護する」の意味の「守る」です。

受講生：「守る」で辞書を引きました。確かに，プロテクタ＝「保護具」などがありますね。別の単語を探します。

私：日→英の置き換えをせずに，気持ちを楽にして，英文の動詞以外の部分を眺めてください。穴空きの動詞部分には，何が入りそうですか？

All employees must _____ the company rules.

受講生：「ルール（company rules）に<u>従う</u>」という感じですね。「従う」＝follow はどうでしょう。

私：とてもよいです！

▶▶▶
○　　All employees must **follow** the company rules.
*わかりやすい英文が完成しました。別の受講生は，辞書を駆使して探し当てた難しい単語を使い，All employees must <u>observe</u> the company rules. や All employees must <u>obey</u> the company rules. などと英訳しました。いずれも正しいのですが，自分の頭の中から探した follow を使った英文のほうが，わかりやすくて明快です。

例③和英辞書から知らない単語を抜き出したら，異なる単語だった例

英訳用課題文：火力発電所は，気体および粒子状汚染物を大気中に排出している。

受講者の英訳：　×　Thermal power plants **excrete** gaseous and particulate

293

pollutants into the atmosphere.

私：動詞 excrete は見慣れない単語ですが，どういう意味ですか？

受講生：知りません。辞書に載っていました。技術用語らしいかと思って，使用しました。

私：そのような場合には，使用する前に，別の辞書，例えば英和辞書で単語の意味を確認しましょう。

受講生：わかりました。確認します。

→

英和辞書の定義：

excrete

1【生理】排泄する．

2【植物】分泌する，排出する．　　　（出典：研究社　新英和大辞典　第6版）

受講生：これは全然違いました。恥ずかしい…。別の単語を考えます。えっと，知っている単語で，emit なんてどうでしょう。release も同時に頭に浮かびました。

私：よいです！　辞書を引いたら，複数出てくる単語の中から，「知っている」「見たことがある」という単語を選びましょう。emit や release と一緒に excrete が出てきても，全然知らない単語には，手を出さないようにしてください。英訳の練習を続けていれば，「見たことがある」という単語が少しずつ増えますから，焦ってボキャブラリーを増やさないといけないと思わなくても大丈夫です。

▶▶▶

○　Thermal power plants **emit** gaseous and particulate pollutants into the atmosphere.

○　Thermal power plants **release** gaseous and particulate pollutants into the atmosphere.

　最後の例（例③）は，英語論文をすでに数本書かれていて，英語は得意という教員の方による英訳例でした。

　英語をこれから勉強する方，英語の勉強に慣れてきた方，英語が得意な方，いずれの方も，「辞書に頼りすぎず，可能な限り<u>自分に頼る</u>」ということが，「覚

える英語」から「考える英語」へと学習を進めるために大切です。特に和英辞書を使うときには，「機械的に選ばず，考えて選ぶ」「知っている単語，見たことのある単語を選択する」「英和辞書などの別の辞書で必ず裏をとってから使う」ということを，心に留めておきましょう。

第5章

第6章

技術論文の執筆

　本章では，技術論文の構成を説明します。それぞれの項目で，①何を書くか，②どのように英語表現を工夫するかを説明します。ACS スタイルガイドも参考にしながら学びます。また，引き続きライティングとリライトの練習をします。

　技術論文の各項目の決まりと特徴を知るとともに，これまでの章で学んだ「3 つの C」の技法（各文を正確・明確・簡潔に書く方法，および文どうしのつながりを改善する方法）を使って，英語論文の各部分の練習をしましょう。

　次の項目を説明します。

- 1. 構成 I — Title, Abstract
  - （1）Title（タイトル）
  - （2）Abstract（アブストラクト）
- 2. 構成 II — Introduction, Methods
  - （1）Introduction（イントロダクション）
  - （2）Methods（方法）
- 3. 構成 III — Results, Discussion
  - （1）Results（結果）
  - （2）Discussion（考察）
- 4. 構成 IV — Conclusions, References, Acknowledgments
  - （1）Conclusions（結論）
  - （2）References（参考文献）
  - （3）Acknowledgments（謝辞）

　各項目では，The ACS Style Guide, 3rd Edition の Standard Format for Reporting Original Research より抜粋して引用します。下線・太字は筆者によります。なお，実際の執筆時には，投稿予定のジャーナルの執筆要項も確認しましょう。

> 第 6 章のねらい
> ●技術論文の各項目の特徴を知り，英語表現の留意点を知る
> ●各項目を，3 つの C の英語表現の工夫を活かして書く

1. 構成 I — Title, Abstract

　タイトルとアブストラクトを説明します。論文全体を書き終えてから，論文の内容を適切に表すようにタイトルとアブストラクトを作成します。

　例示を含めながら，執筆ポイントを解説します。

（1）Title（タイトル）

　ACS スタイルガイドより，タイトルに関する記載を読みましょう。タイトルをいつ決定するか，タイトルの役割，そしてタイトルに含めないほうがよい言葉といった指針が示されます。

Title

The best time to determine the title is after the text is written, so that the title will reflect the paper's content and emphasis accurately and clearly. The title must be brief and grammatically correct but accurate and complete enough to stand alone. A two- or three-word title may be too vague, but a 14- or 15-word title is unnecessarily long. If the title is too long, consider breaking it into title and subtitle.

　The title serves two main purposes: to attract the potential audience and to aid retrieval and indexing. Therefore, include several keywords. The title should provide the maximum information for a computerized title search.

≫ Choose terms that are as specific as the text permits, e.g., "a vanadium-iron alloy" rather than "a magnetic alloy". Avoid phrases such as "on the", "a study of", "research on", "report on", "regarding", and "use of". In most cases, omit "the" at the beginning of the title. Avoid nonquantitative, meaningless words such as "rapid" and "new".

≫ Spell out all terms in the title, and avoid jargon, symbols, formulas, and abbreviations. Whenever possible, use words rather than expressions containing superscripts, subscripts, or other special notations. Do not cite company names, specific trademarks, or brand names of chemicals, drugs, materials, or instruments.

≫ Series titles are of little value. Some publications do not permit them at all. If consecutive papers in a series are published simultaneously, a series title may

---

第6章

be relevant, but in a long series, paper 42 probably bears so limited a relation-
ship to paper 1 that they do not warrant a common title. In addition, an editor
or reviewer seeing the same title repeatedly may reject it on the grounds that it
is only one more publication on a general topic that has already been discussed
at length.
（出典：Standard Format for Reporting Original Research, The ACS Style Guide, 3rd
Edition　太字，和訳は筆者）

（参考和訳）**タイトル**

　タイトルを決定するのに最良の時期は，本文を書いた後である。タイトルが
論文の内容と要点を的確かつ明確に反映できるためである。タイトルは，簡潔
で文法的に正しく，的確かつ単独で完結したものとする必要がある。2, 3 ワー
ドのタイトルでは不明瞭であり，14,15 ワードのタイトルは不必要に長い。長
すぎる場合，タイトルとサブタイトルに分けることを検討する。

　タイトルには主に 2 つの役割がある。**読み手を引きつけること，そして検索・
索引に使えること**である。そのために，**キーワードを含める**。タイトル検索に
て最大の情報を提供するようにタイトルを決める。

▶可能な限り**具体的な用語を選択する**。例えば a magnetic alloy（磁気合金）
よりも a vanadium-iron alloy（鉄–バナジウム合金）とする。**on the, a
study of, research on, report on, regarding, use of といった句を避
ける**。タイトル冒頭の the は，省略できることが多い。**rapid（急速な）や
new（新規な）といった定量的でない無意味な言葉を避ける**。

▶タイトルでは**すべての用語をスペルアウトする**。業界用語（jargon），記号，
式，略語の使用を避ける。上付き，下付きなどの特殊表記を含む表現は，可能
な限り，記号を避けて**単語で表す**。化学物質，薬品，材料，器具の社名，商標，
ブランド名の引用は避ける。

▶シリーズタイトルは，ほとんど価値がなく，刊行物によっては許容されない。
連続するシリーズの論文を同時に刊行する場合には，シリーズタイトルが妥当
な場合がある。一方，長いシリーズでは，例えば「論文 42」と「論文 1」の
関係性は弱くなり，共通のタイトルが妥当とはいえない。また，編集者や査読
者が同じタイトルを繰り返し目にした場合，過去に十分に検討した一般的な話
題に関する別の論文にすぎない，という理由により，論文を拒絶する可能性が
ある。

タイトルの執筆ポイント：タイトルは最後に書く，または最後に調整する

本文を書き終えてから，内容を的確に表すタイトルを作成しましょう。本文を書く前に仮のタイトルをつけておく場合，本文およびアブストラクトを書き終えてから，タイトルが論文の内容を的確に反映するよう調整しましょう（P325 ブレイク＆スキルアップ参照）。

文法的に正しく，簡潔かつ具体的に作成

不要語や冗長語が 1 語も含まれないように作成しましょう。例えば，A study of, A study on, Research on, Research about といった表現は避けましょう。できる限り具体的に表現しましょう。「文法的に正しく」タイトルを作成しましょう。例えば「～による」を表す前置詞の「手段の by」「動作主の by」（P144 参照）は，タイトルであっても，文法的に正しく使いましょう。

Let`s rewrite!
検討訳例

赤字は Correct，青字は Clear, Concise の観点からのリライト箇所を示しています。

Research on Novel Propagation Loss Model（新規な伝搬損失モデルの研究）

検討ポイント：論文が research について書くことはわかっているため，タイトルに research on は不要。不要語を省き，より具体的な情報を含めたい。

検討中

Propagation Loss Model

* Research on, Novel を削除しました。論文が研究に関するということは当然であるため Research on は不要でした。また Novel は定量的な意味をもっていないため，削除しました。

▶▶▶リライト案

A propagation loss model for biomedical wireless systems with loop antennas
ループアンテナを有するバイオメディカル無線システムのための伝搬損失モデル

*より具体的になるよう，情報を追加しました。

「冠詞」もできる限り文法的に正しく使いましょう。冠詞について，タイトル冒

頭の the については省略可能という記載が ACS スタイルガイドにありますが，a（不定冠詞）については記載はありません。

検討訳例

Development of **the** smart grid technology **by** a self-organizing optical network for **power transmission line**
送電線用の自己組織化ネットワークによるスマートグリッド技術の開発

検討ポイント：文法的に正しく構成する。by は「手段の by」か「動作主の by」のいずれで使用しているかを把握し，チェックする（P144 参照）。ここでは a self-organized optical network は「モノ」であって「手段」ではないため「手段の by」は不適切。他の前置詞 with や，または前置詞としてはたらく分詞 using（P137 参照）に変更する。power transmission line は可算であるため，無冠詞単数形は不適切。複数形に変更。the smart grid technology の the は，「今回我々が開発した technology」という意味の the であるため保持。

検討中

Development of the smart grid technology using a self-organized optical network for power transmission lines

＊文法的に正しくなるように変更しました。15 ワードあり，やや長くなっています。ACS スタイルガイドには，「2, 3 ワードのタイトルは短すぎる，14-15 ワードのタイトルは不要に長い」とあります。

▶▶▶リライト案

Smart grid technology using a self-organized optical network for power transmission lines
送電線用の自己組織化ネットワークによるスマートグリッド技術

＊ Development of を削除しました。その結果，using は分詞として technology にかかる正しい表現になりました（「～を使用する技術」という意味になりました）。また The grid technology（今回我々が開発した technology）がはじめに出ることになりましたので，The を省略しました（タイトル冒頭の the については省略可能：ACS スタイルガイド）。

名詞を正しく扱いながらも冠詞の出現を減らす

「冠詞」が多く入らないように工夫しましょう。その際，冠詞を単に省略するのではなく，冠詞が不要になる表現を選びましょう。例えば「複数形」の活用により，冠詞の出現を減らすことができます。不要な the にも気をつけましょう。

略語の使用は基本的に避け，スペルアウトしましょう。略語で表すほうが一般的，つまりスペルアウトをすると意味がわかりづらくなる名称については，略語の使用が許容されると考えるとよいでしょう。また，検索キーワードとしての引っかかりのよさを目安にして，略語の使用の可否を決めるのもよいでしょう。

検討訳例

Fabrication of **TiO$_2$ nanotube thin film** and application to **the** dye sensitized solar cell
酸化チタンナノチューブ薄膜の製造と色素増感太陽電池への応用

検討ポイント：それぞれの名詞（film, cell, application）について，冠詞と単複が不適切。数える名詞の無冠詞単数形を控える。また，the dye sensitized solar cell は「特定の電池」として読み取れるため，不適切。

検討中

Fabrication of TiO$_2$ nanotube thin films and their application to dye sensitized solar cells

＊複数形を使うことで，各名詞を「総称表現」にしました（総称表現については P70 参照）。

▶▶▶リライト案

Fabrication of titanium dioxide nanotube thin films for dye sensitized solar cells
酸化チタンナノチューブ薄膜の製造と色素増感太陽電池への応用

＊単語数を減らすため their application to → for に変更しました。短く変更したことで，TiO$_2$ をスペルアウトできました。

「係り」が明確に読めるように作成

　タイトルでは「名詞」が数多く並びがちです。単語の係り先がわかりやすくなるよう，単語の並べ方を工夫しましょう。また「前置詞のように働く分詞 using」および「前置詞 with（また手段の by）」（P137 参照）を使う場合には特に，係り先が明確になるように構成しましょう。

第6章

検討訳例

A detection method of a ground fault of a PV system using GFDI
GFDI を使った PV システムにおける地絡の検出方法

検討ポイント：detection method <u>of</u> a ground fault <u>of</u> a PV system のように of … of … が続く場合は，名詞が多い点に改善の余地がある（P150 参照）。名詞形を減らせないか考えるとともに，前置詞が表す「関係」を再考する。また，複数形の活用で冠詞の出現率を下げる。略語 PV と GFDI をスペルアウトする。分詞 using は detection method か PV system のいずれにかかるかが不明。

検討中

A method for detecting ground faults in photovoltaic systems using a ground-fault detector interrupter

* of … of … of … の関係を，それぞれ見直し，説明的に書き直しました。

▶▶▶**リライト案**

Detecting ground faults in photovoltaic systems using a ground-fault detector interrupter
太陽光発電システムにおける地絡検知遮断器による地絡の検出方法

*語数を減らすために，動名詞をはじめに置きました（P303 お役立ちメモ参照）。

　タイトルが長くなる場合，サブタイトルをつけることが可能です。サブタイトルの導入には，コロン（:）を使いましょう。コロンの前にはスペース無し，後ろには半角スペース 1 つが必要です（表記については P169 参照）。
　日本語にありがちなサブタイトルの導入である「～サブタイトル～」や「- サブタイトル -」といった表記を英語にそのまま採用するのは不適切ですので注意が必要です。
　　例：　○　TITLE: SUBTITLE
　　　　　×　TITLE - SUBTITLE -
　　　　　×　TITLE ～ SUBTITLE ～

　コロン（：）以外の方法としては，エムダッシュを使う方法があります。その場合，ダッシュの前後にはスペース不要です。また，ダッシュは一方のみであり，（日

本語にありがちな）後ろにもダッシュを付すことはできません。

例： ○　TITLE—SUBTITLE

×　TITLE—SUBTITLE—

*なお，ダッシュよりもコロンの方が正式な表現と考えるとよいでしょう（「他の句読点で代用できる場合には，ダッシュではなく他の句読点を使う」ACS スタイルガイドより。P178 参照）。

お役立ちメモ

動名詞で開始するタイトル例

　タイトルは「〜が〜する〜」のように名詞形で構成するため，「名詞の係り」に苦労することがあります。タイトルに含めたい情報が多い場合，名詞を of … of … of … とくり返してしまったり，また with, by, using と「〜によって」を表す色々な表現を駆使してつなぎ合わせたりした結果，「読みづらい」論文タイトルが仕上がってしまうということがあるかもしれません。

　解決法の１つとして，「動名詞で開始するタイトル」を提案します。タイトルを動名詞で開始するという発想は，日本人著者にとってなかなか思いつきにくい可能性がありますので，そのヒントを記載しておきます。「〜すること」という「… ing」を使ったタイトルです。論文ではまだ主流というわけではありませんが，この動名詞 ing で開始するタイトルは，論文以外の文書，例えばマニュアルや製品説明，企業のホームページなど，一般的に「標題」や「サブタイトル（副題）」をつける際に平易に使われる表現です。論文のタイトルでも，使用が増しています。

動名詞で開始するタイトルの例

Controlling dielectrics with the electric field of light
誘電体を光の電場で制御する

Nature 493, 75–78 (03 January 2013)

Quantifying crater production and regolith overturn on the Moon with temporal imaging
時系列画像による月面上のクレーター生成とレゴリス攪拌の定量化

Nature 538, 215–218 (13 October 2016)

Printing soft matter in three dimensions
柔らかい物体を 3D 印刷する

Nature 540, 371–378 (15 December 2016)

第6章

Finding pathways to national-scale land-sector sustainability
国家規模の陸域の持続可能性への道筋を見いだす

Nature 544, 217–222 (13 April 2017)

Modulating the therapeutic response of tumours to dietary serine and glycine starvation
食餌中のセリンとグリシンを枯渇させて腫瘍の治療応答を調節する

Nature 544, 372–376 (20 April 2017)

　このように，自然科学誌 Nature にも見られる「動名詞による動作」から開始するタイトルの使用を検討すれば，前置詞や不要語が入りにくくなります。その結果，「係り」が明確になり，タイトルをうまく構成できることがあります。

Let's write!

練習：英文タイトルを作成してみましょう

（1）屈折度を利用した多孔質媒体を通過する流れの測定についての研究

屈折度＝ refractivity, 多孔質の＝ porous

（2）RNA 干渉を使った幹細胞の自己複製の分析

Nature 442, 533–538 (3 August 2006)
自己複製＝ self-renewal, RNA 干渉＝ RNA interference

（3）硝酸塩/亜硝酸塩交換輸送体の結晶構造

Nature 497, 647–651 (30 May 2013)
交換輸送体＝ exchanger

(4) Title of your research article（あなたの論文タイトルを書いてください）

解答と解説

---
(1) **Measuring flows through porous media using refractivity**

解説：「〜についての研究」という日本語を残したくなるタイトルであっても，英文では A study of, A study on, Research on, Research about といった表現の使用を控える。論文が「〜についての研究」であることは，記載しなくてもわかるため。名詞を羅列した Measurement of flows through porous media using refractivity や Flow measurement in porous media using refractivity も可能ではあるが，動名詞 Measuring からはじまるタイトルを使うことで，短く平易に表現することが可能になる（P303 お役立ちメモ参照）。動詞の名詞形 Measurement を使うと，Flow measurement か Measurement of flows のどちらがよいか，といった名詞の羅列の方法に悩む場合がある。また，文法の誤記が生じる可能性も高まる。

---
(2) **Dissecting self-renewal in stem cells with RNA interference**

解説：Nature 442, 533-538 (03 August 2006) のタイトル原文。最小限の語数で，論文の内容を的確に表す。冠詞が1つも使われていないが，冠詞を省略したわけではなく，冠詞を「避ける」表現となっている点に着目する。つまり，幹細胞（stem cells）を複数形で表記することで冠詞が不要になっている。また，動名詞（Dissecting）によりタイトルを開始（dissect =「〜を解析・分析する」）。なお，RNA は ribonucleic acid（リボ核酸）の略であるが，略語が一般的であるために使用を許容していると理解する。

---
(3) **Crystal structure of a nitrate/nitrite exchanger**

解説：Nature 497, 647–651 (30 May 2013) のタイトル原文。Crystal structure には通常の文法では The crystal structure というように the が必要になるが，タ

イトル冒頭の冠詞 the を省略していると考えられる（P300 参照）。一方，<u>a</u> nitrate/nitrite exchanger では，exchanger が数える名詞であるため，冠詞 a を使っている。前置詞 of の後ろの冠詞は抜けやすいが，文法通りに正しく使用している。

（4）**Title of your research article**（次ページの検討訳例参照）

⇒ ご自分のタイトルについて，次のポイントを，チェックしましょう。

①無駄な語数なく，書けているか
②論文の内容が適切に予測できるタイトルになっているか
③係りがわかりやすいか
④名詞の扱い（冠詞と数）は適切か
⑤不要な the がないか
⑥馴染みのない略語が含まれていないか

お役立ちメモ

タイトルのお悩みの声— of, of, of の連続

Development of …, Improvement of …, Investigation of …（日本語「～の開発」「～の改善」「～の検討」に相応する英語）をどうするか？　そのまま訳すと，タイトル全体に… of … of … of というように of が連発してしまう。

アドバイス：ひとたび単語をそぎ落としてから，論文の内容を的確に表すタイトルになるように再構成しましょう。

Development of, Improvement of, Investigation of は，不要である場合も多いため，一度すべて消してみるのがおすすめです。その後で，適切に論文の内容を表すタイトルになっているかどうかを考えるとよいでしょう。Development of, Improvement of, Investigation of を削除して，タイトルが不明確になってしまう場合には，タイトルの内容が具体的でないことの現れです。より明確な内容をタイトルに含めることを検討しましょう。

検討訳例 1：Improvement of measuring system for research on terahertz (THz) wave radiation characteristics
* Improvement of を消す。不要語 research on も削除する。略語も避ける。

⇒ Measuring system for terahertz wave radiation characteristics

⇒ System for measuring characteristics of terahertz wave radiation

検討訳例 2：Development of simultaneous determination method of copper ions and aluminum ions using color space analysis

* Development of を消してみる。また，simultaneous determination method of ... の羅列を解体し，method for simultaneously determining ... とする。

⇒ Method for simultaneously determining of copper ions and aluminum ions using color space analysis

* 意図する内容に応じて，Method も削除する。なお，Method の意図を残すために動詞は名詞形に戻す。

⇒ Simultaneous determination of copper ions and aluminum ions using color space analysis

---

【Title（タイトル）】のポイント

● 不要語を消す。A study of/on や Research on/about（〜に関する研究）だけでなく，タイトルにありがちな日本語「〜の開発」「〜の改善」に相応する英語 Development of（〜の開発），Improvement of（〜の改善）も一度削除してから，論文の中身を具体的に表すようにタイトルを再検討する。

● 略語の使用は控える。

● 名詞の羅列の係りをわかりやすくし，一読して理解できるタイトルに仕上げる。

● 名詞を丁寧に扱う（冠詞を省略せずに「減らす」ことを検討する）。

（2）Abstract（アブストラクト）

ACS スタイルガイドよりアブストラクトの記載を読みましょう。アブストラクトは「研究の目的を簡潔に述べ，理論または実験計画を示し，主要なデータと結論を述べる」としています。また，アブストラクトは「その論文の本質と範囲（the nature and scope of the paper）」を読み手が理解できるように書くという重要な指針が示されています。

Abstract

Most publications require an informative abstract for every paper, even if they do not publish abstracts. For a research paper, **briefly state the problem or the purpose of the research, indicate the theoretical or experimental plan used, summarize the principal findings, and point out major conclusions**. Include chemical safety information when applicable. Do not supplement or evaluate the conclusions in the abstract.

Reminder: The abstract allows the reader to determine the nature and scope of the paper and helps technical editors identify key features for indexing and retrieval.

≫ Although an abstract is not a substitute for the article itself, it **must be concise, self-contained, and complete enough to appear separately** in abstract publications. Often, authors' abstracts are used with little change in abstract publications. **The optimal length is one paragraph, but it could be as short as two sentences**. The length of the abstract depends on the subject matter and the length of the paper. **Between 80 and 200 words is usually adequate**.

≫ Do not cite references, tables, figures, or sections of the paper in the abstract. Do not include equations, schemes, or structures that require display on a line separate from the text.

≫ **Use abbreviations and acronyms only when it is necessary to prevent awkward construction or needless repetition. Define abbreviations at first use in the abstract (and again at first use in the text.)**
(出典：Standard Format for Reporting Original Research, The ACS Style Guide, 3rd Edition　太字，和訳は筆者)

(参考和訳) **アブストラクト**
　刊行物では通常，各論文に情報提供式アブストラクトが必要である。刊行物がアブストラクトを公開しない場合であっても同様である。研究論文については，**研究の問題と目的，使用した理論または実験の計画を簡潔に述べ，重要な成果をまとめ，主要な結論を示す**。必要に応じて化学物質の安全性に関する情

報を含める。アブストラクトで結論の補足や評価を加えることはしない。

重要ポイント：アブストラクトにより，読み手は，論文の本質と範囲を知ることができる。また技術編集者は，索引と検索に使える主な特徴を知ることができる。

▶アブストラクトが研究論文を代用することはできないが，アブストラクトは**簡潔であり，それ自体で独立し，**アブストラクト刊行物に掲載して**単独で理解できるように完結していなければならない。**著者によるアブストラクトは，ほとんど変更なしにアブストラクト刊行物に掲載される場合が多い。**最適な長さは1段落であるが，2文などと短く書ける可能性もある。**アブストラクトの長さは論文の主題と論文全体の長さによって異なるが，**通常80〜200ワードが適切である。**

▶参考文献，表，図，また論文の項目を引用しない。また，本文とは別の行に記載しなければならない式，図，構造は含めない。

▶**略語や頭字語については，使わないと違和感が生じる場合や不要な繰り返しが生じる場合にのみ使用する。略語はアブストラクトの初出の箇所で定義する（本文でも初出の箇所で再定義する）。**

アブストラクトの執筆ポイント

アブストラクトは，論文全体の内容を要約したパラグラフです。限られたワード数（ACS スタイルガイドには80〜200ワードと記載）で，技術論文の内容を短時間で読み手に知らせ，論文全体を読むように説得するように書きます。

主に次の内容を含めます。

・主題や問題の提示
・実際に何を行ったか
・主要な結果の提示と示唆

アブストラクトは明確・簡潔に書く

・論文全体を書いてから，アブストラクトをまとめましょう。

・アブストラクトだけで独立して読めるように書きましょう。

・語数が限られているため，特に簡潔性に注意しましょう。適宜，能動態を使う工夫もするとよいでしょう。

・くり返しを避けるために略語を使う場合，初出で「スペルアウト」と「略語」の両方を記載します（略語の記載方法は P183 参照）。なお，アブストラクトで略語を定義した場合でも，論文本文の初出の箇所で再定義します。

英語の工夫：態と時制で「誰が何をしたか」を明確に読ませる

・時制と態（能動態と受動態）を工夫することで，「誰が何をしたか」が平易に読める工夫をしましょう。

・「すべて受動態」で書いてしまうと，語数が増えてしまうだけでなく，「著者が何をした」かということが一読して伝わりにくくなります。モノが主語の能動態を増やしながら，必要箇所には「人」を主語にすることもアブストラクトでは可能です（P202 参照）。

・「時制」の変化を利用して全体のストーリーを読ませることが可能です。一例として，①導入部分に現在形→自分の研究について現在完了形や現在形→実験の記載に過去形→結果の提示と示唆に現在形，といった時制のパターン（次頁参照）が可能です。また，②現在形を中心に使い，過去形を使いたくなる箇所には現在完了形を使うというパターン，また③すべてを現在形で書くというパターンも考えられます。アブストラクトの時制に決まりはありませんが，「すべての文を過去形で書く」ことは避けましょう。「研究者の仕事は単に結果を報告することではなく，それを解釈して，普遍的事実として伝えることである」（P89 参照）ことを念頭において，過去形の使用を実験記載などの最小限にとどめ，「現在完了形」「現在形」を使える箇所を増やしましょう。

アブストラクトの時制パターン例

●導入つまり背景の説明には現在形（または現在完了形）⇒今回の研究には現在完了形や現在形⇒実験の報告部分には過去形⇒最終文は現在形（または未来への強い意志表現 will など）

　この時制パターンを使ったアブストラクトを，読んでみましょう。まず日本語に目を通し，英語の時制を考えてください。その後，実際の英文の時制を確認しましょう。

タイトル：特定の膜分子を標的とする，がん細胞選択的な *in vivo* 近赤外光免疫療法

^{第1文}がん治療の主要な 3 方式，つまり外科手術，放射線療法，化学療法は現代のがん治療の要である。^{第2文}これらの治療法の副作用を最小限にするため，武装抗体療法などの分子を標的とするがん療法が開発されてきたが，成果は限られている。^{第3文}今回我々は，新しい型の分子標的がん療法である光免疫療法（PIT）を開発した。^{第4文}この方法では，近赤外（NIR）光吸収性フタロシアニン色素 IR700 を用いた標的特異的な光感作物質を，上皮細胞増殖因子受容

体を標的とするモノクローナル抗体（mAb）に結合させて用いている。[第5文]
mAb-IR700 が結合した標的細胞に NIR 光を照射すると，直後に細胞死が引き起こされた。[第6文]また，*in vivo* で上皮細胞増殖因子受容体を発現する標的細胞に NIR 光を照射すると，腫瘍の縮小が観察された。[第7文]この mAb-IR700 複合体は，細胞膜に結合させた場合に最も有効であり，結合していない場合には光毒性が生じなかったことから，PIT の作用機序は従来の光力学的療法とは異なっていると考えられる。[第8文]標的選択能のある PIT によって，細胞膜に結合する mAb を用いたがん治療が可能になるだろう。

（出典：Nature Medicine **17**, 12, Published: 2011 年 12 月 1 日
http://www.natureasia.com/ja-jp/nm/17/12/nm.2554）

Let's practice!　自然科学誌 Nature からアブストラクトの時制を学ぶ

先のアブストラクトの各文の時制について，英文アブストラクトで確認しておきましょう。時制の変化により，アブストラクト全体の「ストーリー」を読み取りやすくしています。このアブストラクトの時制パターンは，日本人研究者によるアブストラクトにもうまく応用できるでしょう。

全体を一読したあとで，対応する日本語と並べて，英語表現を精査しておきましょう。

Cancer cell–selective *in vivo* near infrared photoimmunotherapy targeting specific membrane molecules

Nature Medicine 17, 1685–1691 (2011)

Three major modes of cancer therapy (surgery, radiation and chemotherapy) **are** the mainstay of modern oncologic therapy. To minimize the side effects of these therapies, molecular-targeted cancer therapies, including armed antibody therapy, **have been developed with limited success**. **In this study, we have developed** a new type of molecular-targeted cancer therapy, photoimmunotherapy (PIT), **that uses** a target-specific photosensitizer based on a near-infrared (NIR) phthalocyanine dye, IR700, conjugated to monoclonal antibodies (mAbs) targeting epidermal growth factor receptors. **Cell death was induced** immediately after irradiating mAb-IR700-bound target cells with NIR light. **We observed** *in vivo* tumor shrinkage after irradiation with NIR light in target cells expressing the epidermal growth factor receptor. The mAb-IR700 conjugates **were most effective** when bound to the cell membrane and produced no phototoxicity when not bound, **suggesting** a differ-

311

ent mechanism for PIT as compared to conventional photodynamic therapies. Target-selective **PIT enables** treatment of cancer based on mAb binding to the cell membrane.

タイトル：特定の膜分子を標的とする，がん細胞選択的な *in vivo* 近赤外光免疫療法

Cancer cell-selective *in vivo* near infrared photoimmunotherapy targeting specific membrane molecules

---

第1文がん治療の主要な 3 方式，つまり外科手術，放射線療法，化学療法は現代のがん治療の要である。

Three major modes of cancer therapy (surgery, radiation and chemotherapy) are the mainstay of modern oncologic therapy.

解説：導入，つまり背景の説明には現在形を使用。

第2文これらの治療法の副作用を最小限にするため，武装抗体療法などの分子を標的とするがん療法が開発されてきたが，成果は限られている。

To minimize the side effects of these therapies, molecular-targeted cancer therapies, including armed antibody therapy, have been developed with limited success.

解説：これまでの状況に，現在完了形を使用。with limited success（成功には限りがあった）と書くことで，問題点として提示している。

第3文今回我々は，新しい型の分子標的がん療法である光免疫療法（PIT）を開発した。

第4文この方法では，近赤外（NIR）光吸収性フタロシアニン色素 IR700 を用いた標的特異的な光感作物質を，上皮細胞増殖因子受容体を標的とするモノクローナル抗体（mAb）に結合させて用いている。

In this study, we have developed a new type of molecular-targeted cancer therapy, photoimmunotherapy (PIT), that uses a target-specific photosensitizer based on a near-infrared (NIR) phthalocyanine dye, IR700, conjugated to monoclonal antibodies (mAbs) targeting epidermal growth factor receptors.

解説：「今回の研究」の内容を現在完了形を使って提示。今回の研究のテーマであるa new type of molecular-targeted cancer therapy, photoimmunotherapy (PIT), に加える説明部分である that uses … には現在形を使用。

　なお，本英文の , photoimmunotherapy (PIT), といったコンマ表現は，付加情報を挿入している。続く関係代名詞 that（限定用法）は，前の therapy に係る。

第5文 mAb-IR700 が結合した標的細胞に NIR 光を照射すると，直後に<u>細胞死が引き起こされた</u>。
<u>Cell death was induced</u> immediately after irradiating mAb-IR700-bound target cells with NIR light.

解説：「実験の記載」には過去形を使用。「～が引き起こされた」という「過去の事実」の報告に過去時制を使用。

第6文 また，*in vivo* で上皮細胞増殖因子受容体を発現する標的細胞に NIR 光を照射すると，<u>腫瘍の縮小が観察された</u>。
We observed *in vivo* tumor shrinkage after irradiation with NIR light in target cells expressing the epidermal growth factor receptor.

解説：「実験の記載」には過去形を使用。「観察された」という「過去の事実」の報告には過去形を使用。

第7文 この mAb-IR700 複合体は，細胞膜に結合させた場合に<u>最も有効であり</u>，結合していない場合には<u>光毒性が生じなかった</u>ことから，PIT の作用機序は従来の光力学的療法とは<u>異なっていると考えられる</u>。
The mAb-IR700 conjugates <u>were most effective</u> when bound to the cell membrane and <u>produced no phototoxicity</u> when not bound, <u>suggesting a different mechanism</u> for PIT as compared to conventional photodynamic therapies.

解説：実験の記載に引き続き過去形を使用。「最も有効であった」「光毒性が生じな

第6章

313

かった」の2ヶ所に過去形を使用。文後半の「異なっていると考えられる」に対応する英語部分は「文末分詞（P125参照）」を使うことで，時制を消している。なお，文末分詞により接続されている部分を区切って書くとすれば，次のように，現在形の使用となる。⇒ The mAb-IR700 conjugates <u>were most effective</u> when bound to the cell membrane and produced no phototoxicity when not bound. <u>**This suggests a** different mechanism</u> for PIT as compared to conventional photodynamic therapies.

---

^{第8文}標的選択能のある PIT によって，細胞膜に結合する mAb を用いた<u>がん治療が可能になるだろう</u>。
Target-selective PIT <u>enables treatment of cancer</u> based on mAb binding to the cell membrane.

解説：最終文には，現在形を使用。現在形の使用に加え，enable ＝「～を可能にする」という明快な動詞でアブストラクトを終えている。なお，ここに助動詞を足して，will enable として言い切り表現を避けることも可能（P210参照）。

【アブストラクトの時制パターン】のポイント
- 現在形（導入）→現在完了形（研究の導入）→過去形（実験）→現在形（研究の有益性）と時制を使い分けてストーリーを読ませる。
- 導入（分野の説明）には<u>現在形</u>，今回の研究には<u>現在完了形と現在形</u>，実験の記載には<u>過去形</u>。そして最終文は<u>現在形</u>（または未来への強い意志表現 will など）。アブストラクトの定型的なパターンとして，日本人著者にも使いやすい。

Let's write!

練習：次の内容のアブストラクトを書いてみましょう。（1）導入部分，（2）実験記載，（3）今回の知見と今後，の3つの部分に分けて練習します。

検討用の英訳も例示します。自分の英訳，検討用英文の両方を検討しブラッシュアップする練習をしましょう。検討用英文は，筆者の授業参加者の例です。検討箇所を赤字と青字で示します。リライトを考え，最後に解答訳例を確認してください。

(1) アルツハイマー病を発症する人は，病気と診断される約 10 年前に脳の異常が認められることがある。(2)-1 われわれはマウスを用いて実験を行った結果，このような早期の症状の原因の 1 つと予測される物質を突き止めた。その物質はアミロイドペプチドの集合体で，細胞外に蓄積して記憶に障害を与える。(2)-2 そこで，アミロイドペプチドの集合体をマウスから分離し，ラットの脳に注入すると，この疾患の典型的な特徴であるプラーク形成や神経細胞死とは無関係に，一時的な記憶障害がみられた。(3) 本研究は，アミロイドペプチドの集合体をアルツハイマー病の徴候としてあげており，物質の早期検出により，病気が進行すると起こる深刻な症状を予防または遅らせることができる可能性が出てきた。

＜第 1 部分：導入＞

(1) アルツハイマー病を発症する人は，病気と診断される約 10 年前に脳の異常が認められることがある。

アルツハイマー病＝ Alzheimer's disease

検討用英文 1

People **who are diagnosed as** Alzheimer's disease may **be determined abnormality** of brain about **ten years ago**.

検討ポイント：

・動詞 diagnose（＝診断する）の使い方は，「人 is (are) diagnosed <u>with</u> 病名」または「人 is (are) diagnosed <u>as having</u> 病名」が正しい。

・may <u>be determined abnormality of brain</u> のように過去分詞の直後に目的語を置くのは文法誤り。正しくすると，may be determined <u>to have</u> abnormality of brain となる。「認められることがある」といった日本語を直訳せず，平易な万能動詞 have を使うと誤りが減る。単に may have abnormality … に変更する。

・ago は「今から～前に」を表す。現在から見て過去の一点を指す。通常，過去時制とともに用いる。現在を起点としない before に変更する。

第 6 章

▶▶▶検討用英文１のリライト案（主な変更点に下線。以下同じ）

<u>People with</u> Alzheimer's disease <u>may have brain abnormality</u> about ten years before <u>their diagnosis with the disease</u>.

検討用英文２

Patients with Alzheimer's disease **have had** abnormality **in brain approximately** ten years before they **were diagnosed**.

検討ポイント：

・時制が複雑。過去形を登場させなければ過去完了形は不要（P88 参照）。また，before they were diagnosed. として過去形を使うと，「～だった」という単なる報告となり，「普遍的な事実」として表すことができない。

・approximately は「近似的」という数学的な文脈のみで使用する。今回のように年数を表す場合には，単に about を使う。

・英語は文中での「つながり」が強い言葉。in brain → in <u>their</u> brain, diagnosed → diagnosed <u>with the disease</u>. と変更することで，文中のつながりを強める。

▶▶▶検討用英文２のリライト案

<u>Patients of</u> Alzheimer's disease <u>may have</u> abnormality in <u>their</u> brain <u>about</u> ten years before <u>they are diagnosed with the disease</u>.

解答訳例

Individuals who develop Alzheimer's disease may experience poor memory function about ten years before the eventual diagnosis of the disease.

＜第２部分：実験記載＞

（2）-1 われわれはマウスを用いて実験を行った結果，このような早期の症状の原因の１つと予測される物質を突き止めた。その物質はアミロイドペプチドの集合体で，細胞外に蓄積して記憶に障害を与える。

アミロイドペプチドの集合体＝ amyloid-peptide assembly

検討用英文 1

As a result of an experiment using mouse, a matter expected to be one of the causes of such early symptom of Alzheimer's disease was determined. The matter is amyloid-peptide assembly, and is accumulated at the outside of cells and causes memory disorder.

検討ポイント：

・数える名詞の無冠詞単数形に注意する。mouse は可算。a をつけるか，複数形の mice に変更。matter は「物質」の意味では不可算。可算の substance を使って a substance に変更するか，または無冠詞単数形 matter に変更。symptom, assembly もここでは可算。

・one of ____s（〜のうちの 1 つ）は，one ＋ 単数形と同じ意味。

・such には，a/an は含まれていないため，可算名詞単数形と一緒に使う場合には，a/an が必要。今回は such an early symptom と変更。

・amyloid-peptide assembly はここでは可算。an を使う。

・is accumulated の accumulate は自動詞として使うことで，能動態に変更。

・outside には名詞，形容詞，前置詞，副詞がある。前置詞で使い語数を減らす。

・また，文全体の構造についても，As a result of …, XX was ____ed.（「文頭に飛び出た句」＋受動態）という構造を，主語から開始する能動態表現に変更したい。その際「動詞と時制」も変更する。「実験を行った結果〜がわかった」の典型パターンでは，「実験」を主語にして SVO で組み立てることが可能。

・第 2 文は，前半と後半で 2 つの異なる種類の情報が伝えられている。つまり「物質がアミロイドペプチドの集合体であること」と「細胞外に蓄積して記憶に障害を与える」こと。この文のメイン情報を 1 つにするため，文の構造を調整する。

▶▶▶**検討用英文 1 のリライト案**

Our experiment using mice has determined matter expected to be one cause of such an early symptom of the disease. The matter, an amyloid-peptide assembly, accumulates outside cells and causes memory disorder.

検討用英文 2

We did experiment on mice, and found a substance which can be one cause of this early symptom. The substance is an amyloid-peptide assembly, and accumulates out of cells and gives damage to patients' memory.

検討ポイント：

・主語を We にする場合も短く構成する。時制は過去形→現在完了形に変更することで，本論文のテーマに関係する重要な内容であることを明示する。

・関係代名詞の限定用法（主格）には，which ではなく that を使う（P129 参照）。また，can be one cause of は cause を動詞で使って can cause と表現すれば短くなる。

・The substance is an amyloid-peptide assembly の部分の語数を節約したいため，「詳細を説明する」役割を果たすコロン（P175 参照）の使用を検討する。

・out of は「内から外へ向かう動き」であり不適切。副詞 extracellularly（細胞外に）の使用も検討するとよい。

・give damage to は 1 語の動詞 damage に変更する。

検討用英文 2 のリライト案

Through our experiment on mice, we have found a substance that can cause this early symptom: an amyloid-peptide assembly. The assembly accumulates extracellularly and damages patients' memory.

解答訳例

Our experiments using mice have identified a possible cause for this early symptom: the extracellular accumulation of an amyloid-peptide assembly causing memory disorder.

(2) -2　そこで，アミロイドペプチドの集合体をマウスから分離し，ラットの脳に注入すると，この疾患の典型的な特徴であるプラーク形成や神経細胞死とは無関係に，一時的な記憶障害がみられた。

検討用英文 1

When **we** separated an amyloid-peptide assembly from a mouse and **injected into rat's** brain, temporary defect of memory **was observed** without connection to plaque formation and neuronal loss, **which are the typical characteristics of** this disease.

検討ポイント：

・前半と後半の主語が we, temporary defect of memory として変わっているため，読みづらい。視点をそろえたい（P252 参照）。

・injected の目的語が抜けている。injected <u>the assembly</u> または injected <u>it</u> とする必要がある。

・rat の冠詞が抜けている。rat は可算で，アポストロフィ 's の表現の場合，rat に冠詞が必要。なお，アポストロフィ 's を使わずに rat brain として名詞を羅列した場合には，brain の冠詞を判断することになる（P152 ブレイク＆スキルアップ参照）。

・temporary defect of memory was observed の後に，in the rat を入れることで「前とのつながり」を強めたい。

・全体的に語数が多いため，不要な単語があれば減らす。

検討用英文１のリライト案

When we separated an amyloid-peptide assembly from a mouse and injected <u>it</u> into <u>a</u> rat's brain, <u>we observed</u> temporary defect of memory <u>in the rat without</u> <u>plaque formation and neuronal loss,</u> which <u>typically characterize</u> this disease.

検討用英文２

An amyloid-peptide assembly was separated from a mouse and injected into the brain of a rat. **And then** temporary memory defect **was observed unrelated to** plaque formation and neuronal loss, which are the typical symptoms of this disease.

検討ポイント：

・And の文頭使いは文法的に不適切（P285 参照）。

・unrelated to を，係り先である temporary memory defect に近づけたい。

・２文目の主語は，１文目の後半に出したものを使いたい（P253 参照）。

検討用英文２のリライト案

An amyloid-peptide assembly was separated from a mouse and injected into the brain of a rat. <u>The rat then had</u> temporary memory defect unrelated to plaque formation and neuronal loss, which are the typical symptoms of this disease.

第6章

319

解答訳例

When the amyloid-peptide assembly was isolated from the mice and injected into rats, the rats also experienced temporary memory deterioration independent of plaque formation and neuronal loss, which are the typical symptoms of the disease.

<第3部分：今回の知見と今後>

（3）本研究は，アミロイドペプチドの集合体をアルツハイマー病の徴候としてあげており，物質の早期検出により，病気が進行すると起こる深刻な症状を予防するまたは遅らせることができる可能性が出てきた。

検討用英文1

This study **revealed** that the amyloid-peptide assembly **was** a sign of Alzheimer's disease, and the possibility that permanent memory loss **with the disease progressing can be put off or prevented by early detection of the assembly was shown**.

検討ポイント：

・アブストラクト最終文を過去形で終えないようにする。研究により導き出した普遍的事実を現在形で表したい（P89参照）。
・前半と後半の主語をそろえることで，後半の「長い主語」＋「受動態」の構造を改善したい。
・イディオム（句動詞）put off を避けて1語で表す。「遅らせる」には put off ではなく delay が使える。
・with the disease progressing は with の使い方が曖昧。

検討用英文1のリライト案

This study reveals that the amyloid-peptide assembly is a sign of Alzheimer's disease, and shows the possibility that early detection of the assembly can delay or prevent permanent memory loss occurring in the later stages of the disease.

検討用英文２

The study **has detected** the amyloid-peptide assembly as a sign of Alzheimer's disease. **There is a possibility that** permanent memory loss seen in progression of the disease will be postponed or prevented **by detecting the assembly early**.

検討ポイント：

・The study had detected について，「研究が検出した」⇒「研究が見出している」といった表現に変更。

・There is/are 構文は視点が定まらない。１文目と２文目に「つながり」をもたせたい。前文全体を指す単語を主語にし，SVO で表現する。

・by detecting the assembly early の箇所を能動表現に変更。

検討用英文２のリライト案

The study <u>identifies</u> the amyloid-peptide assembly as a sign of Alzheimer's disease. <u>This finding suggests the possibility that detecting the assembly early will delay or prevent permanent memory loss occurring as the disease progresses</u>.

解答訳例

The work points to the amyloid-peptide assembly as a potential diagnostic, and raises the possibility that detecting this assembly early can prevent or delay permanent memory loss characteristic of the later stages of the disease.

【Abstract（アブストラクト）】のポイント

● 「主題や問題の提示」「実際に何を行ったか」「主要な結果の提示と示唆」を適切に書く。

●本文を書き終えてからまとめる。

●態と時制を工夫して，簡潔に書く。

アブストラクトテンプレート

　自分の研究について，アブストラクトを作成してみましょう。

【主題や問題の提示】

....

....

....

*論文本文では Introduction に相当します。

【主題や問題の提示】のポイントと表現例

●これまでの状況を書く（時制は現在形・現在完了形・過去形）

「X には Y が重要（必要）である」　X requires Y.

「X には Y の知識が必須である」　　X requires knowledge of Y.

●現状の問題点を書く（時制は現在形・現在完了形）

「Z はまだ知られていない」　　　　Z remains unknown.

「Z はまだ明らかになっていない」　 Z remains unclear.

「Z はまだ解決されていない」　　　 Z remains unresolved./Z remains
　　　　　　　　　　　　　　　　　 unexplored.

「Y は達成されてきたが，限界があった」　Y has been achieved with limit-
　　　　　　　　　　　　　　　　　　　 ed success.

「Y は調査されてきたが，限界があった」　Y has been investigated with
　　　　　　　　　　　　　　　　　　　 limited success.

「Y が望まれてきたが，限界があった」　　The need for Y remains unmet.

「〜であった。しかし，Y には限界があった」 ____, but Y has been limited.

「X は Y である。しかし Z が必要なので X には限界があった」
　　　　　　　　　　　　　 X is … Y, but is limited by the need for Z.

【実際に何を行ったか】

....

....

....

*論文本文では Methods に相当します。

【実際に何を行ったか】のポイントと表現例
● 本研究が行ったことを書く（時制は現在形・現在完了形。主語は「研究」または「人」）

「本研究では，Y を行った」	This study presents Y.
	The paper presents Y.
	This study focuses on Y.
「我々は Y の調査を行った」	The study details our investigation of Y.
「我々は X を開発した」	We have developed X.
「我々は X を見出した」	We have identified X.
	We have found X.
	We find X.
「実験によって X を見出した」	Our experiment has identified X.
	Our experiment finds X.
「X について説明／報告する」	The study reports X.
	The study demonstrates X.
	We report X.
	We demonstrate X.

● 実験について記載する（時制は過去形。普遍化できれば現在形も可能性あり）

「（実験では）X を行った」	X was done.
	We did X.
「X を観測した」	X was observed.
	We observed X.

【主要な結果の提示と示唆】

....

....

....

....

＊論文本文では Results, Discussion, Conclusions に相当します。

【主要な結果の提示と示唆】のポイントと表現例

● 主要な結果を述べる。考察も言う。

「X は Y であった」　　　　　　　　X is Y./X was Y.

「X は Y であるということがわかった」（断定の度合を表す動詞）

The data demonstrates/shows/indicates/implies/suggests that X is Y.

＊ demonstrate → show → indicate → imply → suggest の順に，書き手の確信度（断定の度合い）が下がる（それぞれの動詞のニュアンスも異なる）。

「X は Y であるということがわかった」（断定の度合いが高い動詞＋助動詞）

　　　The data demonstrates/shows that X will/must/can/should be Y.

「X は Y であるということがわかった」（断定の度合が低い動詞＋助動詞）

　　　　　　The data indicates/implies/suggests that X can/may be Y.

「明らかに，X は Y であった」　　　Apparently, X is Y.

「X は Y であったと思われる」　　　X seems to be Y. / X is seemingly Y.

「本研究によると，X が可能になる」　Our finding will enable X.

「本研究により，X の可能性が生じてきた」　Our finding suggests the possibility of X.

「本研究により，X の可能性が高まる」　This finding raises the possibility of X.

● ポジティブに終える

「X により，Y が可能になる」　　　X enables Y.

「X により，Y が可能になると思われる」　X will enable Y.

ブレイク & スキルアップ

論文執筆の順序

　論文の各部分 Title, Introduction, Methods, Results, Discussion, Conclusions, Acknowledgments, References の執筆順序について，次の 2 つのパターンが可能です。

　パターン 1：Introduction と Conclusions から書く
　パターン 2：Methods から書く

　パターン 1（Introduction と Conclusions から書く）は，研究の結果と考察がすでに固まっている段階に書きはじめる場合におすすめの順序です。また，英語を書くことに慣れている（英文を組み立てることについての抵抗が少ない，英語に自信がある）という方にもおすすめです。

　パターン 2（Methods から書く）は，研究に平行して書き進めておくという場合に有効です。また，英語を書くことが苦手である（英文の組み立てが非常に難しいと感じる，英語にあまり自信がない）という人でも平易に開始できる順序です。将来英語で論文を書きたい方の準備段階とすることも可能です。

第6章

	Title（タイトル）：仮のタイトルをつける	
Step 1	**【執筆順パターン1】** Introduction と Conclusions から書く 結果と考察が固まっている。 英語に自信がある。	**【執筆順パターン2】** Methods から書く 研究に平行して書き進めておく。 英語にあまり自信がない。
Step 2	Introduction （イントロダクション）： 解決すべき問題を書き，研究の背景を 明示する。 ↓	Methods（方法）： 「方法」を淡々と描写する 実験の「方法」は，英語表現が平易 であるため，書きはじめやすい。 普段から実験ノートを英語で書く練習 をしておくと，Methods の執筆に役立 つ。実験開始前に，Methods を 書いておく。 ↓
Step 3	Conclusions（結論）： Introduction に対応させて， 結論を書いておく 結論部分は短く明確にまとめて，先に 書いておき，終着点を確認しながら書 き進める。 この時点で結論をまとめれば， Introduction が効果的に書けているか チェックしやすい。 今後の示唆や計画も含めておくとよい。	Results（結果）： 実験の結果が出次第， 主要な結果を書く 淡々と描写し，意見は述べない。 ↓
Step 4	Methods（方法）： 「方法」を淡々と描写する 比較的平易に書ける。 ↓	Introduction （イントロダクション）： 解決すべきだった問題を書く 得られた結果を精査し，はじめに検討 した課題をわかりやすく整理する。 研究課題の背景を説明する。 ↓
Step 5	Results（結果）： 主要な結果を淡々と描写する 意見は述べない。	Discussion（考察）： ここで意見・解釈を述べる 論文の「見せ場」となる。

Step 6	Discussion（考察）： ここで意見・解釈を述べる 論文の「見せ場」となる。	Conclusions（結論）： Introduction に対応させて， 結論をまとめる 今後の課題や計画も書く

Step 7	Abstract（アブストラクト）： 課題，方法，結論を，読み手に理解しやすく，まとめる
Step 8	Title（表題）： 論文の内容を的確に表したタイトルへと調整する
Step 9	Acknowledgments（謝辞）と References（参考文献）： 最後に落ち着いて，謝辞と参考文献をまとめる 「参考文献」は，課題に着手した時点から，メモとしてためておく。 最後に執筆した文献のどこに対応するのかを順を追って確認しながら選別し， 投稿規定に従ってまとめる。
Step 10	全体チェック＆リライト： タイトルから順に全体を通して読む。書き終えてから一晩以上おき， 他人の視点で読む。論理の飛躍や，表現のばらつきをなくして，読み やすくなるように修正する 全体のストーリーを確認しながら複数回読み返す。リライトに時間をかけることが， 論文の質を大幅に高める。『読み手』を意識し，『3 つの C』を実現する。

2. 構成 II—Introduction, Methods

　イントロダクション，方法の執筆ポイントを説明します。論文を書くとき，イントロダクションまたは方法のいずれかより書きはじめることがおすすめです（P325 ブレイク＆スキルアップ参照）。執筆ポイントを理解したら，これまでの章で学んだ 3 つの C（正確・明確・簡潔）の技法を使って執筆を開始しましょう。

（1）Introduction（イントロダクション）

　イントロダクションについてのスタイルガイドの記載を英語で読んでおきましょう。「良いイントロダクションとは，問題や解決すべき課題，研究の意義を，はじめの 2,3 文内に明示する」とあります。重要なポイントです。

Introduction

A good introduction is a clear statement of the problem or project and the reasons for studying it. **This information should be contained in the first few sentences**. Give a concise and appropriate background discussion of the problem and the significance, scope, and limits of the work. Outline what has been done before by citing truly pertinent literature, but do not include a general survey of semirelevant literature. **State how your work differs from or is related to work previously published**. Demonstrate the continuity from the previous work to yours. **The introduction can be one or two paragraphs long**. Often, the heading "Introduction" is not used because it is superfluous; opening paragraphs are usually introductory.

（出典：Standard Format for Reporting Original Research, The ACS Style Guide, 3rd Edition　太字，和訳は筆者）

（参考和訳）**イントロダクション**
良いイントロダクションは，問題や課題，また研究の理由を明確に述べる。この情報は，はじめの2,3行に含める。研究の問題と意義，範囲，また限界について，簡潔かつ適切にその背景を論じる。適切な関連文献を引用することにより，これまでの状況を概説する。**自身の研究と先行研究との違いもしくは関連性を述べる**。自身の研究と先行研究とのつながりを説明する。**イントロダクションは，1,2パラグラフで構成することができる**。冒頭のパラグラフは通常「導入」であるため，「イントロダクション」という見出しを使わない場合もある。

イントロダクションの執筆ポイント

　イントロダクションの目的は，論文の主題を読者が理解し，その研究成果を正当に評価できるようにする背景知識を与えることです。そして，研究を行うべき論理的な根拠を示します。適切な文献を提示し，「研究方法」「結果」「結論」を簡潔に述べます。

イントロダクションを読んでもらうために

・開始の2, 3文に，研究の意義（問題とそれを解決する意義）を書きましょう。
・パラグラフライティングの基本を活用しましょう（P241参照）。「一般的なこと」から「詳細な内容」，または「知られていること」から「知られていないこと」へ

と内容を展開しましょう。または，「重要度順」で研究の重要性について読み手の注意を引いたり，また内容によっては「時間順」を使い，研究に係る技術のこれまでの状況（歴史）を述べたりすることも可能です。

・1～3パラグラフを使って書きましょう（ACSスタイルガイドでは，1, 2パラグラフでの構成を推奨）。

・読み手が論文を読むのに必要な情報を得られるよう，平易な言葉使いで書きましょう。イントロダクションは特に正確，明確，簡潔になるように，十分なリライト過程を踏むようにしましょう。

例1：薬剤製造のための固体粒子の合成においては，バッチ工程が現在の主流である。しかしバッチ型工程においては，各バッチの品質にばらつきが生じ，生産効率の低下と高稼働コストが主な問題となっている。したがって，近年では連続工程が求められている。

検討訳例

Currently, **in the case of** solid particles synthesized **in the production of** pharmaceuticals, batch processes are often used. However, in the batch **type** operation, variations in the quality of each batch, low production efficiency, and high operating costs **are observed as the main problems. Therefore, the adoption of continuous processes is required recently**.

・3文以内に問題をうまくまとめているが，英文では，3文がやや長くなっている。

・明確・簡潔に修正する。in the case of は単に for などが可能（P198参照），type は不要，主語＋動詞＋目的語を並べる能動態の SVO を使う。

・「結論」でない箇所に therefore を使うのを避ける（P263参照）。

・the adoption is required は表現が難しい。

▶▶▶リライト案1

For solid particles synthesized in the production of pharmaceuticals, batch processes are now mainly used. However, the batch operation involves variations in the quality of each batch, and also can have low production efficiency and high operating costs. This requires a continuous process.

*語数を減らしました。

▶▶▶リライト案2

Producing pharmaceuticals currently uses batch processes for synthesizing solid particles. However, the batch operation involves variations in the quality of each batch, and also can have low production efficiency and high operating costs. The production now requires continuous processes.

*視点（主語）を整えました。

▶▶▶最終リライト案

Producing pharmaceuticals now requires continuous processes for synthesizing solid particles, unlike currently used batch processes that involve variations in the quality of each batch and have low production efficiency and high operating cost.

最終リライト案のポイント：重要と思われる「連続工程が求められていること」を前に出しました。1文目の文中で，問題（課題）を表現できました。

英語表現の留意点
・書き出しは，「複数形」の活用などにより，一般事項として説明することが可能です。はじめから話題を絞って内容を展開する場合には，単数形を使用します（P331 お役立ちメモ参照）。
・「モノ」を主体にしながら，「能動態」を中心に使う工夫をしましょう。必要に応じて，受動態を使用しましょう。
・イントロダクションは，他の部分と比べ，英語の組み立てが難しい部分となります。リライトを重ねるようにしましょう。日本語が後ろに透けて見える英文とならないよう，注意しましょう。

例2：パラボラアンテナに取って代わるアンテナとして，リフレクトアレーアンテナが注目されている。

検討訳例

× As an antenna alternative to a parabolic antenna, a reflect array antenna is being focused attention.

検討ポイント：

・「着目されているアンテナ」は 1 つではないため，主語を複数形に変更する。複数形の主語を使うことで，「一般的な内容」として表すことができる（以下のお役立ちメモ参照）。

・be focused attention は，受動態の後ろに目的語が置かれ，文法的に不適切。受動態や現在進行形により動詞部分が複雑になると，誤っていても気づきにくくなる。is being focused attention → receives attention と変更すれば，動詞部分が簡素化され，誤りが生じる可能性が低くなる。

・和文と英文の「句読点（和文の点と英文のコンマ」が同じ位置にある英文は，不自然な可能性がある。

・antenna が 3 回出てくる。単語数を減らせないかを検討する。

▶▶▶リライト案

Reflect array antennas receive attention as alternatives to parabolic antennas.

▶▶▶最終リライト案

Reflect array antennas are notable alternatives to parabolic antennas.

お役立ちメモ

単数？ 複数？ を「総称表現 複数形」ではなく「具体的な数」で選ぶ場合

イントロダクションの書き出しには「複数形」の活用により一般事項として説明する（総称表現）ことが便利です。一方で，はじめから話題を絞って内容を展開する場合には，単複は実際の「数」に応じて選択します。

例：血圧や心拍といった生体データを医師にリアルタイムで送れる身体装着用のアンテナを開発した。

(1) We have developed <u>a wearable antenna</u> for sending biological data such as blood pressure and heart rate to medical professionals in real time.（= 1 種類のアンテナを開発）

(2) We have developed <u>wearable antennas</u> for sending biological data such as blood pressure and heart rate to medical professionals in real time.（=複数種類のアンテナを開発）

第6章

このような文脈の場合，「総称表現の複数形」で話題を展開するのではなく，開発した「アンテナ」が1種類の場合には単数形，複数種類の場合には複数形を選択します。

例3：近年，エネルギー問題により，太陽光発電や風力発電といった再生可能エネルギー源の利用が増えている。

検討訳例

× **Recently, due to energy problems, utilization of** the sources of renewable energy such as solar power and wind power is increasing.

検討ポイント：
・日本語が背後に見える文を英語らしくリライトする。
・recently（近年）は，現在完了形または過去形と一緒に使う。現在形とは一緒に使えない。また冒頭に Recenlty を置くよりも，本来の修飾先である動詞の近くに置くのが適切。

▶▶▶**リライト案**

To solve energy problems, renewable energy sources such as solar power and wind power have recently been used increasingly.

▶▶▶**最終リライト案**

To solve energy problems, more renewable energy sources, such as solar power and wind power, have been used recently.

Let's write!

練習1：イントロダクションからの短い文を英語で書いてみましょう。検討訳例のリライト案も，考えてみましょう。赤字は Correct，青字は Clear, Concise の観点からのリライト箇所を示しています。

（1）心筋梗塞（heart attack）や脳卒中（stroke）といった心血管疾患は，現在の主な死亡要因となっている。

検討訳例

At the present time, a cardiovascular disease, such as a heart attack and a stroke, **is becoming** a leading cause of mortality.

リライトポイント

・名詞を複数形に変更。
・時制を変更。現在進行形は，臨場感が出るが，その瞬間のことだけを表すため他の時制を検討。
・At the present time は now に変更（P197参照）。

▶▶▶リライト案

Cardiovascular diseases, such as a heart attack and a stroke, are now a leading cause of mortality.

解答訳例

Cardiovascular diseases, such as heart attacks and strokes, have become a leading cause of mortality.

（2）熱音響システムにおいては，発振温度が高くなるという問題がある。

検討訳例

A thermoacoustic system has **a problem that** the oscillation temperature is high.

リライトポイント

・a problem that … は文法誤り。同格の that はここでは不適切。
・「問題（problem）」という単語を出すと英文が複雑になり，誤りが生じやすい。

▶▶▶リライト案1

A thermoacoustic system has a problem <u>in that</u> its oscillation temperature is high.

*X has a problem in that … で「Xは～という点において問題を有している」という，文法的に正しい文になります。

333

▶▶▶リライト案2

The problem with thermoacoustic systems is their high oscillation temperatures.

*語数を減らしました。

解答訳例

Thermoacoustic systems have high oscillation temperatures. To solve this problem, our system uses …

*事実だけをシンプルに述べる。その後で「問題」の内容が既出の状態で the problem と前を受けて書くとよい。

（3）本研究においては，バイアス電圧の光ルミネセンススペクトル依存性について報告する。

検討訳例

In this paper, the bias voltage dependence of photoluminescence (PL) spectra **was reported**.

リライトポイント
・時制を過去から現在形に変更する。
・能動態に変更する。

解答訳例

This paper reports the bias voltage dependence of photoluminescence (PL) spectra.

（4）近年，携帯電話やスマートフォンでの無線通信が行われている。無線通信では，無線波が空気中を伝搬し情報を伝える。したがって，無線通信では，有線による通信に比べると，盗聴が容易である。

検討訳例

Recently, wireless communication by a cellular phone and a smartphone has been performed. A radio wave propagates in the air by wireless communication and transmits information. Therefore, wiretapping of wireless communication is easier than that of cable communication.

リライトポイント
・名詞の単複を調整する。
・視点（主語）を wireless communication にそろえることで，背後に日本語が透けて見える英文を避ける。
・比較部分が難解になっているため，平易に表現できないかを検討する（P165 参照）。
・Recently, で文を開始することを控える（P264 参照）。
・表現を残しながら，不具合を修正したい（P95 ブレイク＆スキルアップ参照）。

▶▶▶リライト案

Wireless communication has been recently performed by cellular phones and smartphones. In wireless communication, radio waves propagate in the air to transmit information. Wiretapping is thus easier for wireless communication than for cable communication.

解答訳例

Wireless communication involving cellular phones and smartphones transmits information using radio waves that propagate in the air. Wireless communication is thus more susceptive to wiretapping than cable communication.

【Introduction（イントロダクション）】のポイント
- 研究が解決する問題・課題をわかりやすく提示する。はじめの 3 文以内に簡潔に明示する。
- 3 つの C（正確・明確・簡潔）を活かして各文を書く。また文どうしをうまくつなげる。

335

- 書き出しには名詞の複数形を使い，「一般的なこと」から書く。
- パラグラフライティング術を使い，「一般的なこと」から「詳細な内容」，「知られていること」から「知られていないこと」へ話題を展開する。また内容に応じて，「重要度順」や「時間順」といった順序を使うことも可能。

(2) Methods（方法）

　方法のポイントは，「専門家が実験を再現でき，同等の結果を得られるように」記載することです。方法についてのスタイルガイドの記載を読んでおきましょう。

Experimental Details or Theoretical Basis

In research reports, this section can also be called "Experimental Methods", "Experimental Section", or "Materials and Methods". Be sure to check the specific publication for the correct title of this section. For experimental work, **give sufficient detail about the materials and methods so that other experienced workers can repeat the work and obtain comparable results**. When using a standard method, cite the appropriate literature and give only the details needed.

≫ Identify the materials used and give information on the degree of and criteria for purity, but do not reference standard laboratory reagents. Give the chemical names of all compounds and the chemical formulas of compounds that are new or uncommon. Use meaningful nomenclature; that is, use standard systematic nomenclature where specificity and complexity require, or use trivial nomenclature where it will adequately and unambiguously define a well-established compound.

≫ Describe apparatus only if it is not standard or not commercially available. **Giving a company name and model number in parentheses is nondistracting and adequate** to identify standard equipment.

≫ Avoid using trademarks and brand names of equipment and reagents. Use generic names; include the trademark in parentheses after the generic name only if the material or product used is somehow different from others. Remember that trademarks often are recognized and available as such only in the country of origin. In ACS publications, do not use trademark (TM) and registered trademark (®) symbols.

≫ **Describe the procedures used**, unless they are established and standard.

≫ Note and emphasize any hazards, such as explosive or pyrophoric tendencies and toxicity, in a separate paragraph introduced by the heading "Caution:". Include precautionary handling procedures, special waste disposal procedures, and any other safety considerations in adequate detail so that workers repeating the experiments can take appropriate safety measures. Some ACS journals also indicate hazards as footnotes on their contents pages.

In theoretical reports, this section is called, for example, "**Theoretical Basis**" or "**Theoretical Calculations**" instead of "Experimental Details" and **includes sufficient mathematical detail to enable other researchers to reproduce derivations and verify numerical results. Include all background data, equations, and formulas necessary to the arguments**, but lengthy derivations are best presented as supporting information.

（出典：Standard Format for Reporting Original Research, The ACS Style Guide, 3rd
Edition　太字，和訳は筆者）

（参考和訳）**実験の詳細または理論の基礎**

　研究報告書では，本項目は，Experimental Methods（実験方法），Experimental Section（実験），または Materials and Methods（材料と方法）とも呼ばれる。本項目の正しい名称については，刊行物で確認すること。実験研究では，**経験を有する他の研究者が実験を再現し，同等の結果を得ることができるよう，材料や方法について十分な詳細を示す**。標準的な方法の場合には，適切な文献および必要な詳細のみを提示する。

▶使用した材料を示し，純度およびその基準に関する情報を提供する。標準的な実験試薬についてはふれない。すべての化合物の化学名を示す。新しい化合物または一般的でない化合物については，化学式も含める。意味のある学術用語を使用する。特異で複雑な化合物には，系統的な命名法による学術用語を使

用する。確立した化合物には，適切かつ明瞭に定義できる場合において慣用名を使用する。

▶装置は，標準的ではない場合や，市販されていない場合にのみ説明する。**社名と型番を括弧内に示すことは許容され**，標準的な装置を特定するために妥当である。

▶装置および試薬の商標やブランド名は避ける。一般的な名称を示す。使用した材料や製品が他のものと異なる場合にのみ，一般名称に続けて丸括弧内に商標を示す。商標は多くの場合，取得国だけで認識され利用されることに留意する。ACS の刊行物では，商標のマーク（TM）および登録商標のマーク（®）は使用しない。

▶**使用手順について**，定着した標準的な手順である場合を除いて，**説明する。**

▶爆発や自然発火の傾向または毒性といった危険要因がある場合には，Caution:（注意）などの見出しに続く別パラグラフに特記し強調する。予防取り扱い手順，特殊廃棄物処理手順，また他の安全配慮事項があれば，十分に詳細に記載し，実験を再現する人が適切な安全対策を行えるようにする。ACS のジャーナルの中には，脚注に危険性を含めるものもある。

理論報告書においては，本項目は，Experimental Details（実験の詳細）ではなく，例えば **Theoretical Basis（理論の基礎）**や **Theoretical Calculations（理論的計算）**と呼ばれる。他の研究者が該当理論による導出を再現し，数値結果を検証できるのに十分な数値演算の詳細を含める。論証に必要なすべての背景データ，式，公式を含めるが，導出の説明が長くなる部分については補足情報とするのが最も良い。

方法の執筆ポイント

実験に使用した装置や手順，実験の理論やモデルについて説明します。

・実験が再現できるよう，十分な情報を含めて書きましょう。

・含める内容が多くなる場合，小見出しをつけて，読み手が情報を探しやすいように工夫しましょう。（例：Preparation of XX, Synthesis of XY compound など）

・「実験の手順」は時間順で書きましょう。情報の抜けがないにように，順を追って説明しましょう。

・時間順での説明箇所では，時間的な移行句（例：first, second, third, before, after, subsequently, previously, and then）の使用により，読みやすさを高めることができます。

・受動態の使用が多く許容される部分です。モノを主語におき，必要に応じて受動態を使って書きましょう。

・時制は過去形を使うことで，行った実験について報告することが可能です。また，理論実験や再現可能な実験の場合，普遍的な事実として，現在形で書くことも可能です。

受動態と能動態

　論文では「受動態よりも語数が減り，より直接的に書ける場合には能動態を使う」「動作主がわからない場合や重要でない場合，また隠したい場合には受動態を使う」という指針（P45 お役立ちメモ参照）に従い，「態」を決めます。

　方法では，動作の主体である「人」が登場する必要はありません。他人が行った方法について述べることはなく，著者の実験方法について書く部分であるため，あえて「自分」を登場させる必要がないためです。したがって，方法では受動態の使用が多くなります。そのような方法の部分であっても，モノを主語にした能動態表現を随所に使うことができます。

　例えば方法の説明において，次のように，受動態を基本にして，能動態も混在することになります。

例1：100℃に<u>到達する</u>まで，サンプルを<u>加熱した</u>。

The sample <u>was heated</u> until its temperature <u>reached</u> 100 ℃.
　　　　　　受動態　　　　　　　　　　　　　　　　　能動態

* 「加熱した」は受動態で書きます。「到達した」は主語 temperature と他動詞 reach を使い，能動態で書きます（until the temperature of 100 ℃ was reached は不適切）。

* また，until its temperature reached 100 ℃ の部分を，to 100 ℃. として前置詞を使うことで，態の判断自体を減らすことも可能です。つまり，次のようにできます。

The sample <u>was heated to</u> 100 ℃.

例2：溶液が入った試験管を，沈殿物が<u>形成される</u>まで<u>振った</u>。

The test tube containing the solution <u>was shaken</u> until the precipitate
<u>formed</u>.　　　　　　　　　　　　　　　　　　　　　　受動態
能動態

* 「振った」には受動態（<u>was shaken</u>）を使っています。一方，「沈殿物が<u>形成される</u>まで」の the precipitate <u>formed</u>. には，能動態を使っています（P45 お役立ちメモ）。自動詞と他動詞の両方の働きをもつ form の自動詞のほうを使っています。

Let`s write!

練習：態を選択しながら，英語で書いてみましょう。

検出器の作成方法

まず，ホール素子を備えるコネクタをカバーの孔に取り付け，次にカバーに取り付けたコネクタを，型にセットした。その後，ホール素子を覆う樹脂が固化され，樹脂によってコネクタがカバーと一体化された。このようにして，検出器を作成した。

検討訳例

Detector Fabrication
A connector with a Hall device was mounted○ in a hole in the cover. The connector with the cover was placed○ in a mold. The resin encapsulating the Hall device was then solidified×, and the connector and the cover were integrated× together by the resin. The sensor was completed× in this manner.

▶▶▶リライト案

Detector Fabrication
A connector with a Hall device was mounted○ in a hole in the cover. The connector with the cover was placed○ in a mold. The resin encapsulating the Hall device then solidified○, integrating○ the connector and the cover together. This completes○ the sensor.

解説：検討訳例は，動詞部分すべてに受動態を使っています。リライト案では，後半3ヶ所の受動態をなくすことができました。

3ヶ所について，is solidified は，solidify という動詞には自動詞（固化する）と他動詞（固化させる）の両方の働きがあるので，自動詞で使用することで，受動態を避けました（「自動詞と他動詞」については P85 参照）。続く were integrated については，文末分詞として前の文につなげることで，受動態をなくしました。最後の was completed は，前文全体を指す主語 This を使い，SVO 構文で組み立てることで受動態をなくしました（「文末分詞」については P125 参照。「This を主語にした SVO」については P279 参照）。

方法で使う3つの時制

方法で使用できる時制は，過去形を主体として，現在完了形，現在形となります。

行った実験の報告には過去形を使います。過去に行った事件を「今」に近づけて，つまり「今」と関連があることとして書きたい場合には，現在完了形を使います。また，理論実験について説明する場合や，論文に書かれている今のこととして記載する場合には，現在形となります。

例：本実験では，サンプルの融点と沸点を近似により求めた。

The melting points and the boiling points of these samples <u>were approximated</u> in the experiment.

*過去形：実験報告として記載。

The melting points and the boiling points of these samples <u>have been approximated</u> in the experiment.

*現在完了形：（現在に至るまでの）今のこととして記載。

The melting points and the boiling points of these samples <u>are approximated in the experiment</u>.

*現在形：理論実験について説明。または論文に書かれている今のこととして記載。

表記例：製造業者の名称

方法では，実験に使用した装置や材料が読み手にわかるように特定します。「XX 社製」というように製造業者の名称を入れる場合，丸括弧の中に，そのまま社名を入れることができます（P181 参照）。

例：各サンプルの吸光度を吸光度計（ABC 社製）で測定した。

The absorbance of each sample was measured using a spectrometer (ABC Corporation).

*日本語は「〜社製」とありますが，<u>(manufactured by</u> ABS Corporation) といった表現は不要です。単に社名を入れることができます。

時間を示す表現

「手順」の説明では，時間軸に沿って処理手順を記載します（P338 参照）。したがって，時間的な関係を伝える subsequently, then, before, after などを使うことができます。また，This is (was) followed by … （この次に〜する）も便利です。
例えば次のように使うことができます。

時間を示唆する単語を使った表現例：

誘電体層をシリコン基板に蒸着し，続いて昇温と光の照射を行った。

第6章

341

時間を表す表現なし：

Dielectric layers were deposited on the silicon substrates, and exposed to elevated temperatures and illumination.

*読み手の理解を助けるために，時間を示唆する単語を使ってもよい。

Subsequently の使用：

Dielectric layers were deposited on the silicon substrates. <u>Subsequently</u>, the layers were exposed to elevated temperatures and illumination.

Dielectric layers were deposited on the silicon substrates, and <u>subsequently</u> exposed to elevated temperatures and illumination.

Then の使用：

Dielectric layers were deposited on the silicon substrates, and <u>then</u> exposed to elevated temperatures and illumination.

Before, after の使用：

Dielectric layers were deposited on the silicon substrates <u>before</u> exposed to elevated temperatures and illumination.

<u>After</u> deposited on the silicon substrates, the dielectric layers were exposed to elevated temperatures and illumination.

Followed by の使用：

Dielectric layers were deposited on the silicon substrates. <u>This was followed by</u> exposure of the layers to elevated temperatures and illumination.

Dielectric layers were deposited on the silicon substrates, <u>followed by</u> exposure of the layers to elevated temperatures and illumination.

【Methods（方法）】のポイント
- 実験が再現できるように過不足なく情報を含める。
- 「人」の主語を避けて，受動態を適切に使用する。
- 時制は基本的に「過去形」を使用。現在完了形，現在形の使用も検討。
- 時間軸に沿って処理手順を説明する。読み手の理解を助ける時間的な表現（例：subsequently, then, before, after, followed by）を必要に応じて使用してもよい。

342

ブレイク & スキルアップ

冠詞の習得段階―【無冠詞⇒ the が多い段階⇒習得完了】

非ネイティブの冠詞習得―意識して，習得しましょう

　非ネイティブの「冠詞」の習得で大切なことは，次の2つの発想を捨てることです。

　発想1「考えなくても，使っているうちにそのうち冠詞の感覚が身につくだろう」　×
　発想2「冠詞を自由に使いこなすことは非ネイティブには無理なのであきらめる」　×

　発想1と2の代わりに，「集中して考えながら使い，なんとしても習得する」「自由な使いこなしを目指して，くり返し練習する」という気持ちが大切です。名詞の意味と働きを考え，判断ステップを素早く踏んで，冠詞を決定します（P60参照）。非ネイティブ（特に日本人）ならではの勤勉さをもって，「冠詞」という文法に，理由と根拠を探し続けましょう。

習得段階【無冠詞 ⇒ the が多い段階 ⇒ 習得完了】

　理工系学生や専門分野の先生方の英語を見ていると，「冠詞の習得」には主に下の「3段階（＋段階0）」があるように思います。そして，ある段階から次の段階へ上がるのに，時間がかかることがあります。つまり，意識的に先へ進まなければ，現在の段階から脱出できない，というようなことを見てきました。

　段階0～3を説明します。

段階0：冠詞を使わない〈冠詞？日本語には存在しないので，よくわからない。a とか the とか言いたくないから，省いておこう〉

段階1：冠詞の練習期間〈名詞を特定できるかどうか，つまり the かどうかを考えて，特定できるなら the，できないなら名詞の数に応じて a/an 無冠詞を決める〉

段階2：冠詞の伸び悩み期―the が増える〈ある程度要領がわかったが，冠詞に自信がもてない。自分の英語には the がとても多い〉

第6章

段階3：冠詞の習得終了〈the の増加を乗り越え，a/an も the も無冠詞も，自由に使いこなせるようになる〉

　例えば「段階2：the が増えてくる」というところで長く足踏みをされている理工系の方々を，多く見てきました。冠詞（数と冠詞）の自由な使いこなし（段階3）まで「あと一歩」なのに，とてももったいない，と思いました。冠詞の習得は，「なんとなく使っているうちにできるようになる」のではなく，次の段階があることに気づき，次の段階へと，自らを導いていただく必要があるのです。また，非ネイティブには無理，とあきらめずに，非ネイティブにもできる，と考えます。また非ネイティブだからこそ，ただ「感覚」に頼るのではなく，きちんと考え理由づけをしながら，1つひとつの名詞の形，つまり「数」と「冠詞」を選択することができると信じてほしいのです。

　さて，上の冠詞の3段階（＋段階0）のうち，ご自身がどの段階にあるかを把握するとともに，最終段階「冠詞の習得終了」へと，早期に自らを導くことが大切です。意識的に，次の段階へと冠詞を練習することが大切です。各段階をさらに説明します。

● 「冠詞」が自由に使えるようになるまでの3段階＋1

> **段階0：冠詞を使わない**
> 〈冠詞？日本語には存在しないので，よくわからない。a とか the とか言いたくないから，省いておこう〉

検討訳例：三角形は，3つの辺と3つの角から構成される。
　Triangle has three sides and three angles. ×

筆者アドバイス：「三角形」は特定のものではないので the や a を使いたくない，「抽象的な三角形を指す」，といった理由で無冠詞にするのは，文法誤りです。英語で名詞を表す際，必ず数（単数・複数・不可算）を同時に表します。三角形は「不可算」にはできません。

段階 1：冠詞の練習期間
〈名詞を特定できるかどうか，つまり the かどうかを考えて，特定できる
なら the，できないなら名詞の数に応じて a/an 無冠詞を決める〉

検討訳例：三角形は，3 つの辺と 3 つの角から構成される。
　「数える名詞の無冠詞単数形」が誤りになるということがわかってきた。だ
から Triangle has three sides and three angles. は誤りと理解している。
　「三角形」は数える，そして「三角形というもの」という一般的なこととして，
次の「可算名詞の 3 つの総称表現」が考えられる（数える名詞の総称表現に
ついては P70 参照）。
　A triangle has three sides and three angles.
　The triangle has three sides and three angles.
　Triangles have three sides and three angles.

　3 つの総称表現のうち，どれがよいだろう。3 辺 3 角を有するのは「1 つの
三角形」。複数形の Triangles have … はわかりにくいので却下。主語が複数
であっても，Triangles each have three sides and three angles. と each
を入れると可能。
　A triangle has three sides and three angles. これは 1 つで種類を代表し
ている。
　The triangle has three sides and three angles. これは「みんな，三角形
について知っているね」という「種類」への特定。名詞を堅く定義する文脈で
使用が可能。

筆者アドバイス：とても良い判断です。試行錯誤しながら，継続して練習して
ください。

段階 2：冠詞の伸び悩み期—the が増える
〈ある程度要領はわかったが，自信がもてない。自分の英語には the がと
ても多い〉

検討訳例：Windows マシンで動作するシミュレータを開発した。
We have developed simulator that runs on Windows machine. といっ

た数える名詞 simulator の無冠詞単数形は誤り。simulator は可算。単語の
末尾が —or や —er である単語は可算。machine も冠詞が必要。

→「可算名詞の無冠詞単数形の誤り」を避けるために，名詞には the をつけ
ておこう。「自分たちの技術」として，特定できるように感じる。また「関係
代名詞の前には the をつける」と聞いたことがある気がする。

→　×　We have developed the simulator that runs on the Windows machine.
（読みづらい文になってしまった…）

筆者アドバイス：次の試行錯誤の段階です。納得して冠詞を決めることができ
るようになったものの，自然な英文ではなくなっていることがあります。文中
に the が増え，読みづらくなってしまいがちな段階です。意識して，次の最
終段階へと自らを導く必要があります。「読み手」の視点をいつも考えるよう
にしましょう。

ポイント　次の 2 つの理由により，the の使用が増えます。
1. 何にでも the をつけておけば，可算名詞の無冠詞単数形の文法誤りが
   避けられる。
2.「自分の技術」として特定したい気持ちが強いため，the をつけたい場
   合が多い。

---

the が多すぎる英文の欠点

　読み手は the に目を止め，「何のことか」を考えながら読むため，読む速度
が落ちる。また「何を指すか」を考えてもわからなければ，書き手の思考につ
いていけず，読むのが嫌になる。

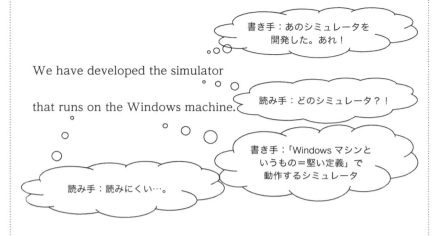

> **段階3**：冠詞の習得終了
> 〈the の増加を乗り越え，自由に使いこなせるようになる〉

検討訳例：Windows マシンで動作するシミュレータを開発した。
○　We have developed a simulator that runs on a Windows machine.

　この文章について，a simulator か the simulator のどちらがよいかという議論もあります（P67 ブレイク＆スキルアップ参照）。
　「自分たちが開発した<u>あの</u> simulator」というニュアンスが強ければ the，「読み手の知らないものを紹介する」というニュアンスが強ければ a となります。なお，Windows マシンのほうの冠詞については，どの Windows マシンでもよいため a Windows machine が適切です。
　この判断により，読み手に配慮した文章が完成します。次のように区切りながら落ち着いて読むことができます。

　We have developed a simulator（あるシミュレータを開発しました）
　that runs on a Windows machine.（それは，Windows マシンで動作するものです。）

筆者アドバイス：読み手への配慮と書き手が表したい内容のバランスをうまくとり，冠詞を選択できています。Very good！「冠詞」の習得完了です。

段階0〜段階3まで，自分が冠詞の習得のどの段階に位置するかを，確認しておきましょう。早期に段階3（習得完了）に到達するよう，インプット（読む・聞く）とアウトプット（組み立てる・書く・話す）の両方で，どんどん練習をしましょう。

　「名詞」つまり「数」と「冠詞」を習得し終えると，英語への苦手度が減り，自信が一気に高まります。「決定的な誤りが含まれているわけはないけれどなんとなく読みにくい」という英語論文の多くは，「名詞の形」が原因となっていることがあります。査読者が内容を誤解したり，内容の理解が妨げられたり，また査読者が論文を読み通すことをあきらめてしまうような英語論文には，名詞の不具合が随所に含まれていることが多いのです。

　英語の習得，中でも「冠詞」の習得には必ず「終わり」があります。「永遠に修行」などということは，ありません。意識的に練習することで，早期に習得完了を目指してください。
　Practice makes perfect!（練習すれば，大丈夫。）

3. 構成Ⅲ—Results, Discussion

　結果，考察の執筆ポイントを説明します。結果で得られたデータを提示し，考察でその解釈を議論する，という論文において最も重要な部分となります。

（1）Results（結果）

　スタイルガイドの記載を読んでおきましょう。結果では，得られたデータを提示します。

Results

Summarize the data collected and their statistical treatment. Include only relevant data, but give sufficient detail to justify the conclusions. Use equations, figures, and tables only where necessary for clarity and brevity. Extensive but relevant data should be included in supporting information.

（出典：Standard Format for Reporting Original Research, The ACS Style Guide, 3rd Edition
太字，和訳は筆者）

（参考和訳）**結果**
収集したデータとその統計処理をまとめる。関連するデータのみを含めるが，
結論を正当化するのに十分な程度の詳細を提示する。明確で簡潔な説明のため
に必要な場合にのみ，式，図，表を使う。関連データが広範囲にわたる場合は，
補足情報として含める。

結果に関連する項目である『図の説明』に関する ACS スタイルガイドの記載も，
後に引用しています。

結果の執筆ポイント
実験で得た結果を提示します。

結果の書き方：中身と英語表現
・図表を入れましょう。使用した図表は，すべて本文で説明しましょう。
・簡潔かつ淡々とデータを提示しましょう。
・表（Table）の見出しは表の上に，図（Figure）の説明は，図の下におきましょ
う。
・時制について，実験の記載には過去形の使用が可能です。
・図表は投稿予定のジャーナルのスタイルに合わせましょう。
・なお，実験結果についての議論（考察）とまとめて，Results and Discussion（結
果と考察）とすることも可能です。
Results（結果）では，淡々と，主要な結果を事実として述べます。一方 Dis-
cussion（考察）では，Results で提示した結果を解釈した著者の「考え」を伝え
ます。これらを区別した英語表現で書けるように練習しておくと，Results and
Discussion（結果と考察）としてまとめた場合であっても，伝わりやすい表現で
書くことができます。

結果を描写する
淡々と主要な結果を描写します。現在形または過去形の使用が可能です。現在形
の場合，図に示されている内容の説明として記載します。過去形の場合，「〜が得
られた」という報告として表します。いずれの使用も可能です。

349

例： ○ As shown in Figure 1, the error between the estimated propagation loss and the measured propagation loss <u>is</u> 3.5 GHz.

図1からわかるように，伝搬損失の推定値と測定値の差は3.5GHzである。

○ As shown in Figure 1, the error between the estimated propagation loss and the measured propagation loss <u>was</u> 3.5 GHz.

図1からわかるように，伝搬損失の推定値と測定値の差は3.5GHzであった。

図表を描写する英語にありがちな不適切表現

図や表を描写する際にありがちな単語の誤りを取り上げます。

● 「単調な・単調に」は monotonous/monotonously は×

⇒ 正しくは monotonic/monotonically

× The fatigue strength decreased monotonously.

○ The fatigue strength decreased <u>monotonically</u>.

× A monotonous decrease in the fatigue strength was observed.

○ <u>A monotonic</u> decrease in the fatigue strength was observed.

* monotonous/monotonously は，変化がなく退屈，という意味。

● 「顕著な・顕著に」に remarkable/remarkably は「驚愕させる」

⇒ 適切には marked/markedly, noticeable/noticeably

× The resistance decreased remarkably.

○ The resistance decreased <u>markedly</u>.

× A remarkable decrease in the resistance was observed for specimen 1.

○ A <u>marked</u> decrease in the resistance was observed for specimen 1.

* remarkable/remarkably は，「驚愕させる」という意味になるため，淡々と描写をしたい英語論文では不適切。marked/markedly, noticeable/noticeably で「顕著な，顕著に」を表すことができる。

● 「～の場合」は in case of ではない。また in the case of も不要

⇒正しくは For …, At … といった適切な前置詞（P198参照）

× In case of sample A, the resistance decreased at low temperature.

○ <u>For</u> sample A, the resistance decreased at low temperature.

× In the case of low temperatures, sample 1 showed a decrease in the resistance.

○ <u>At</u> low temperatures, sample 1 showed a decrease in the resistance.

* In case of（case に the なし）は「万が一」の意味。現実的には In case of fire（火災が起こった場合）といった文脈にのみ使用。In the case of（the つき）は英語として正しいが，「特定の場合」

350

という意味が強いため不適切。単に「場合」を表すのであれば, 前置詞 For が使える。文脈によっては, 別の前置詞（At, In など）も使える（P196 ブレイク＆スキルアップ参照）。

● 「それぞれ」に respectively を使う場合は正しく使う
⇒値が 2 つの場合は, respectively を使わずに解体する。値を並べて見せたい場合に使用可能であるが, 対応関係を明確にしておく。

× The resistance was XX and YY for samples A and B, respectively.

○ The resistance was XX for sample A, and YY for sample B.（使わずに解体）

× The resistance was 10, 20, 30, and 40 for samples A to D, respectively.

○ The resistances were 10, 20, 30, and 40 for samples A, B, C, and D, respectively.（対応を明示する）

* respectively はその利点（数値を並べて見せる）を活かして使う。利点がない場合には, 使用を控える（P355 ブレイク＆スキルアップ参照）。

図と表について

Results（結果）の提示では, 図表を使って, 結果を視覚的に見せながら説明します。「図」は視覚的に「傾向」を見せるために使用し, 「表」は個々の値を示す, または値ではない結果（例：良好・不良, 有・無）を示すことができます。

「図」を使うか「表」を使うかについては, 特に決まりはありませんが, 図と表のそれぞれの利点を活かして使うとよいでしょう。

「図」を使用する場合には「傾向」を見せやすいよう, そして要点がわかりやすいよう, 視覚的に工夫をしましょう。不要な情報を含めないようにしましょう。

「表」は, 数値や言葉（Good, Poor, Fair など）を使って表すことができるため, 絶対値を対象としている結果, また逆に数値化しにくいデータの説明に使用します。「表」では視覚的に傾向を読み取ることは難しくなります。したがって, できる限りわかりやすく記載するようにしましょう。

「図」と「表」を例示します。

第6章

図の例

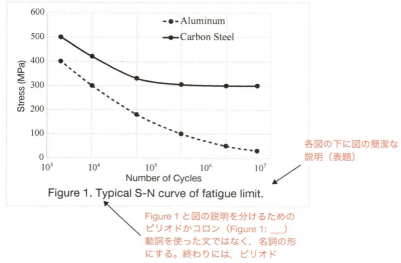

Figure 1. Typical S-N curve of fatigue limit.

（注釈：各図の下に図の簡潔な説明（表題））

（注釈：Figure 1 と図の説明を分けるためのピリオドかコロン（Figure 1: ___）動詞を使った文ではなく，名詞の形にする。終わりには，ピリオド）

＊各図の下に，図の簡潔な説明（表題）を入れます。「図1：疲労限界 SN 曲線（Figure 1. Typical S-N curve of fatigue limit.」などです。図は英語で Figure または Fig. です。図の説明で，数字を組み合わせた Figure 1 の後ろには，「図の説明」と Figure 1 と分けるための「ピリオド（またはコロン）」を入れます。また，図の説明は，動詞を使った文ではなく，名詞の形で書きます。しかし終わりには，ピリオドを置きます。つまり，Figure 1. Typical S-N curve of fatigue limit. や Figure 1: Typical S-N curve of fatigue limit. となります。

図の説明の書き方例

　Results（結果）では，図表を入れて結果を提示します。「図表」は，英語で Tables and Figures と表現し，Figure ＝図，Table ＝表です。つまり，「Table ＝表」を除くあらゆる図，例えば「グラフ」のような数量どうしの関係を表した図，「平面図」「斜視図」のような立体図形を表した図はすべて Figure であるということになります。

　次に，図の説明について，ACS スタイルガイドで「良い例」としてあげられている表現を抜粋して例示します。

良い「図の説明」の例（ACS スタイルガイドより）

Figure 2. Mass spectrum obtained when laboratory ambient air containing 2.5 ppm of 1 was introduced into the MS system.

Figure 4. Change in carotenoid contents during maturation of three varieties of grapes: (A) Concord grapes; (B) Thompson seedless; and (C) Chilean red.

Figure 6. Variable-temperature NMR spectra of **3d** in CD_2Cl_2 solution at 500 MHz.

Figure 7. Reaction rate constants as a function of proton affinity for the reactions shown in eqs 5–7: k_{exp}, experimental; k_c, calculated.

また，図の説明での句読点の使い方について，列挙する要素を区切るためにセミコロンを使うことが可能です。これは，「列挙する要素の中に<u>句読点が入ったり</u>，列挙する各要素が長い場合に使うセミコロン（P176 参照）」を使う方法です。スタイルガイドからの例を示します。強調（下線）と解説は筆者によります。

● 「図の説明」における句読点（ACS スタイルガイドより）

Figure 1. Variable-temperature ^{1}H NMR spectra of compound **12**<u>:</u> top, 403 K<u>;</u> middle, 353 K<u>;</u> bottom, 298 K.

*列挙する要素の中に句読点（コンマ）が入っているため，要素間をセミコロンで区切っている。

表の例

説明（表題）は，表の上↓　　↓3行，3列以上の行列を使って数値を見せる

Table 1. Typical S-N curve of fatigue limit

Number of Cycles	Stress (Mpa)	
	Aluminum	Carbon Steel
2.0×10^3	400	500
1.0×10^4	300	420
1.0×10^5	180	330
1.0×10^6	100	310
1.0×10^7	50	300
5.0×10^7	30	300

Note: The results are obtained from strain-controlled fatigue tests.

↑「注」は，表の下
「注」は動詞を使った通常の文で書く

*3行，3列以上の行列を使って数値を見せる場合に「表」を使いましょう。表の説明（表題）は，表の上に記載しましょう。補足説明，つまり「注」（Note または Notes）がある場合には，表の下におきましょう。「注」は，名詞形ではなく，動詞を使った通常の文の形で書きます。

表における説明「良否」や「○△×」

表では，値の他に，対象物の品質の「良否」や対象物資の「検出の有無」などを

353

示すことが可能です。日本語に見られる「○△×」や「良否」「有無」は，表す内容に応じてその都度説明的に英語で表現する必要があります。○，△，×といった記号は，英語では「良い」「普通」「悪い」とはみなされないことが多く，注意が必要です。

　例えば次のような英語表現が可能です。表の一部（3行，2列）のみを示します。

日本語の○△×			英語では「言葉」で表現する	
○	○		Good	Good
△	△	⇒	Fair	Fair
×	×		Poor	Poor

日本語の○△×			A, B, C で表し，注をつけて明記する	
○	○		A	A
△	△	⇒	B	B
×	×		C	C

Note: A = Good, B = Fair, C = Poor

日本語の良否・有無他			具体的に表現	
良	良		Accepted	Accepted
否	否	⇒	Rejected	Rejected
良	-		Accepted	NA

有	有		Detected	Detected
無	無	⇒	Not detected	Not detected
有	有		Detected	Detected

　「○△×（対応する英語例：Good, Fair, Poor）」や「良否（対応する英語例：Accepted, Rejected）」「有無（対応する英語例：Detected, Not detected）」は，英語で理解しやすいように，その都度，表す内容に応じて表現する必要があります。A, B, C といった評価結果を記載し，欄外に A = Good, B = Fair, C = Poor と記載する方法もあります。また，「結果が本件には該当しない」という場合には，NA（=Not Applicable）と記載します。

【Results（結果）】のポイント

- 図表（Tables and Figures）を使って，得られたデータを提示する。図と表をうまく使いわける。
- 結果を淡々と平易な英語で描写する。
- 図（Figures）の簡単な説明は，図の下に入れる。文章ではなく表題として書く。表（Tables）の説明は，表の上に入れる。また表に注がある場合は，表の下に入れる。「表の説明」は，文の形ではなく名詞形の表題にする。また「注（Note:）」は，文の形で書く。表中の英語記載（○△×など）に気をつける。
- remarkable（驚き）は markedly などに，in case of（万が一）は for などにする。また respectively は，利点がある場合にのみ使う（下のブレイク＆スキルアップも参照）。

ブレイク ＆ スキルアップ

respectively（それぞれ）について

正確・明確に書くために—読み手を第一に考え，読み手に親切に書く

respectively の誤用を避けることに加え，正しい使い方を知った上で，使ったほうがよいか，使わないほうがよいかを，読み手の視点に立って決定します。書き手が楽だからという理由で respectively を使うのは，好ましくありません。respectively が表す対応関係を解読する手間を読み手に押しつけることになるためです。

「一対一」の対応関係

respectively（それぞれ）は，<u>A and B</u> are <u>C and D</u>, respectively.（AとBはそれぞれCとDである）のように，複数の事象どうしが一対一で対応する文脈で，それら複数のペアをまとめて表現するのに使うのが文法的に正しい方法です。つまり，「AとC」「BとD」というように，ペアが複数存在し，それらをまとめて表現したい場合に使います。

例示します。

Accelerometer BU-3000 and accelerometer BU-7000 have sensitivity ranges of 20–3000 Hz and 50–3000 Hz, respectively.　文法的に正しい○
加速度計 BU-3000 と加速度計 BU-7000 は，感度範囲がそれぞれ 20 〜

3000Hz と 50 ～ 3000Hz である。

解説：accelerometer BU-3000 と 20-3000 Hz が対応。accelerometer BU-7000 と 50–3000 Hz が対応。

不適切な使い方①　対応が不明瞭

　複数のペアは存在するけれど，「A と C」「B と D」というような一対一の対応がない文脈では，respectively の使用が不適切となります。次のような使い方は避けましょう。

× 　We recorded the vibrations using accelerometers BU-3000 and BU-8000. These accelerometers have sensitivity ranges of 20-3000 Hz and 50-3000 Hz, respectively.

振動を加速度計BU-3000 と BU-8000 を使って記録した。これらの加速度計は，それぞれ感度範囲が 20 ～ 3000Hz と 50 ～ 3000Hz である。

解説：these accelerometers と 20–3000 Hz と 50–3000 Hz の対応が一対一でないので不明瞭。

不適切な使い方②　不要な respectively

　複数のペアも存在し，「A と C」「B と D」というように一対一で対応しているけれど respectively が不要な場合があります。例えば，次の文では respectively は不要です。

× 　The tensile strain was determined to be 370 μm with the high-speed camera, and 270 to 375 μm with the strain gages, respectively.

引っ張りひずみは，高速カメラによると 370 μm で，ひずみ（変形量）は，ゲージによると 270 ～ 375 μm だった。

（P95 ブレイク＆スキルアップ参照）

解説：一対一で対応する複数のペア「370 μm と the high-speed camera」と「270 to 375 μm と the strain gages」が存在するが，それら複数のペアを別々に書いているので respectively は不要。

respectively を検討する―読み手がやさしく読めるかどうか

　正しい使い方を知った上で，respectively を使うかどうかを文に応じて決定します。次の例 1 と例 2 について，読み手がやさしく読めるかどうかに基づき，使用を検討しましょう。

例 1：The camera focal lengths are 140.3 mm and 141.7 mm on the blue and red sides, respectively.

カメラの焦点距離は，青色側と赤色側で，それぞれ 140.3mm と 141.7mm である。

検討結果：読み手に不親切な respectively

　文末まで読んで初めて，読み手が respectively に気づきます。そこで初めて，blue and red sides に対して，それぞれ一対一で対応するものが文中に存在することがわかります。しかし，その対応関係については，英文をもう一度読み返して確認する必要があります。読み手に対して不親切な書き方です。

▶▶▶**リライト案**

The camera focal lengths are 140.3 mm on the blue side and 141.7 mm on the red side.

カメラの焦点距離は，青色側で 140.3mm，赤色側で 141.7mm である。

解説：respectively を使わずに書くと，一対一の対応関係が一目瞭然。リライト前と比べて読みやすい。また，リライト前と比べて語数もあまり変わらない。

例 2：The thresholds set to OFF, LOW, MED, and HI correspond to 0, 0.01, 0.1 and 0.5, respectively.

OFF，LOW，MED，HI に設定された閾値は，それぞれ，0, 0.01, 0.1, 0.5 に相当する。

検討結果：対応関係の数が多い場合で視覚的にわかりやすければ使用可能。

　対応関係の数が多いので，respectively を使うと語数が少なく済みます。respectively を使わずに書こうとすると，語数がかなり増えてしまいます。数値との対応関係を示したい場合，視覚的に読み手にわかりやすい場合に限って，respectively を使ってもよいでしょう。

▶▶▶**リライト案**

The thresholds are set to OFF, LOW, MED, and HI. The threshold OFF corresponds to 0, LOW to 0.01, MED to 0.1, and HI to 0.5.

閾値は，OFF, LOW, MED, HI に設定される。閾値 OFF は 0 に相当し，LOW は 0.01 に相当し，MED は 0.1 に相当し，HI は 0.5 に相当する。

解説：表現を変え，respectively を使わずに対応関係を明記することも可能。
読み手に対応関係を確認する手間をかけずに済む。また，対応関係の読み違い
によって内容が誤解されることも防ぐ。重複を省略することで，語数を減らす。

文末 vs 文中―修飾するものの近くに置く

　単純に respectively の位置を変えることで読みやすくなる場合があります。
辞書によると，respectively は通常文末に置く，とされます。しかし文末に
置くと，読み手が最後まで読んで初めて respectively に気づくことになって
しまいます。読み手に respectively を早く読ませるために，文中の修飾する
語句の近くに移動します。respectively は副詞ですので，副詞の原則である「係
り先の近くに置く」（P111 参照）ことが大切です。

　respectively を文中の修飾する語句の近くに置くことにより，読み手が早
期に respectively に気づき，対応関係を確認しながら一度に読むことができ
ます。文末に置く場合よりも読みやすくなります。
　次のように，respectively の位置を変えます。

▶▶▶リライト案

The camera focal lengths are 140.3 mm and 141.7 mm <u>respectively</u> on the blue
and red sides.

カメラの焦点距離は，青色側と赤色側で，それぞれ 140.3mm と 141.7mm で
ある。

解説：文中の respectively に読み手は早期に気づくことができ，リライト前
よりも読みやすい。

▶▶▶リライト案

The thresholds set to OFF, LOW, MED, and HI <u>respectively</u> correspond to 0,
0.01, 0.1 and 0.5.

OFF, LOW, MED, HI に設定された閾値は，それぞれ，0, 0.01, 0.1, 0.5
に相当する。

解説：文中の respectively に読み手は早期に気づくことができ，リライト前
よりも読みやすい。

【respectively（それぞれ）について】のポイント
- 書き手に便利という理由で respectively を安易に使わず，読みやすい表現を選択する。読み手に親切な表現を常に考える。
- respectively の誤用や不適切表現に注意する。
- respectively を使わなくても語数がそれほど変わらない場合，respectively を使わずに対応関係を明記する（例1）。
- 少ない語数で表したい場合，視覚的に読み手にわかりやすければ respectively を使うことが可能。一方，語数が増えてもよければ，respectively を使わずに書くほうが明確。さらに表現を変えることで respectively を使わずに書く工夫をしたり，重複部分を省略することで明確で簡潔に書ける場合がある（例2）。
- respectively を文末ではなく，修飾先の近くに置くことが可能。

（2）Discussion（考察）

考察は得られた結果を「解釈（interpret）」します。論文において重要な部分となります。

Discussion

The purpose of the discussion is to interpret and compare the results. Be objective; point out the features and limitations of the work. Relate your results to current knowledge in the field and to the original purpose in undertaking the project: Was the problem resolved? What has been contributed? Briefly state the logical implications of the results. Suggest further study or applications if warranted.

Present the results and discussion either as two separate sections or as one combined section if it is more logical to do so. Do not repeat information given elsewhere in the manuscript.

（出典：Standard Format for Reporting Original Research, The ACS Style Guide, 3rd Edition　太字，和訳は筆者）

359

（参考和訳）**考察**

　考察の目的は，結果を解釈し，比較することである。客観的に書き，研究の特徴および限界を指摘する。得られた結果を分野の既存の知識および研究の目的に関連づけて議論する。問題は解決したか。何が解決を導く要因となったか。結果の論理的示唆を簡潔に述べる。可能であれば，さらなる研究や応用を提案する。

　結果と考察を，2つの別々の項目として提示するか，2つを合わせるほうが論理的な場合には，1つの項目に統合して提示する。原稿の他の箇所に含めた情報をくり返さないこと。

考察の執筆ポイント

　実験などを通じて得た結果を解釈し，説明します。結果から得られる解釈，研究の示唆の説明においては，イントロダクションで提示した「研究において解決すべき問題」に照らして説明します。先の Results（結果）と組み合わせ，Results and Discussion（結果と考察）とすることも可能です。

執筆内容の組み立て

　Discussion（考察）は，論文の「見せ場」となる部分です。執筆前に，内容を列挙し，あらすじ（Outline）を組み立てましょう。あらすじを作る際には，各メイントピックを並べ，メイントピックに対して，徐々に詳細を説明します。パラグラフライティングの原則（P241 参照）に従って組み立てましょう。

　Discussion（考察）の執筆過程は，①アイディア出し⇒②あらすじの組み立て⇒③執筆⇒④チェックとなります。

①アイディア出し

　イントロダクション（Introduction）で示した本論文が解決したい課題，本研究の目的に照らして，結果（Results）で示した「得られたデータ」に基づき，論じる内容のアイディアを出します。思いつくアイディアをすべて書き出す「ブレインストーミング」が役に立つでしょう。

②あらすじの組み立て

　①で出したアイディアを整理します。トピックごとに分け，必要と考える情報を，並べて組み立てます。情報の取捨選択を行います。さらなるアイディア出し（ブレインストーミング）も，この工程にも含めることができます。

③執筆

3つのC（正確・明確・簡潔）に気をつけ，パラグラフライティングの手法（トピックセンテンスとサポーティングセンテンス，内容の論理展開。例：重要度順，概要から詳細へ，など）を使い，英文を組み立てます。

第1ドラフトで終えることなく，何度もリライト（ブラッシュアップ）します。なお，Discussion（考察）では，「～が～である」と断定する表現ではなく，「～が～と思われる」や「～が～を示唆する」などといった推論を表す表現（Hedging expressions）（P115 ブレイク＆スキルアップ参照）を使い，著者の解釈や示唆を伝えることが多くなります。

④チェック

書いた原稿を一晩以上寝かし，他人の目線で読み直します。すらすらと読めるか，内容が理解しやすいか，論理が逸脱していないかをチェックします。自己チェックに加えて，他の人に読んでもらい，アドバイスを得ることも役に立ちます。

次に，Discussion（考察）で使用する「推論を表す表現」を紹介します。

「確定的でないこと」を表す5つの方法

結果の解釈にあたって，「断定する」ことができない事実に対して，「確定的でないこと」として記載します。次の①～⑤のような「断定しない表現」（Hedging expressions と呼びます。P365 お役立ちメモ参照）を使って，「確定的でないこと」を表すことができます。

① 【副詞】で可能性を広げて断定を避ける
② 【助動詞】で「書き手の考え」を加えて断定を避ける
③ 【程度を表す動詞】でニュアンスを調整しながら断定を避ける
④ 【仮定・可能性を表す名詞】で断定を避ける
⑤ 【受動態＋過去形】で事実を淡々と述べ，断定を避ける

Hedging in scientific writing（科学英語において「断定を避ける」ための表現技法①～⑤の例）

それぞれの表現が表すニュアンスと，「確信の度合い」を正しく理解することが大切です。

①②③については，表現の選択に応じて「確信の度合い」を調整することができます。

①～⑤は，それぞれ単体で使うのが好ましいですが，②【助動詞】については，他の表現と組み合わせて使うことが可能です。つまり，Apparently, it can ….（明

らかに〜である）や，This finding <u>indicates</u> that X <u>can</u> be Y.（X が Y になり
えるということが示された）といった具合に組み合わせることが可能です。
　それぞれの表現を例示します。

	表現例
①【副詞】で可能性を広げて断定を避ける	apparently（〜のように見える） seemingly（〜のように考えられる） possibly, probably（おそらく〜だろう） ＊apparently, seemingly の代わりに動詞 appear, seem（〜のように見える、〜のように考えられる）も可能
②【助動詞】で「書き手の考え」を加えて断定を避ける	will → can → may（〜と考えられる。可能性がある） 　確信が強い→弱い must → should（〜だろう）　　　　　　確信が強い 　主観が強い→弱い　　　　　　　　　　　↓ might, could（〜の可能性がある）　　確信が弱い 　確信が弱い ＊助動詞の過去形 might, could はそれぞれ may, can よりも可能性が下がり、仮定法のニュアンスが生じる。使用は最小限、また could の誤用にも注意が必要（P106 参照）。
③【程度を表す動詞】でニュアンスを調整しながら断定を避ける	demonstrate（〜を実証する）　　　　確信が強い reveal, show（〜を示す） indicate（〜を示唆する）　　　　　　↓ imply, suggest（〜を示唆する）　　確信が弱い ＊他：prove（証明する）、highlight（くっきりさせる）、point to（〜を〜と特定する）
④【仮定・可能性を表す名詞】で断定を避ける	hypothesis（仮定） possibility（可能性）
⑤【受動態＋過去形】で事実を淡々と述べ、断定を避ける	XX was observed.（〜が観測された） YY was induced（〜が引き起こされた） ＊「事実」＋「関連する条件」を述べる（例：YY was induced after … 〜した後に〜が引き起こされた）

　使用例は次の通りです。Hedging 表現を使わない「断定表現」から、「非断定表現①〜⑤」を見ていきます。

断定表現：赤外光を当てると対象細胞の細胞死が<u>起こる</u>。

Irradiation with NIR light <u>induces</u> death of target cells.

*現在形の動詞は事実を言い切ります。「細胞死が起こる」という断定的な表現となります。

非断定表現：赤外光を当てると対象細胞の細胞死が<u>起こると考えられる／だろう／可能性がある</u>。

①副詞を使った例

Irradiation with NIR light <u>seemingly</u> induces death of target cells.

Irradiation with NIR light <u>apparently</u> induces death of target cells.

Irradiation with NIR light <u>possibly</u> induces death of target cells.

Irradiation with NIR light <u>probably</u> induces death of target cells.

* Irradiation with NIR light <u>seems</u> to induce death of target cells.
  Irradiation with NIR light <u>appears</u> to induce death of target cells.

②助動詞を使った例

【will, can, may】

Irradiation with NIR light <u>will</u> induce death of target cells.

Irradiation with NIR light <u>can</u> induce death of target cells.

Irradiation with NIR light <u>may</u> induce death of target cells.

【must, should】

Irradiation with NIR light <u>must</u> induce death of target cells.

Irradiation with NIR light <u>should</u> induce death of target cells.

【might, could】

Irradiation with NIR light <u>might</u> induce death of target cells.

Irradiation with NIR light <u>could</u> induce death of target cells.

③動詞を使った例

Our experiment <u>demonstrates</u> that irradiation with NIR light induces death of target cells.

Our experiment <u>reveals</u> that irradiation with NIR light induces death of target cells.

Our experiment <u>shows</u> that irradiation with NIR light induces death of target cells.

Our experiment <u>indicates</u> that irradiation with NIR light induces death of target cells.

Our experiment <u>implies</u> that irradiation with NIR light induces death of target cells.

Our experiment <u>suggests</u> that irradiation with NIR light induces death of target cells.

実験により，赤外光を当てると対象細胞の細胞死が起こることがわかった。

お役立ちメモ

Hedging（ぼやかし）に使う動詞の意味を知ろう

「程度」を表す動詞を使って「〜によると，〜がわかった」を表すことができます。その際，それぞれの動詞が表すニュアンスと，確信の度合いを正しく理解することが大切です。

高い確信→低い確信
demonstrate（例示して見せ，立証する）
↓
show（見せる）
↓
indicate（解釈を示す）
↓
imply（ほのめかす）
↓
suggest（考えを持ち出す）

その他の動詞には，reveal（明らかにする），prove（証明する），highlight（くっきりさせる），point to（〜を〜と特定する）などがあります（P224 参照）。

④名詞を使った例

This finding raises the possibility that irradiation with NIR light induces death of target cells.

　本知見によると，赤外光を当てると対象細胞の細胞死が起こるという可能性が高まった。

Our hypothesis is that irradiation with NIR light induces death of target cells.

　我々の仮説では，赤外光を当てると対象細胞の細胞死が起こると考えている。

⑤受動態＋過去形を使った例

Death of target cells was induced immediately after irradiation with NIR light.

　赤外光を当てた直後に，対象細胞の細胞死が引き起こされた。

Death of target cells was observed immediately after irradiation with NIR light.

　赤外光を当てた直後に，対象細胞の細胞死を観測した。

お役立ちメモ

科学技術英語における Hedging（ぼやかし）表現とは

　科学技術の分野では，「～である」というように事実を淡々と描写し，言い切ることが大切である一方で，得られた結果を解釈した著者の「見解」を述べることは，科学者・技術者にとって，重要な仕事となります。

　そのような「見解」を述べる際，「確定的ではないこと」として，「ぼやかして」表現する必要性が生じることがあります。

　そのような「ぼやかし」の表現方法について，英語で，"Hedging" や "Hedges" という言葉があります。Hedging in scientific writing や Hedges in academic research papers といったキーワードで調べると，"Hedging" や "Hedges" について，科学技術分野のライティングに関する洋書やインターネット上から多くの情報を得ることができます。

　洋書 "Hedging in Scientific Research Articles" において，Hedging は次のように定義されています。

Hedging とは

　"hedging" refers to any linguistic means used to indicate either

a) a lack of complete commitment to the truth value of an accompanying proposition, or

b) a desire not to express that commitment categorically.

（参考和訳）「hedging」とは，次のいずれかを示すために使用される言語表現である。

a）命題の内容が真であるという完全な確約に欠けること

b）そのような確約を断定的に表現したくないこと

（出典：Hedging in Scientific Research Articles, Key Hyland, P.1）

第6章

著者の意見を伝える表現テンプレート─このぼやかし表現を使おう！

　数ある Hedging expressions のうち，使いやすいと感じるものを使うことが大切です。例えば，動詞 demonstrate（実証），reveal（明示），indicate（解釈・示唆），suggest（示唆）が使いやすくて便利です。また，これらに適宜，助動詞will, can, may を組み合わせることができます。

　また，副詞 apparently（明らか）なども便利です。また，「～であると思われる」を表す動詞 seem も便利です。さらには「～する可能性が出てきた」という表現には，raises the possibility（可能性を高める）が便利です。

　次のように，論文の著者の意見を伝える表現のテンプレートを提案します。

著者の意見を伝える表現テンプレート

> XX によると，YY が ZZ することが示された。

＊XX には，The data（データ），The finding（知見），Our experiment（実験）などが入ります。

【データ実証できたとき：demonstrate 単体使用で淡々と事実を表す】

XX <u>demonstrates</u> that YY does ZZ.

【これまでわからなかったことがわかったとき：reveal 単体または ＋ 助動詞で示す】

XX <u>reveals</u> that YY does ZZ.

XX <u>reveals</u> that YY <u>can</u> do ZZ.

【著者の解釈：indicate 単体または indicate ＋ 助動詞で高い確信として表す】

XX <u>indicates</u> that YY does ZZ.

XX <u>indicates</u> that YY <u>will</u> do ZZ.

XX <u>indicates</u> that YY <u>can</u> do ZZ.

【可能性のみを特定：suggest + can/may で示唆として表す】

XX <u>suggests</u> that YY <u>can</u> do ZZ.

XX <u>suggests</u> that YY <u>may</u> do ZZ.

> YY が ZZ であることがわかった。

【観測した事実を述べる：We observe + 事実】

<u>We observe</u> that YY does ZZ.

We <u>have observed</u> that YY does ZZ.

【「〜のようである」ことを示す：apparently】

YY <u>apparently</u> does ZZ.

【「〜と思われる」という「考え」を表す：seem】

YY <u>seems to be</u> ZZ.

> 本研究の結果，YY が ZZ する可能性が生じた（高まった）。

This finding raises the possibility that YY does ZZ.

*例：This finding raises the possibility that less salt intake will reduce the symptom.
塩分摂取を減らすことで，症状が緩和する可能性が生じた。

> **本研究の結果，AA をする可能性が生じた（高まった）。**

This finding raises the possibility of … ing AA.

*例：This finding raises the possibility of delaying the symptom.
症状を遅らせる可能性が生じた。

Let's write!

練習：先のテンプレートを使って，確定的でないことを，「確信の度合い」を自由に選びながら，書いてみましょう。

（1）蛍光体サンプル 1 に発光波長 360 nm が観測され，サンプル 1 に含まれるセリウムの遷移が，高輝度の要因となっていると考えられる。

検討用英文

> ×　The emission wavelength of 360 nm <u>was observed in</u> phosphor sample 1.
> The high luminescence <u>is thought to have been caused by</u> the transition of cerium contained in sample 1.

検討ポイント：第 2 文の be thought to ＝「～と考えられている」は使用不可。be thought to と書くと，be <u>generally</u> thought to（一般的に～と考えられている）の意味になるため，論文の著者の意見であることが伝わらない。日本語では，著者の意見である場合に，「思う」「考える」という能動表現ではなく「思われる」「考えられる」と受動表現が好まれるため，英語での表現には気をつける。was observed in とすると「蛍光体サンプル 1 の中で（において）発光波長が観測された」という意味になり，「発光波長」と「サンプル」の関係が明確ではない。この文脈では「蛍光体サンプル」は「発光」するものであり，その「波長」のことを指しているため，より直接的に書くほうがわかりやすい。

▶▶▶リライト案

Phosphor sample 1 showed an emission wavelength of 360 nm. The high lumi-nescence seems to have been caused by the transition of cerium in sample 1.
または
The high luminescence was seemingly caused by the transition of cerium in sample 1.

別の好ましい訳例

Phosphor sample 1 shows the emission wavelength of 360 nm. The high lumi-nescence seems to be caused by the transition of cerium contained in sample 1.
または
For phosphor sample 1 with the emission wavelength of 360 nm, the high luminescence is seemingly caused by the transition of cerium contained in sample 1.

(2) 本研究によると，世界的なメタン減少の 30 ～ 70％が化石燃料の漏洩排出 (fugitive fossil fuel emissions) が減少したことに起因していることがわかった。

検討用英文

× According to the present study, it was shown that reduced fugitive fossil fuel emissions constituted 30-70% of the decrease in global methane emissions.

検討ポイント：According to は他人の意見であることが示され，自分の研究に対して使うことはできない。また，it was shown that … という仮主語構文，また過去時制を改善したい。時制の一致による that 節内の過去形も，読みづらさを増している。

▶▶▶リライト案

The present study shows that reduced fugitive fossil fuel emissions constitute 30-70% of the decrease in global methane emissions.

別の好ましい訳例

Our findings suggest that reduced fugitive fossil fuel emissions constitute 30-70% of the decrease in global methane emissions.

(3) 銅とアルミを同時に定量することができた。この手法は，他の複数金属の同時定量にも適用できる可能性がある。

検討用英文

×　Copper and aluminum <u>could</u> be quantified simultaneously. <u>There is a possibility</u> that this method <u>can</u> be applied to simultaneous quantification of various other metals.

検討ポイント：There is 構文を使うと英文が長くなる。また，助動詞の過去形 could は「過去」の意味なのか，また，「仮定」の意味なのかが紛らわしく，伝わりにくい。

▶▶▶リライト案

Copper and aluminum were quantified simultaneously. This method may/can/will be applicable to simultaneous quantification of various other metals.

*表したいニュアンスと可能性の高さに応じて助動詞を選ぶ。

別の好ましい訳例

Copper and aluminum were successfully quantified simultaneously. This method may/can/will enable simultaneous quantification of various other metals.

*表したいニュアンスと可能性の高さに応じて助動詞を選ぶ。

第6章

> 【Discussion（考察）】のポイント
> ● 考察は，論文の「見せ場」。結果を解釈し，解決したかった問題に応答して論じる。
> ● 手順①アイディア出し→②あらすじの組み立て→③執筆→④チェックの順に書く。
> ● 「意見」「解釈」を書く。言い切り表現に加えて，「断定しない」表現も使う。
> ● 5つの「確定的でないことを表す表現（Hedging expressions）」を使い，著者の推論・解釈を書く。

ブレイク ＆スキルアップ

英文の組み立てができるようになったら，スピーチを準備しよう

　書くことと話すことは，別々にとらえられがちです。「書けるけれど話せない」という意見や，または「論文を書くことができても，話し言葉は，また別でしょう」という意見を聞くことがあります。

　筆者は，そのようには考えていません。本書で学んでいただいた「読み手のための3つのC」は，話すことにも有効に働くと考えています。

「あなたはどのような英語スピーチを目指すのか？」
「あなたは何を話すのか？」

　この2つを考えることが大切です。
　そして，本書を手にとってくださり，論文の英語を勉強してくださった読者のみなさまには，「自分の伝えるべき内容を」「しっかりと組み立て」て話すことを目指してほしいと考えています。ありがちな「ペラペラ話せるように見える」ことを目指すよりも，「伝えるべき内容」を「しっかり組み立て」「しっかりと話す」こと，これが研究者にとって大切です。

伝えるべき内容は研究の内容と意義

　what you are doing（あなたは何の研究をしているか）
　why it is important（それが何の役に立つのか）

「あなたは何の研究をしているのか（研究の内容）」そして「それが何の役に立つのか（研究の意義）」を伝えることが大切です。

それを「読み手」，つまり「聴衆（聞き手）」に理解してもらえるように伝えるのです。「専門的な内容だから，分野を知らない人にはわからない」というのではなく，「専門分野を知らない人にも，わかってもらえる」「聴衆がどのような人であっても，聴衆の心のどこかに，あなたの研究を引っかけることができる」ように，伝えるのです。

しっかりと英語を組み立てて話す

「伝える内容」が決まれば，「3つのC」を意識して，英語を組み立ててください。つまり原稿を作り込むことが大切です。この「組み立て」の準備こそが，話せるようになる最短の道です。

「あなたの研究を説明する」スピーチ原稿を，しっかりと準備してほしいのです。まずは自分の研究について話すための3分スピーチ，そして5分スピーチを，入念に組み立ててください。what you are doing（あなたは何の研究をしているのか）と why it is important（それが何の役に立つのか：研究の意義）について，まとめ上げてください。作成する英語は，本書での「論文執筆」と同じ要領で，組み立ててください。

スピーチ原稿ができあがったら，声に出して，読んでください。発音がわからないところがあれば，1つひとつ，単語を調べてください。音声つきの辞書，インターネットなど，調べる方法は，たくさんあります。

自信をもって話すための練習をする

「スピーチ原稿」ができあがり，ひと通り読めるようになったら，最後は何度も口に出して読んで，練習してください。「自信をもって話している」ように見えるためのたった1つの方法は，「周到な準備」，つまり「練習」です。携帯電話などを使って音声を録音することも，自分のスピーチを客観的に判断するために有効です。

何度も練習することでできあがった「スピーチ」は，いつでも，使うことができます。例えば「留学生への自己紹介」「旅行先で知り合った外国人との英語での雑談」，そして「研究についての英語プレゼンテーション」に使うことができます。

雑談からプレゼンまで，あなただけの素晴らしいスピーチが完成します。

　そのようにしっかりと準備をして組み立てた「英語スピーチ」ができるように
なれば，徐々に，準備をしていない英文も，その場で追加してくことが可能
になります。鍛錬と経験を重ねて，スピーチに情報をつけ加えます。そして頭
の中での英語の「組み立て」が早くできるようになれば，あなたはそのとき，「英
語が話せるようになってきた」と感じるでしょう。

　私たちは，非ネイティブです。はじめから英語が「口からするすると出てく
る」ことを目指す幻想を描くよりも，しっかりと作り込み，練習して努力する
ことが大切です。練習をくり返すことで，英語が使える理想の自分に近づくこ
とができるでしょう。

TEDx トークを見てみよう

　そんな「努力と練習」の成果であろうと思われる，日本人による英語プレゼ
ンを１つ，ここにご紹介します。

　TEDxOsaka[1] での山本恭輔さん（当時 14 歳）の，英語プレゼンテーショ
ンです。YouTube にて公開されている動画を見てみてください。

Modeling My Dream: Kyosuke Yamamoto at TEDxOsaka
https://www.youtube.com/watch?v=pg63A6WaC-c

　彼のプレゼンを初めて目にしたとき，その「堂々たる姿」に驚きました。日
本人の英語は，確実に，変わるときが来ています。世界がつながるこの時代に，
一気に，急速に変わります。今こそ本気で取り組むべきときではないでしょうか。

　先の TEDx でのスピーカーのように，自分の意見をしっかりともち，自分
の「心がワクワクする」ことに没頭し，それを世界に発信していける，そんな
若い人たちが増えることは，素晴らしいことです。
　さて，英語論文が書けるようになったら，スピーチを準備しましょう。練習
し，自分だけのスピーチを作り上げましょう。Let's practice!

---

[1] TEDx とは TED の精神である「広める価値のあるアイディア（Ideas Worth Spreading）」に基づき世界各地で
行われているプレゼン大会です。TED とは，Technology Entertainment Design というアメリカの非営利団体。毎
年大規模な世界的プレゼン大会 TED Conference を開催しています。

4. 構成 IV—Conclusions, References, Acknowledgments

最後は結論です。そして，**参考文献と謝辞**です。それぞれの執筆ポイントと英語表現の工夫を説明します。

（1）Conclusions（結論）

結論では，これまで議論してきた「解釈」を，はじめの「問題」の文脈に当てはめて書きます。スタイルガイドの指針を読みましょう。

Conclusions

The purpose of the conclusions section is to put the interpretation into the context of the original problem. Do not repeat discussion points or include irrelevant material. Conclusions should be based on the evidence presented.

（出典：Standard Format for Reporting Original Research, The ACS Style Guide, 3rd Edition　太字，和訳は筆者）

（参考和訳）**結論**

結論項目の目的は，解釈を元の問題に照らして議論することである。考察のポイントをくり返したり，関係のない情報を含めたりしないこと。結論は，提示した証拠に基づいて書くべきである。

結論の執筆ポイント

論文の主な点（目的・何を行ったか・結果）を列挙し，その重要性を強調します。考察で得た解釈を，イントロダクションに定義した「問題」に対応させて書きます。また，将来の研究への影響を説明します。

時制は，現在完了形，現在形，そして未来への言及や可能性を表す助動詞表現が可能です。

論文の終わりを，強い表現で締めくくるようにしましょう。研究の結果と考察がすでに固まっている段階で論文を書く場合，Introduction（イントロダクション）に対応させて，Conclusions（結論）も，はじめに書いておくことも可能でしょう（P325 ブレイク＆スキルアップ参照）。

Conclusions の表現例

X. Conclusions

In this study, the fatigue tests were conducted to compare the fatigue strength of aluminum and carbon steel specimens. The main conclusions are as follows:

(1) *ここに主要な結果をリストする。現在形。過去形の両方が可能。

(2) *「～できた」と書く場合には，XX could be done. のように，could を使って「～できた」を表すことは避ける。単純過去，または単純過去＋ successfully を使う（P106 参照）。

(3) These findings suggest the possibility of producing materials with better fatigue strength.（力強く簡潔な表現で，論文の最後を終える）Our future work will involve fatigue tests for different materials under different temperature conditions.（今後の予定についても書く）

【Conclusions（結論）】のポイント

● 「結果（Results）」でデータを提示し，「考察（Discussion）」でデータの解釈を述べたのち，「結論（Conclusions）」では，「解釈」を論文が解決しようとしていた「元の問題」に照らしてまとめる。

● 現在完了形，現在形，そして未来への言及や可能性を表す助動詞表現が可能。

---

(2) References（参考文献）

参考文献を正しく書くことは「著者の責任である」と，スタイルガイドに記載されています。盲点になりがちな，大切なことです。

References

In many books and journals, references are placed at the end of the article or chapter; in others, they are treated as footnotes. In any case, place the list of references at the end of the manuscript.

In ACS books and most journals, the style and content of references are standard regardless of where they are located. Follow the reference style presented in Chapter 14.

The accuracy of the references is the author's responsibility. Errors in ref-

erences are one of the most common errors found in scientific publications
and are a source of frustration to readers. Increasingly, hypertext links are
automatically generated in Web-based publications, but this cannot be done for
references containing errors. If citations are copied from another source, check
the original reference for accuracy and appropriate content.

Reminder: **The accuracy of the references is the author's responsibility**.

（出典：Standard Format for Reporting Original Research, The ACS Style Guide, 3rd
Edition　太字，和訳は筆者）

（参考和訳）**参考文献**

　多くの書籍およびジャーナルにおいて，参考文献は論文または章の終わりに
置かれる。または脚注として扱われる。いずれの場合であっても，原稿の終わ
りに参考文献のリストを記す。

　ACS の書籍および多くのジャーナルでは，参考文献は，その位置にかかわ
らず，標準的なフォーマットと内容とする。14 章に示す参考文献のフォーマッ
トに従うこと。

　**参考文献が正確であることは，著者の責任である。参考文献の誤記は科学出
版物では最もありがちな誤記であり，読み手にとっての苛立ちの種である。**ウェ
ブによる刊行物ではリンクの自動生成が増えているが，参考文献に誤りがある
と，それが可能ではない。引用を他の資料からコピーする場合，正確で内容が
適切かどうかをチェックする。

重要ポイント：**参考文献の正確な記載は，著者の責任である。**

参考文献の執筆ポイント

　論文中で引用した文献をリストします。

・投稿予定のジャーナルのスタイルに合わせて書きましょう。

・文献情報を誤らないように，注意しましょう。

　本文中での引用の方法，および引用リスト（References）の記載例については，
投稿予定のジャーナルを参考にしましょう。

　スタイルガイドに例示がある場合，それに従うとよいでしょう。

本文中での引用（ACS スタイルガイドより）

In ACS publications, you may cite references in text in three ways:

1. By superscript numbers, which appear outside the punctuation if the citation

applies to a whole sentence or clause.

Oscillation in the reaction of benzaldehyde with oxygen was reported previously.[3]

＊上付き数字で引用する

2. By italic numbers in parentheses on the line of text and inside the punctuation.

　The mineralization of TCE by a pure culture of a methane-oxidizing organism has been reported (*6*).

＊丸括弧内にイタリック体の数字で引用する

3. By author name and year of publication in parentheses inside the punctuation (known as author–date).

　The primary structure of this enzyme has also been determined (Finnegan et al., 2004).

＊丸括弧内に著者名と出版年を記載する

引用リストでの記載の例（ACS スタイルガイドより）

＜印刷物からの引用＞
ジャーナルの引用（論文タイトルあり）：
Klingler, J. Influence of Pretreatment on Sodium Powder. *Chem. Mater.* 2005, 17, 2755-2768.

ジャーナルの引用（論文タイトルなし）：
Klingler, J. *Chem. Mater.* 2005, 17, 2755-2768.

雑誌・新聞より：
Squires, S. Falling Short on Nutrients. *The Washington Post*, Oct 4, 2005, p H1.

書籍より（編者なし）：
Le Couteur, P.; Burreson, J. Napoleon's Buttons: *How 17 Molecules Changed History*; Jeremy P. Tarcher/Putnam: New York, 2003; pp 32-47.

書籍より（編者あり）：
Almlof, J.; Gropen, O. Relativistic Effects in Chemistry. In *Reviews in Compu-*

tational Chemistry; Lipkowitz, K. B., Boyd, D. B., Eds.; VCH: New York, 1996; Vol. 8, pp 206-210.

＜オンラインからの引用＞
印刷物に基づくオンライン情報：

Fine, L. Einstein Revisited. *J. Chem. Educ.* [Online] 2005, 82, 1601 ff. http://jchemed.chem.wisc.edu/Journal/Issues/2005/Nov/abs1601.html (accessed Oct 15, 2005).

オンライン公開のみ：

Zloh, M.; Esposito, D.; Gibbons, W. A. Helical Net Plots and Lipid Favourable Surface Mapping of Transmembrane Helices of Integral Membrane Proteins: Aids to Structure Determination of Integral Membrane Proteins. *Internet J. Chem.* [Online] 2003, 6, Article 2. http://www.ijc.com/articles/2003v6/2/ (accessed Oct 13, 2004).

一般的なウェブサイトからの引用：

ACS Publications Division Home Page. http://pubs.acs.org (accessed Nov 7, 2004).

---

*基本的に，著者名，タイトル，媒体名，日付，ページ数，ピリオド，の順に並べます。オンライン情報を引用する場合には，[Online] という記載を加え，URL およびアクセスした日付も加えます。

【References（参考文献）】のポイント
- 投稿予定のジャーナルに従い，文献を正しくまとめる。スタイルガイドの記載も参考にするとよい。

（3）Acknowledgments（謝辞）

謝辞はシンプルに書きましょう（as simply as possible）。

Acknowledgments

Generally, the last paragraph of the paper is the place to acknowledge people, organizations, and financing. **As simply as possible, thank those persons**, other than coauthors, **who added substantially to the work, provided advice or technical assistance, or aided materially by providing equipment or supplies**. Do not include their titles. If applicable, **state grant numbers and sponsors** here, as well as auspices under which the work was done, including permission to publish if appropriate.

Follow the publication's guidelines on what to include in the acknowledgments section. Some journals permit financial aid to be mentioned in acknowledgments, but not meeting references. Some journals put financial aid and meeting references together, but not in the acknowledgments section.

(出典：Standard Format for Reporting Original Research, The ACS Style Guide, 3rd Edition

太字，和訳は筆者)

(参考和訳) **謝辞**

　通常，論文の最後のパラグラフにて，人，組織，資金供給に対して謝意を示す。**可能な限り簡潔に，共著者以外で研究に貢献した人、助言や技術援助を与えてくれた人，また装置や備品の提供により物資面で援助してくれた人に対して謝意を述べる。**肩書きは含めない。必要に応じて，認可番号や出資機関，また刊行許可などの研究の後援についても記載する。

　謝辞の項目に含める内容は，刊行物の指針に従う。謝辞に財政支援を含めることを許容するが、学会資料の引用については許容しないというジャーナルもある。財政支援と学会資料を合わせて提示するジャーナルもあるが，謝辞以外の箇所に提示する。

謝辞の執筆ポイント

　研究への技術的・財政的援助や指導・協力に対する感謝を表します。お礼の言葉を多く盛り込んだ大げさな書き方ではなく，明確で簡潔に書きます。誰（またはどこの機関）が何をしてくれたかの事実を書くことが重要です。

　謝辞を表す英語 Acknowledgment(s) の動詞 acknowledge とは，「認める，〜の存在［事実］を認める」という意味です。謝辞の役割は，誰が何をしたかという事実を「認める（承認する）」ことです。

　謝辞に記載する人名の肩書きといった謝辞のスタイルについては，投稿予定のジャーナルを参考にするとよいでしょう。ACS スタイルガイドでは「肩書きを含めない」，つまり名前だけを記載するスタイルとなっています。一方で，肩書きと

378

所属（例：AA 大学の XX 教授：Professor XX at AA university）を記載することも可能です。投稿予定のジャーナルに掲載されている論文や執筆要項を参照するとよいでしょう。肩書きと所属は正しく記載しましょう。

Let's write!

練習：謝辞を英語で書いてみましょう。

(1) カリフォルニア大学ロサンゼルス校の A. Willis 教授，テキサス工科大学の D.E. Yong 教授，ならびに東京大学の山田太郎（T. Yamada）教授に原稿をご高閲頂き，洞察力に満ちた助言を頂きました。ここに謝意を表します。

カリフォルニア大学ロサンゼルス校＝ the University of California, Los Angeles
テキサス工科大学＝ Texas Tech University, 東京大学＝ the University of Tokyo

(2) この研究は，ナショナル・サイエンス・ファウンデーションの研究助成金（助成番号 XX-123456），を得て行うことができましたことに，感謝の意を表します。

(3) 田中洋子氏と村上和夫氏は，硬度と固有抵抗に関するデータを提供するべくご尽力くださいました。ここに感謝いたします。

硬度＝ hardness, 固有抵抗＝ resistivity

解答と解説

(1) -1 We thank the following for their review of the manuscript and their comments: Professor A. Willis at the University of California, Los Angeles; Professor D.E. Yong at Texas Tech University; and Professor T. Yamada at the University of Tokyo.

・人名が多い場合，所属が長い場合には，We thank the following … として，文の後半に列挙します。その際，列挙の句読点は，「列挙要素にコンマが入っている場合にコンマの代わりに使うセミコロン」（P176 参照）を使います。なお，人名が少ない場合や所属などの説明が短い場合には，例えば We thank Prof. X and Prof. Y for their review of the manuscript and their comments. のように，thank の目的語として人名を入れることが可能です。

・「ご高閲」「洞察力に満ちた助言」は，それぞれ単に their review, their comments と表します。their <u>kind</u> review（親切な閲覧）や their <u>insightful</u> com-

379

ments（洞察力に満ちた助言）というように大げさな言葉を使うのはやめましょう。

お役立ちメモ

謝辞も簡潔に － Nature の投稿規定より

　自然科学誌 Nature の投稿規定にも，「謝辞は簡潔に書いてください」という記載があります（下線，和訳は筆者）。

Acknowledgements should be brief, and should not include thanks to anonymous referees and editors, inessential words, or effusive comments. A person can be thanked for assistance, not "excellent" assistance, or for comments, not "insightful" comments, for example. Acknowledgements can contain grant and contribution numbers.
（出典：https://www.nature.com/srep/publish/guidelines#acknowledgements）

（参考和訳）
謝辞は，簡潔に書いてください。名を知らない査読者や編集者へのお礼の言葉，大げさな文言などを含めないでください。例えば，「素晴らしい援助に対して感謝する」と書かずに，「援助に対して感謝する」と書いてください。「洞察力のある助言に対して感謝する」と書かずに，「助言に対して感謝する」と書いてください。謝辞には研究資金や課題番号を含めることができます。

（1）-2 We gratefully acknowledge the review of the manuscript by Professor A. Willis at the University of California, Los Angeles; Professor D.E. Yong at Texas Tech University; and Professor A. Mikami at the University of Tokyo, and their comments.
または
The review of the manuscript by Professor A. Willis at the University of California, Los Angeles; Professor D.E. Yong at Texas Tech University; and Professor T. Yamada at the University of Tokyo, and their comments are gratefully acknowledged.
＊また，謝辞（acknowledgments）とは，acknowledge する（認める）ところであることから，動詞 acknowledge を使って書くことも可能です。「感謝」の表現を含めたい場合には，副詞 gratefully（感謝をもって）を補うことができます。

（2）This research was supported by a grant from the National Science Foundation (Grant No. XX-123456).
＊財政的な援助については，機関名を正しく書きましょう。We thank the National Science

Foundation for providing a grant … といった「感謝」という文言を含めた書き方ではなく,「どの機関がどのような援助を提供したか」という事実のみを記載しましょう。

*時制 は現在形 も可能 です。 つまり This research <u>is</u> supported by a grant from the National Science Foundation (Grant No. XX-123456). も可能です。

(3) The data on hardness and resistivity was provided by Y. Tanaka and K. Murakami.

*ここでも,誰が何をしてくれたか,を明確に記載しましょう。何に関して貢献してくれたか,という点を明示することで,感謝の意を表しましょう。

謝辞の表現例

● 「原稿を見てくれてありがとう」

We thank _____(人名) for his/her/their review of the manuscript and his/her/their comments.

*人名を正しく書く(肩書き・所属を入れる場合にも,正しく書く)。

● 「研究の助言をありがとう」

We thank _____(人名) for his/her/their advice on this research theme.

*なお,助言に advice という単語を使う際には,名詞 advice が不可算であることに注意。無冠詞単数形で使いましょう。スペルミスにも注意しましょう(advise のスペルは動詞。名詞は advice)。

●助成金へのお礼

This research was supported by grant XXX by _____(機関名を正しく書く).

*機関名と助成金情報(Grant No. など)を正しく書きます。This research is supported by …(現在形)も可能。

●具体的な貢献へのお礼

貢献の内容を具体的に書きます。

The XX was provided by YY. など。

第6章

:::

【Acknowledgments(謝辞)】のポイント

●平易に淡々と書く。

●定型の書き方を決めておき,表現例から選ぶとよい。ジャーナルのスタイルも確認する。
:::

381

【論文の全体像】

> **Title**（タイトル）
> ・本文を書き終えてから，内容を的確に表すタイトルを作成。または，はじめに仮タイトルをつけ，最後に本文の中身を表すよう調整。
> ・タイトルも文法的に正しく作成。
> ・名詞の係りがわかりやすくなるよう，並びを工夫。
> ・不要語が１語も含まれないように。「複数形」の活用などにより，冠詞の出現も最小限におさえる。

Preparing Research Articles for Submission to Journals

Author Name

University Name

Abstract: The abstract briefly states the problem or the purpose of the research, indicates the theoretical or experimental plan used, summarizes the principal findings, and points out major conclusions. The abstract must be concise, self-contained, and complete. The abstract should be one paragraph and contain usually about 80–200 words. The abstract must avoid citing references, and nonstandard abbreviations. The writer must define any standard abbreviations at first use in the abstract (and again at first in the text.) The abstract allows the reader to determine the nature and the scope of the paper and helps technical editors identify key features for indexing and retrieval.

> **Abstract**（アブストラクト）
> ①主題や問題，②実際に何を行ったか，③主要な結果の提示と示唆を書く。
> ・独立した文書として読めるように。
> ・簡潔性重視。
> ・時制を工夫する。
> 例：今の問題に現在形，本研究に現在完了形，実験記載に過去形，今後のことに現在形や意志の will。

Introduction

A good introduction is a clear statement of the problem or project and the reasons for studying it[1]. This information should appear in the first few sentences of the introduction. Remember that the introduction progresses from general to specific.

Discuss the problem, the significance, the scope, and limits of the work. Also state how your work differs from relevant work previously published.

In the introduction, readers expect to find answers to the following three questions. What exactly is your study is about? Why is your study important? What background is needed to understand your study? You should also include an outline of how your work will be presented.

> **Introduction**（イントロダクション）
> ・研究の意義（問題とそれを解決する意義）を書く。はじめの 2, 3 行に書く。
> ・読み手に研究を理解するための背景知識を与える。
> ・「一般的なこと」から「詳細な内容」へ話題を展開する。
> ・書き出しを工夫する（複数形を活用する）。
> ・能動態を増やして書く。
> ・1～3 パラグラフで構成。

Methods

Subheading

The method section describes your results and provide justification detail about experienced workers to repeat the work and obtain comparable results. The method should be presented in a logical order. If your method section is long, you can use subheadings to help readers follow your method.

> **Methods**（実験について）
> ・実験に使用した装置や手順，実験の理論やモデルについて説明。
> ・実験が再現できるよう，十分な情報を含める。

Subheading

In the method section, you should use either the present or the past tense, passive voice, and transition words. You must write in sentences and paragraphs. You may include figures and tables in this section, if necessary.

Results

The results section summarizes the data collected and their statistical treatment. Results are presented in figures, tables and text. Figures can be graphs, photographs, drawings, or diagrams. Figure 1 shows an example of a graph. You can place your figures and tables anywhere within the results section, but they should be presented in a logical order, corresponding with the method section. Insert one return space before and after a figure.

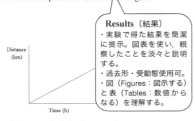

Results（結果）
・実験で得た結果を簡潔に提示。図表を使い，観察したことを淡々と説明する。
・過去形・受動態使用可。
・図（Figures：図示する）と表（Tables：数値からなる）を理解する。

Figure 1. Use no verbs in the figure caption.
Notes for the figure are placed under the figure caption. Verbs can be used in the notes.

Insert one return space after your figure caption. In the results section, you must use text (sentences) to describe every figure and every table. Table 1 is an example.

Table 1. Table Title without Verb

	Heading	
No.	A	B
1	0.1	1.0
2	0.4	4.0
3	0.5	5.0

Notes: Notes are placed under the table as a full sentence with a verb.

Remember to insert one return space before and after the table. Notice that Table 1 has only three horizontal lines. For Figure 1 and Table 1, notice that the figure caption is placed under the figure, and the table title is placed above the table.

Also note that the font size of the figure caption, table title and notes is smaller than the other text.

Discussion

Subheading

The discussion section is where you interpret the results. The discussion section is where you interpret the results from the results section. You should point out the...

Discussion（考察）
・上で提示した結果を「解釈」する。
・ブレインストーミングなども使い，書きたい内容を整理する。先に定義した「研究の目的」に照らして，結果を説明する。
・確定的でないことを表す表現（hedging expressions：助動詞，動詞，副詞など）を使って，「解釈」を伝える。

When writing a discussion section, you can follow a three-step process. The first step is to generate ideas. The more ideas you have, the better your discussion can be. For this step, brainstorming is a useful technique. The second step is to organize your ideas by creating an outline, in which all ideas are organized in the order that they will be discussed. These two-steps are part of the planning process for writing. All good writers know the importance of this planning stage. The last step, step-three, is to write your discussion in sentences and paragraphs. One sentence represents one idea, and one group of ideas will become one paragraph.

Subheading

In the discussion section, you will also use a variety of hedging words and phrases. Verbs, such as appear, suggest, seem, and indicate, are the most useful kind of hedging words. Some modal verbs, such as can, may and will, as well as adverbs such as apparently and seemingly, are also useful.

Conclusion（結論）
・論文の主な点（目的・何を行ったか・結果）を列挙し，重要性を強調。
・考察で得た「解釈」を，「問題」に対応させて書く。
・今後のことにも触れる。
・現在完了形，現在形，そして未来への言及や可能性を表す助動詞表現が可能。
・できるだけ強い表現で締めくくる。

Conclusions

The purpose of the conclusions section is to put the interpretation into the context of the original problem. Do not repeat discussion points or include irrelevant material. Conclusions should be based on the evidence presented. In the conclusions section, you should summarize your study, repeat your aims, summarize what you did, and summarize your results. You should also suggest the meaning and importance of your study, and give recommendations for future work.

Acknowledgments（謝辞）
謝辞も簡潔に。誰が何をしてくれたかがわかるように書く。

Acknowledgments

Here, you should acknowledge people, organizations, and financing. Thank those persons as simply as possible; for example, I would like to thank Professor XX XXX for his/her advice, instead of for his "insightful" advice. The acknowledgments also include financing information; for example, the work was supported by the grant <insert the grant number> funded by the <insert the organization information>.

References（参考文献）
・投稿予定のジャーナルのスタイルに合わせる。
・文献情報の誤記に気をつける。

References

1. *The ACS Style Guide*, Scientific Information, Eds.; American Chemical Society: Washington, 2006.
2. Mathews, J., Bowen, J., Mathews, R. *Successful Scientific Writing: A Step-by-Step Guide for the Biological and Medical Sciences*, 2nd ed.; Cambridge University Press: Cambridge, 2000.
3. Klinger, J. Influence of Pretreatment on Sodium Powder. *Chemistry of Materials*. 2005, 17, 2755–2768.

ブレイク & スキルアップ

テクニカルライティングのすすめ
工業英検2級〜1級問題で練習する

大学の理系先生方のお悩み解決にテクニカルライティング

　大学の理工系専門教員（教授）より，技術英語の相談を受けました。若い頃，英語で苦労されたお話を聞きました。「見よう見まね」でどのように英語を書き続け，英語論文を投稿し続け，「経験則と独学」で英語力を磨いてこられたかというお話を聞きました。

　現在のお悩みは，次の2つでした。

専門教員の方（大学教授）のお悩み①　英語ができずに損をする研究者たち

　自分も英語論文に苦労してきた。英語論文を10報書いたとき，やっと少し英語が「わかる」「書ける」と感じた。

　学生に「若い君たちも，沢山英語を経験して，頑張ってくれたまえ！」と言いながら，「教育」とは自分の背中を見せることでよいのだろうか，と自問する。自分と同じ英語の苦労を学生達もするべきなのか。より効果的で効率的な別の方法はないのか。

　「英語」が障壁になって研究データをまとめきれずに放置してしまった自身の経験もある。英語を書くことへの抵抗から「後で書こう」「時間ができたら書こう」と先延ばしにしてしまった。その結果，データは古くなり，その研究テーマは投稿の機会を失った。

　データが素晴らしいのに，英語論文が書けないという他の研究者も多く見てきた。英語論文が執筆できないまま，気がつけば30代，論文投稿ができていない。どんどん遅れをとってしまい，ついには研究業界にて取り残されてしまった。そんな研究者を目にすることがあった。

　英語が「心の中の引っかかり（＝嫌なもの，取りかかりにくいもの）」ではなく，もっと気軽に英語論文に取り組むことができれば，キャリアが変わっていた学生・研究者がいるのではないか（自分自身は，見よう見まねでも，早期に英語に向き合うことができて，幸運だった）。

同じ先生のもう1つのお悩みは，学生の英文添削による論文指導でした。

専門教員の方（大学教授）のお悩み②

学生の英文添削が大変。直すことはできるが，修正の根拠を明示しにくい。また直しすぎて，自分の論文のようになってしまう。また「意味不明」といったコメントをつけてしまい，学生の意欲をそいでしまった。

経験則で英語を習得した，という研究者である自分は，英語論文を書くことができ，読むことができる。また「悪い（poorly written）英文」を特定することができる。

しかし，悪い（poorly written）英文を判断できるが，どのような観点からその英文を改善すればよいのか，明確にわからない。「自分は書ける」「悪い英文はわかる」が，「原文を活かしたリライト」ができない。また，「理由と根拠」をもって添削することが難しく，感覚（経験則）で添削してしまうため，学生への明確な指針を提示することが難しい。その結果，「悪い英文」の箇所に「意味不明」といったコメントを付してしまう。すると学生の意欲はどんどんそがれていった。

その結果，学生が書いてきた英語論文をチェックするとき，自分の論文のように，一から書き直してしまう。論文指導に時間がかかって大変な上に，学生が書いた論文が，教員の論文のようになってしまう。さらには，学生は教員に依存してしまい，「先生が書き直してくれるだろう」と安易に作成した英文を提出するようになってしまった。学生がこの先，独り立ちしたときに英語で苦労することが，目に見えている。

あるとき，このような悩み相談を受けました。その後も，同じ相談や同じ声を，色々な大学の先生方から聞くようになりました。

さて，これらを解決してくれるのが，「テクニカルライティングの手法」です。つまり，「伝わる英語」を書くために，「読み手」に焦点を当て，「正確・明確・簡潔」に書く手法です。

これを習得し，この手法に基づいて指導をすれば，教員の先生方は，学生の英文添削で，学生が書いた元の英文を最大限に活かし，最小限の時間で最小限の変更により効果的にリライトすることが可能になります。そして理工系学生は，納得しながら英語を学び，「自分のライティング力」を習得できます。

つまり，テクニカルライティングの手法により，次の効果が得られます。

・学生が書いた元の英文を活かし，保持した英文指導ができる
・学生に英語を自分で改善する方法を指導できる

　このことにより，学生達の意欲をそぐことなく，学生の英文を活かして褒めながら，学生がどんどん自分で頑張る，という本来の姿へと導くことができます。

　また筆者は英文の改善法を模索した結果，論理的な英文のおかげで，元の日本語までが改善された，という声を学生から聞くことがありました。アブストラクトを英→英リライトして，その次に，和文へと逆翻訳すると，日本語のアブストラクトもわかりやすくなったそうです。また，アブストラクトを日本語で書くときも，英語に訳すことを念頭におきながら書いたら，わかりやすい日本語アブストラクトができた，という声も聞きました。

工業英検の問題を解いてライティング力をつける
　「テクニカルライティングの手法の習得」のためには，「ライティング練習」が必要です。3つのCのライティング手法，の知識を得たら，それを使って，練習を続ける必要があります。その練習には，工業英検の過去問題を使うと効率的で効果的です。

　本書を読み終えられ，または読みながら，ご自身の英語力を「確かなライティング力」へと変えておこう，と思われる方は，工業英検の過去問題を使って，毎日練習していただきたいと思います。例えば毎日2問，英訳の過去問題を練習します。

　実際に受験するのもおすすめです。筆者が担当する大学・大学院のコースを終えた受講者の中にも，即座に工業英検2級～1級の取得へと進む学生がいました。着実に力をつけ，そして学んだことを資格に変えておこう，という素晴らしい学生達です。

実務レベルの2級～1級問題で，英訳の練習を
　工業英検は，2級からが実務者のライティングレベルです。1級がライティング指導者のレベルです。

公益社団法人日本工業英語協会が規定している審査基準は，次の通りです。

2級：工業英語全般の知識を有しているレベル

読む

・技術的な文章（取扱説明書，仕様書，論文等）のスタイルの違いをほぼ理解し，読むことができる。

・専門雑誌，業界紙の内容をほぼ正確に理解できる。

・自分の専門分野の論文をほぼ正確に読むことができる。

書く

・技術論文のメカニクス（句読点，記号，略語等）をほぼ正しく使った文章を書くことができる。

・科学技術の専門用語に精通しており，スタイルをほぼよく考慮した文章を書くことができる。

1級：工業英語の専門家としての実務能力を有しているレベルで，実務上，工業英語を指導できる。

読む

・技術的文章（取扱説明書，仕様書，論文，規格等）のスタイルの違いを正確に理解し，読むことができる。

・専門とする分野に関して，高度な論文，記事を正確に読むことができる。

書く

・読み手に応じた工業英語のレトリック（文章表現技法），メカニクスを活用して，商品としてのテクニカルドキュメントが作成できる。

・他人が書いた英文をテクニカルライティングの面から添削できる。

　実務レベルである工業英検2級からの過去問題の利用，または受験がおすすめです。2級と1級の過去問題での練習を通じて，書く力を伸ばし，定着させましょう。

　2017年7月の問題を見てみましょう。

　この問題は，日本語から英語に「要約」する問題です。「要約」といっても，大きく情報をまとめる必要はありません。余分な情報をそぎ落とし，簡潔に書いていく問題です。余裕があれば，トピックセンテンス（P243参照）を意識し，重要な情報を第1文に出すとよいでしょう。50ワード以内で書いてみましょう。

＊＊＊＊＊

　宇宙ステーションは，寿命に到達するまで休みなく稼働することが要求されるが，途中，機器類に故障が起こったり（ファンが停止する，配管が漏れる，ランプが切れるなど），宇宙環境下で性能が劣化したり（窓ガラスが曇るなど）することは避けられない。故障したときに，宇宙ステーションの機能を保持したまま，故障品の交換や故障個所の修理ができることが必要である。このようなことを配慮して設計を行うことを保全性設計という。

2017 年 7 月実施　工業英検 2 級より

（保全性設計 =maintainability design）

＊＊＊＊＊

　筆者も過去問題にトライしてみました。訳出所要時間 5 分，加えてリライトには 4 分かけました。英語表現で工夫した箇所を太字にして記載します。

筆者トライ

Space stations operate continuously. Such stations **can have component failures** (stopped fans, leaking pipes, or expired lamps) or have lower performance under specific conditions (e.g., with fogged glass windows). **Any faculty components need replacement or repair** during operation. **This requires the concept called maintainability design**.　　　　　　　　　(45 words)

2:10（2 時 10 分）スタート，2:15 終了，＋リライト 4 分間

＊「ファンの停止」「配管の漏れ」「ランプ切れ」など部品の不具合について書いてあったため，「機器類の故障」は「部品の故障」としました。

＊可能な限りの SVO 構文を心がけました。文どうしの「つながり」を意識しました。

＊このように時間を計りながら，つまり開始時刻と終了時刻を記録しながら英作文に取り組むとよいでしょう。

　次は，日本工業英語協会による公式な解答です。個人的に良い表現と思う箇所を太字にしました。

日本工業英語協会による解答

A space station must operate continuously **and thus requires maintainability design**. Device failures and performance deteriorations are inevitable (fans stop, pipes leak, lamps fail, and windows become fogged), and repairs and replacements must be made **without stopping the operation**. Maintainability design means to design things considering **these requirements**.　　(48 words)

*第1文の主語を前半と後半でそろえて and thus でつないでいます。また第1文目のトピックセンテンスにトピックである「保全性設計」をもってきていました。
*「宇宙ステーションの機能を保持したまま」を without stopping the operation. と明確に言い換えていました。全体を通して，字面の直訳ではなく，意味をとらえて表現していました。

さて，ライティングの答えは1つではありません。Correct, Clear, Concise を満たすことを意識し，自由に表現を決めながら書いてください。

自分でチェックする

英語が書けたら，必ず「正確性」「明確性と簡潔性」をチェックしてください。自分で自分の英語を判断し，改善する，そんな力をつけることができれば，その先は，どんどん英語ライティング力を自分で伸ばしていくことができます。

次のチェックシートを手元におき，チェックするのもよいでしょう。

Correct, Clear & Concise のチェックシート

Correct 正確になるようリライト															Clear & Concise 明確・簡潔になるようリライト										
冠詞を正しく	名詞の単複を検討	前置詞を検討	語順の誤り	語法の誤り・文法誤り	主語と動詞の不一致・三単現	スペルなどの単純誤記	不要な単語	直訳調で伝わりにくい	時制の誤り	句読点・スペース等を修正	略語・数の表記を正しく	和製英語の誤り	用語選択の誤り	その他	主語を変更	動詞を検討	態（能動態・受動態）を検討	時制を変更	文型を変更（SV, SVO, SVC）	より具体的に	冗長を省く	難解表現をやめてシンプルに	適切な用語を	否定形の使用を避ける	その他
✓								✓							✓								✓		

*チェック（✓）の例
*本チェックシートは，筆者が，学生の英文添削に使用していたものです。文ごとにこのようなチェックを示し，できる限りリライトのヒントを学生に示すことで，学生が自分で英文を改善し，講師に依存することなく，自立した学習者になることを目指していました。

最後に，2級と1級の英訳過去問題を，いくつかここに共有します。練習を開始してください。

分野によっては，英語論文の「イントロダクション」や「アブストラクト」にも内容が近いことがわかるでしょう。2級と1級の区別をせずに，1日2問を練習することをおすすめします。過去問の練習過程で，確実な英語ライティング力を習得することができるでしょう。

工業英検2級英訳問題

(1) 燃料電池は水素と酸素を利用した次世代の発電システムである。燃料電池は水の電気分解と逆の原理で発電を行う。水の電気分解の作用で水素と酸素が発生するが，燃料電池では，水素と酸素の反応を利用して電流を作り出す。燃料電池は地球環境にやさしい発電システムとして開発が進められている。

(2) 電磁波には障害物を透過する性質があります。例えば可視光がガラスにあたると，一部は反射し，一部は透過します。また，携帯の電波が室内にも届くのは，例えば壁のような可視光が透過しない不透明な物質であっても，電波は一部が透過するからです。どれだけ透過するかは，電波の波長や壁の材質などによって異なります。

(3) リンは植物の生育に欠かせない肥料の三要素の1つである。また，リンは人間の骨を作る元素として，人体で炭素，酸素，水素，窒素，カルシウムに次いで6番目に多い成分である。また，リンは遺伝情報の伝達を司るDNAやRNAを作る元素の1つでもある。大量のリン化合物の消費により，リン鉱石資源は枯渇しつつある。

工業英検1級英訳問題

(1) Androidは，Linuxカーネルをベースとした携帯電話用のOSやミドルウェア，アプリケーションをすべて含んだオープンソースのことである。Androidは無償で利用できる点が大きな特徴となっている。Androidには，Android OSを搭載するスマートフォンを作る上でOSのライセンス料金がかからないという利点がある。つまり，端末メーカーには，端末を製作するコストを安く抑えることができるメリットがある。また，一般の開発者が無償でアプリケーションを作成できる点もメリットである。

(2) 日食は太陽と月の見かけの大きさがほぼ等しいために起こるが，日食の様子は月と太陽の軌道上の位置の変化によって違ってくる。太陽よりも月のほうが見かけの大きさが大きい場合，太陽がすべて隠される「皆既日食」となる。このときはコロナを見ることができる。逆に，月よりも太陽のほうが見かけの大きさが大きい場合は「金環日食」となる。また，月が太陽の一部を通過するような場合は，太陽を全部隠さずに「部分日食」となる。

解答
工業英検 2 級英訳問題
(1) Fuel cells are next-generation power generation systems using hydrogen and oxygen. Fuel cells generate electric power on the reverse principle of the electrolysis of water. Electrolysis decomposes water into hydrogen and oxygen by the action of electric current, while fuel cells produce electric current by the reaction of hydrogen and oxygen. Fuel cells are now being developed as environmentally friendly power generation systems.

(2) Electromagnetic waves can pass through an obstacle. For instance, when visible light falls on a glass plate, the light is partially reflected and partially transmitted through the plate. Mobile phone radio waves reach indoors because they can partially pass even through opaque substances such as walls. The degree to which radio waves pass through a wall varies depending on their wavelengths and the material of the wall.

(3) Phosphorus is one of the three fertilizers essential for plant growth. It is a bone-building element in the body and the sixth most abundant component after carbon, oxygen, hydrogen, nitrogen, and calcium. Furthermore, phosphorus serves as an element that constitutes DNA and RNA molecules—these molecules are responsible for the transmission of genetic information. Phosphate rock resources are now depleting because of the consumption of large amounts of phosphorus compounds.

工業英検 1 級英訳問題
(1) Android is an open source product that includes everything for a mobile phone—an operating system based on the Linux kernel, middleware, and applications. The big advantage of Android is its free availability. Smart phones with the Android OS can be designed without any licensing fee for the OS. Terminal equipment manufacturers can produce Android products at low costs. General developers can also create Android applications for free.

(2) A solar eclipse occurs when the apparent sizes of the sun and the moon are nearly equal. How a solar eclipse looks depends on the orbital positions of the moon and the sun. A total solar eclipse, in which the sun is completely covered

by the moon, occurs when the apparent size of the moon is larger than that of the sun. During the total solar eclipse, we can observe the corona. An annular solar eclipse occurs when the apparent size of the sun is larger than that of the moon. A partial eclipse occurs when the moon only partially obscures our views of the sun as it passes between the sun and the earth.

There is no magic. It's practice, practice, practice!
（TED talk titled "Success is a continuous journey" by Richard St. John より）

　英語ライティング力の習得には，魔法のような近道はありません。しかし「練習」すれば誰でも必ずできるようになる，それが「テクニカルライティング」，つまり「論文英語」の世界です。今すぐ練習を開始して，早期の確実な英語ライティング力の習得を目指しましょう。It's practice, practice, practice!

おわりに

「伝わる」論文の英語技法を広めたい

本書は，次のことを希望する方々に向けて書きました。

- ●読者（査読者含む）に正しく理解してもらえる英語論文を書きたい
- ●ネイティブチェックに頼らず，自分で自信をもって英語論文を書きたい
- ●英語論文の執筆にかかる時間を短縮したい
- ●自信をもって，英語論文執筆の指導をしたい

　理系研究者の方にとって，長年の苦労と努力の成果である「研究結果とその考察」を伝える「技術論文」は重要です。素晴らしい研究の成果と洞察力に満ちた考察であっても，それが伝わらなければ，意味がないものとなります。研究に要した多大な労力が無駄になってしまいます。また，伝わりにくくなることにより，技術論文が読まれずに技術が活用されなかったり，またその技術の価値が低く見積もられたりしてしまうことがあるとすれば，非常に残念なことです。

　研究の成果は，「英語で書く」ことではじめて，国際的な場で検討されることになります。国際的な場での英語論文が，英語の不具合により不当に評価されたり誤解されたりすることがないよう，「伝わる」技術論文を書くことが重要です。

　一方で，科学者・技術者の方にとって「書くこと」は，日々の研究の内容とは異なる作業であるため，苦戦されることが多いという現実があります。

　あるスタイルガイド（American Medical Association：メディカル分野のスタイルガイド）の「前書き」は，理系研究者の「文章力」についての記述からはじまっています。

　「医師や他の医療関係者および科学者全般の書き言葉でのコミュニケーション能力の乏しさに驚き続けている（I never cease to be amazed by the general inability of physicians, other health professionals, and scientists to communicate through the written word.）」という文が，次のようにはじまります（下線と和訳は筆者追加）。

Foreword

I never cease to be amazed by the general inability of physicians, other health professionals, and scientists to communicate through the written word. Their scholarly and creative ideas and insightful data interpretation often seem to get lost in the translation from brain to page.

AMA Manual of Style—A Guide for Authors and Editors, 10th Edition
American Medical Association (AMA), Oxford University Press

（医師や他の医療関係者および科学者全般の書き言葉でのコミュニケーション能力の乏しさに驚き続けている。彼らの学術的・創造的アイディアや洞察力に満ちたデータ解釈は，「脳」から「文書」へ（「ブレイン」から「ページ」へ）と変換される中で，失われてしまうようだ。）

　非ネイティブに特化した書籍というわけではなく，米国の信頼性の高いスタイルガイドに，このように「書きものが苦手」と記載されているのですから，世界中の科学者・技術者が，「書くこと」には苦戦していることがわかります。

　日本人の研究者の場合，内容を「書くこと」に対して「英語」という言語のハードルが加わるわけですから，より一層，難しいものになってしまうことがあると思います。

　また，英語がとりわけ「明快」な言葉であり，対する日本語が「ぼんやり曖昧」な言葉である，という言語間の特徴の違いも，日本人が「英語」を正しく使うことが難しくなってしまう要因です。

　さらには，英語に割く時間があれば，研究に時間を割きたい，という研究者の方々の声についてもよく理解ができます。

　本書では，「非ネイティブが英語で伝わる論文を書くこと」を身につける方法をお伝えしました。読者の方に英語の「明快さ」を知っていただき，明快に書く練習をしていただくことで，最短で，「英語論文」を書くスキルを身につけていただくことを目的としました。

　身につけるスキルは，一生ものです。この先の一生，「伝わる」英語を自信をもって書くことができ，指導することができるようになるために，本書を使って，短時間で集中して英語ライティングスキルを身につけていただきたいのです。学習に要する時間は，必ず，その先の論文執筆の時間短縮，そして伝わる論文執筆による恩恵という形で，大きなリターンをもたらしてくれるでしょう。

　さらには，英語を書くスキルを身につけることで，日本語的な発想から英語の発想へと頭の中を切り替え，「明快」で「論理的」に考えることができるようになるでしょう。それが元の「日本語を明確にする」ことにもつながるでしょう。

一夜にしてすべてができるようになるというわけにはいきませんが，あなたの英語が「最短で」，そして「確実に」変わっていく，そんな英語の工夫の数々を，本書ではお伝えしました。「書くこと」への抵抗感やストレスを早期になくしていただき，理系研究者の方々の本業である「研究」に，安心して没頭していただくことを願っています。

　また，本書は，誰でも技術英語が学べることに加えて，技術英語が教えられる方が増えることを願って書きました。日本の大学・大学院での理工系学生向けの英語教育において，理工系研究者の実務を強く支える「技術英語教育」が普及することを願っています。

　本書の執筆にあたり，これまで講義に参加してくれた学生達，また講義の実施および運営にご尽力くださり，また自らも積極的に学ぶ姿勢を見せてくださった先生方により，多くの「気づき」を得ました。次の大学での講義の機会に，感謝しています。

　　　京都大学大学院 工学研究科（2006-2016）
　　　近畿大学大学院 総合理工学研究科（2006-2015）
　　　名古屋大学大学院 工学研究科（2013-2016）
　　　大阪大学大学院 工学研究科（2013）
　　　大阪府立大学大学院 工学研究科（2015-2017）
　　　北海道大学（2015-2016）
　　　鳥取大学（2016-2017）
　　　福井工業大学（2012-2013）
　　　長崎大学（2017）
　　　奈良先端科学技術大学院大学 物質創成科学研究科（2014-2018現在）
　　　同志社大学大学院 理工学研究科（2015-2018現在）
　　　他

　これらの講義を通じて，日本の将来を担う素晴らしい理工系学生達に出会うことができました。彼らのために力を尽くしたい，そのことが私を突き動かす力となり，本書を完成させることができました。そんな原動力をくれた学生達，技術英語の授業を熱心にサポートしてくださった専門教員の先生方に，心より感謝しています。また，本書の執筆にあたり，ご自身の英語論文の原稿を提供してくださった学生と先生方にも感謝します。

2018年1月

　　　　　　　　　　　　　　　　　　　　　　　　　中山 裕木子

〈参考文献〉

Gary Blake & Robert W. Bly, The Elements of Technical Writing, Longman, 1993

中山裕木子『技術系英文ライティング教本』日本能率協会マネジメントセンター, 2009

中山裕木子『外国出願のための特許翻訳英文作成教本』丸善出版株式会社, 2014

中山裕木子『会話もメールも英語は3語で伝わります』ダイヤモンド社, 2016

Thomas N. Huckin & Leslie A. Olsen, Technical Writing and Professional Communication for Nonnative Speakers of English, McGraw-Hill, 1991

Anne M. Coghill & Lorrin R. Garson(Eds), The ACS Style Guide: Effective Communication of Scientific Information 3rd Edition, American Chemical Society, 2006

AMA Manual of Style: A Guide for Authors and Editors, 10th Edition, Oxford University Press, 2007

The University of Chicago Press Editorial Staff, The Chicago Manual of Style 17th Edition, The University of Chicago Press, 2017

英文索引

a..67
a decreased number of.........................51
a few..197
a number of...197
a small number of...............................197
about..51, 316
accepted...354
access..87
according to..368
accordingly..................................262, 265
account for..41
accumulate...................................121, 317
acknowledgments................................378
across..147
ACS スタイルガイド...........................130
additionally..................................262, 267
adjustment..82
advance.......................................222, 282
advice..381
affect..51
after..124, 342
ago..315
allow...194, 215, 236
also...261
although..........................198, 256, 275, 286
an increased number of.........................51
and....................................172, 270, 286, 319
and so on..48
apparently...............51, 109, 198, 324, 362, 366
appear..44, 362
apply..50, 97

approach...87
approximately......................................316
as...161
as … as...161
at...136, 237, 350
at present...333
at the present time...............................197
avoid...159
because...........................198, 268, 274, 290
before...342
but..17, 275, 286
by..............51, 138, 144, 195, 198, 200, 299
by means of.....................................51, 198
can..102, 324, 362
carry out..40, 51
cause..201, 215
clarify...47, 50
clear..1, 389
clearly...198
commence...50
commonly..264
compared to...166
compared with......................................166
concise...1, 389
conclusions...373
conduct..40, 51
consider...11, 159
considering...143
contain..219
contribute..20
conventionally..............................262, 264
correct...1, 389
could...106, 362
damage..318

397

data	231
delay	320
demonstrate	117, 203, 224, 228, 324, 364, 366
design	48
detail	323
detected	354
determine	50
develop	43, 48, 323
development	3, 83
diagnose	315
discover	92
discussion	359
during that time	197
e.g.,	48
each	277, 345
ease	50
eliminate	42
ellipsis points	182
elucidate	50
emerge from	201
emit	294
employ	50
enable	195, 210, 314, 324
end	50
etc.	48
exam	51
examination	51
excrete	294
expect	159
extracellularly	318
fabricate	48
facilitate	50
fair	354
feed	124

fewer	51, 80
figure	349
find	92, 323
focuse on	43, 323
fold	180
follow	293
followed by	342
for	51, 151, 198, 329, 350
for example	49, 174
for the reason that	198
form	46
FYI	51
generally	262, 264
good	354
grant	381
gratefully	380
harm	27
have	213
have an effect [impact] on	51
hedging	115, 224, 364
highlight	226, 362
however	113, 262, 267
hypothesis	362
identify	45, 92, 282, 323
imply	117, 226, 324, 363
importantly	284
in	51, 136, 198
in a case where	51
in addition	261
in case of	350
in contrast	271
in order to	51, 198
in regard to	51
in some cases	13

in spite of the fact that	198
in terms of	51
in the case of	198, 329, 350
in the vicinity of	51
in this study	22, 42
in view of the fact that	198
including	174
increase	202, 249
indicate	117, 225, 230, 324, 363, 366
induce	362
information	64
interestingly	110
investigation	323
involve	219
it appears that	198
It is … to 構文	192, 205
It is apparent that	51
it is clear that	198
it is likely that	198
it is possible that	198
jargon	50, 298
lab	51
laboratory	51
less	80
like	48
likely	198
limit	234, 282
lose	234
lub	51
lubricant	51
many	197
marked	350
markedly	350
may	102, 324, 362

mention	10
mercury	56
metal	56, 65
methods	336
might	362
mix	157
monotonic	350
monotonically	350
monotonous	350
monotonously	350
more	51
moreover	17, 113
must	101, 324, 362
namely	174
near	51
no	231
not detected	354
notable	13
notably	20, 110, 367
noticeable	350
noticeably	350
now	197, 333
observe	205, 323, 362, 366
obstruct	15, 40
occur	86
of	51, 149, 152, 302, 306
of which	132
on	10, 136
on the other hand	250, 271, 287
one	248, 317
opaque	47
operate	122, 127
out of	318
outside	317

particularly	111	replace	45
pass	292	report	93, 323
perform	40	require	11, 208, 282
permit	215	researcher	155
point to	227, 362	respectively	99, 351, 355
poor	354	result	282
possibility	362	result from	201
possibly	198, 362	results	348
preemie	51	reveal	225, 229, 362, 366
premature infant	51	rise	202
prepare	48	round	198
prepared	51	round in shape	198
prepped	51	's	10, 153
present	203, 323	seem	324, 362, 366
preserve	26	seemingly	362
probably	362	several	197
problem	333	should	102, 324, 362
produce	126	show	117, 203, 213, 229, 324, 363
protect	293	simulation	84
prove	362	since	268, 274
provide	220	small	198
put off	320	small in size	198
raise	87	so	18, 266
ramain	282	speed	10, 129
read	51	start	50, 158
read out	51	stop	158
recently	262, 264, 332, 335	stuck	15
references	374	study	43
reflect	11	subsequently	262, 268, 341
rejected	354	such	21, 256, 278, 317
release	294	such as	48, 174
remain unknown	232	suggest	117, 227, 324, 362, 366
remarkable	350	surgery	77
remarkably	350	SVO	189, 207

table	349
take advantage of	41
technique	67
tell	292
temperature	28, 57, 140
terminate	50
thank	381
that	128
that is	174
the	61, 67, 247, 276, 343
the aim of	43
the effect of	9
then	342
there is/are 構文	217, 321
therefore	19, 113, 262, 329
these	276
this	279
through	147
thus	113, 258, 262, 266, 280
title	297
to	51, 136, 198
to 不定詞	4, 125, 157
transparent	47
typically	264
undergo	223
unfortunately	262, 267
use	50, 212
using	138
usually	264
utilize	50
we	202, 284
when	51, 125
whereas	272, 275, 287, 289
which	129

while	48, 197, 271, 274
who	129
whom	129
whose	129, 132
will	102, 324, 362
with	138, 166, 270, 320
with regard to	51
with time	140

和文索引

アブストラクト	248, 282, 307
アポストロフィ＋s	10, 153
イントロダクション	327
引用	375
エムダッシュ	177
エンダッシュ	177
角括弧	182
学術用語集	29
角度	171
過去形	91, 340
過去分詞	122
可算	3, 37, 56
画像検索	228
仮主語	205
関係代名詞	127
関係代名詞限定用法	130
関係代名詞非限定用法	130, 270, 289
簡潔に	1
冠詞	57, 67, 300, 305, 343
既出情報	251
技術用語辞書	29

業界用語	50, 298
結果	348
結論	373
原級	161
現在完了形	91
現在形	340
現在分詞	122
工業英検	246
考察	359
肯定主義	46, 230
コロン	175, 302
コンマ	173
最上級	163
サブタイトル	302
サポーティングセンテンス	243
参考文献	374
指数表記	173
時制	88, 310
実験	337
自動詞	85
試薬	337
謝辞	377
従属接続詞	285
主格	127
受動態	45, 338
小数点	172
商標	338
省略符	182
序数	170
助動詞	100
所有格	127
シリアルコンマ	173
シリーズタイトル	298
図	349

数	57, 170
スタイルガイド	34, 196
スピーチ	370
スペース	171, 184
スペルアウト	170
スラッシュ	184
製造業者	181, 341
静的表現	4
摂氏温度	171
接続詞	285
接続の言葉	260
接頭辞	179
接尾辞	179
セミコロン	176, 353
前置詞	4, 136, 237
センテンスどうしのつながり	17
総称表現	70, 278, 331
装置	338
態	310
タイトル	297
対比	289
代名詞	49
正しく	1
ダッシュ	177
他動詞	85
単位	170
単文	235
中点	184
直訳	32
チルダ	187
テクニカルライティング	196, 384
手順	341
等位接続詞	285
動画検索	238

動詞主義	39
動的表現	4
動名詞	157, 237, 303, 305
動名詞主語	236
トピックセンテンス	243
濃度	182
能動態	45, 339
能動態主義	42, 199
倍数接頭辞	179
ハイフン	179
パーセント	171
パラグラフ	240
パラグラフライティング	241
比較級	163
比較表現	161
表	349
ピリオド	184
比率	170
フォント	185
不可算	3, 38, 56
副詞	108

不定冠詞	235
プラス	184
分詞	122
分詞構文	122
分数	170
文頭の数字	171
文末分詞	125, 290, 340
方法	336
ぼやかし	115, 224, 364
マイナス	184
丸括弧	181
見出し	186
無生物主語	190, 199
明快主義	47
明確に	1
目的格	127
略語	183
リライト	2
列挙	172
論文執筆の順序	325
和英辞書	291

著者紹介

中山裕木子(なかやまゆきこ)
株式会社ユー・イングリッシュ代表取締役。公益社団法人日本工業英語協会専任講師。3C(正確・明確・簡潔)日英特許・技術翻訳者,技術英語講師。

NDC 400　415p　21 cm

英語論文ライティング教本(えいごろんぶんライティングきょうほん)
——正確・明確・簡潔に書く技法(せいかく・めいかく・かんけつにかくぎほう)——

2018年2月28日　第1刷発行

著　者	中山裕木子(なかやまゆきこ)
発行者	鈴木　哲
発行所	株式会社　講談社
	〒112-8001　東京都文京区音羽2-12-21
	販　売　(03)5395-4415
	業　務　(03)5395-3615
編　集	株式会社　講談社サイエンティフィク
	代表　矢吹俊吉
	〒162-0825　東京都新宿区神楽坂2-14　ノービィビル
	編　集　(03)3235-3701
本文データ制作	株式会社双文社印刷
カバー・表紙印刷	豊国印刷株式会社
本文印刷・製本	株式会社講談社

落丁本・乱丁本は,購入書店名を明記のうえ,講談社業務宛にお送りください.送料小社負担にてお取り替えします.なお,この本の内容についてのお問い合わせは講談社サイエンティフィク宛にお願いいたします.
定価はカバーに表示してあります.

© Yukiko Nakayama, 2018

本書のコピー,スキャン,デジタル化等の無断複製は著作権法上での例外を除き禁じられています.本書を代行業者等の第三者に依頼してスキャンやデジタル化することはたとえ個人や家庭内の利用でも著作権法違反です.
[JCOPY]〈(社)出版者著作権管理機構　委託出版物〉
複写される場合は,その都度事前に,(社)出版者著作権管理機構(電話03-3513-6969,FAX 03-3513-6979, e-mail : info@jcopy.or.jp)の許諾を得てください.
Printed in Japan

ISBN978-4-06-155632-4